羊病
诊治原色图谱

马玉忠　金东航　主编

第二版

化学工业出版社

图书在版编目（CIP）数据

羊病诊治原色图谱/马玉忠，金东航主编. —2版. —北京：化学工业出版社，2024.3
ISBN 978-7-122-45153-8

Ⅰ.①羊… Ⅱ.①马…②金… Ⅲ.①羊病-诊疗-图谱 Ⅳ.①S858.26-64

中国国家版本馆CIP数据核字（2024）第046431号

责任编辑：邵桂林　　　　　装帧设计：关　飞
责任校对：王　静

出版发行：化学工业出版社
　　　　　（北京市东城区青年湖南街13号　邮政编码100011）
印　　装：河北鑫兆源印刷有限公司
710mm×1000mm　1/16　印张14¾　字数287千字
2024年7月北京第2版第1次印刷

购书咨询：010-64518888　　　　售后服务：010-64518899
网　　址：http://www.cip.com.cn
凡购买本书，如有缺损质量问题，本社销售中心负责调换。

定　　价：85.00元　　　　　　　　　　　　版权所有　违者必究

编写人员名单

主　　编　马玉忠　金东航

副 主 编　杨　威　汲如芬　徐丽娜　耿艳杰
　　　　　　王建强　刘玉芝

编写人员（按姓氏笔画排列）
　　　　　马玉忠　王　星　王建强　刘玉芝
　　　　　汲如芬　李　可　李连敏　杨　明
　　　　　杨　威　杨子墨　陈　晨　武英豪
　　　　　林倩颖　侯铭源　袁丽宁　耿艳杰
　　　　　贾　丽　徐丽娜　梁艳艳

前言

自《羊病诊治原色图谱》于2013年出版至今，已有9年多的时间了。这期间该书受到了广大读者和同行的关注与欢迎，同时他们也提出了很多宝贵的意见和建议。另外，在这9年中，也出现了一些新的羊病和一些新的防治技术及手段。为了更好地方便读者，帮助其提高羊病诊断和治疗水平、适应新的羊病临床诊疗需要，我们结合实际情况并根据广大读者和专家的宝贵意见和建议，对《羊病诊治原色图谱》进行了修订，组织编写了《羊病诊治原色图谱（第二版）》。修订后本书将增补一些新的病症种类、删除一些不常见的羊病、调整一些新的症状和病理变化图片、增加更加典型的图片、更新和调整一些治疗方式和手段。例如，书中增加了小反刍兽疫、羊伪狂犬病，删除了少见的绵羊肺腺瘤病、羊梅迪-维斯纳病、伪结核病、山羊肛门癌等。本书力求做到更贴近当前的养羊业实际、解决当前养羊生产中的实际问题，促进养羊业健康、蓬勃发展。

本书主要介绍了羊的常见传染病、寄生虫病、内科病、外科病、产科病、代谢和中毒病，对每一种疾病从病原、流行特点、症状、病理变化、诊断、预防、治疗等方面作了详细阐述，并配以大量彩图，以做到直观明了、通俗易懂，可让读者"看图识病，识病能治"，达到快速掌握各种羊病诊断与防治技术的目的。

本书图文并茂、文字简练，实用性较强，可供羊场兽医、基层畜牧兽医工作者、羊场饲养技术人员、养羊专业户等阅读使用，也可作为大专院校动物医学、动物卫生检验、养羊和羊病防治等专业师生的参考书。

在本书的编写过程中，得到了化学工业出版社的指导和帮助，并参考了大量文献资料，吸收了多位专家的宝贵建议和意见，在此一并表示衷心的感谢。由于编者水平有限，书中疏漏在所难免，恳请各位专家和读者不吝赐教。

本书得到河北省农业农村厅"动物疫病风险监测项目（13000022P0097B410055P）"资助。

编者

目 录

第一章　传染病　/001

一、炭疽病　/001
二、巴氏杆菌病　/004
三、布氏杆菌病　/008
四、坏死杆菌病　/012
五、羊流产沙门氏菌病　/014
六、羔羊大肠杆菌病　/017
七、李氏杆菌病　/020
八、传染性角膜结膜炎　/022
九、结核病　/024
十、副结核病　/026
十一、放线菌病　/028
十二、衣原体病　/030
十三、链球菌病　/034
十四、葡萄球菌病　/038
十五、羊快疫　/040
十六、羊肠毒血症　/042
十七、羊黑疫　/045
十八、口蹄疫　/047
十九、羊传染性脓疱　/050
二十、羊痘　/053
二十一、羊支原体性肺炎　/056
二十二、山羊病毒性关节炎-脑炎　/058
二十三、痒病　/061
二十四、小反刍兽疫　/064
二十五、破伤风　/067
二十六、羊附红细胞体病　/070
二十七、羊伪狂犬病　/072
二十八、羔羊痢疾　/075
二十九、伪结核病　/077

第二章　寄生虫病　/079

一、血矛线虫病　/079
二、肝片吸虫病　/081
三、莫尼茨绦虫病　/085
四、泰勒焦虫病　/088
五、羊螨病　/090
六、肺线虫病　/093
七、羊球虫病　/096
八、脑多头蚴病　/099
九、羊鼻蝇蛆病　/101
十、血吸虫病　/103
十一、住肉孢子虫病　/105
十二、棘球蚴病　/106
十三、细颈囊尾蚴病　/109
十四、弓形体病　/111

第三章　内科病 /113

- 一、口炎 /113
- 二、食道阻塞 /115
- 三、瘤胃积食 /117
- 四、前胃弛缓 /120
- 五、瘤胃臌气 /122
- 六、瓣胃阻塞 /128
- 七、创伤性网胃炎 /130
- 八、肠变位 /132
- 九、支气管炎 /135
- 十、肺炎 /137
- 十一、鼻炎 /140
- 十二、中暑 /141
- 十三、尿道结石 /143

第四章　外科病 /150

- 一、创伤 /150
- 二、脓肿 /152
- 三、休克 /153
- 四、风湿 /155
- 五、骨折 /157
- 六、眼病 /158
- 七、蹄病 /159
- 八、乳头状瘤 /163
- 九、淋巴肉瘤 /163
- 十、疝气 /164

第五章　产科病 /166

- 一、流产 /166
- 二、产后败血症 /167
- 三、难产 /168
- 四、胎衣不下 /170
- 五、子宫内膜炎 /172
- 六、乳腺炎 /174
- 七、不孕症 /176
- 八、妊娠毒血症 /180
- 九、子宫脱出 /182
- 十、阴道脱出 /183
- 十一、睾丸及附睾炎 /184

第六章　代谢病和中毒病 /186

- 一、白肌病 /186
- 二、黄脂病 /190
- 三、佝偻病 /197
- 四、骨软症 /198
- 五、维生素 A 缺乏症 /200
- 六、食毛症 /201
- 七、疯草中毒 /204
- 八、有毒萱草根中毒 /208
- 九、有机磷中毒 /210
- 十、尿素中毒 /212
- 十一、硒中毒 /215
- 十二、铜中毒 /218

十三、碘缺乏病 /222

十四、铜缺乏病 /223

十五、氟中毒 /226

参考文献 /228

第一章 传染病

一、炭疽病

炭疽病是由炭疽杆菌引起的，人类、各种家畜和野生动物共患的一种急性、热性、败血性传染病，具有传染快速、致死率高等特点。羊对炭疽杆菌很敏感，山羊、绵羊可互相传染。患羊常出现发病突然、可视黏膜发绀、天然孔出血等症状。

【病原】病原为炭疽杆菌，为革兰氏阳性杆菌，无运动性。该菌在病羊体内不形成芽孢，但在外界适宜的条件下可形成芽孢，芽孢呈椭圆形或圆形（图1-1-1）。形成芽孢的炭疽杆菌抵抗力非常强，在土壤中可存活10年以上。进行串珠试验时，炭疽杆菌呈串珠状或长链状（图1-1-2）。

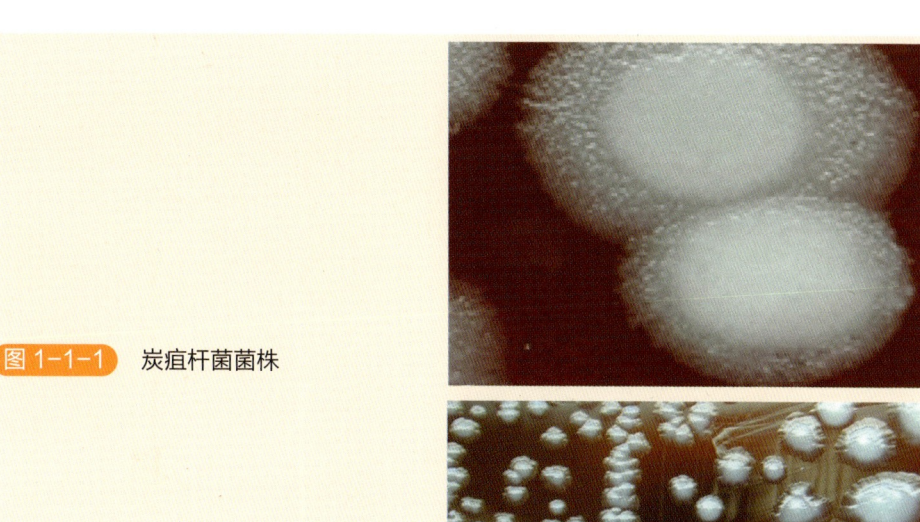

图1-1-1　炭疽杆菌菌株

图1-1-2　炭疽杆菌菌落

【流行特点】病羊是主要传染源。濒死病羊体内及其排泄物中常有大量菌体，若尸体处理不当，炭疽杆菌形成芽孢并污染土壤、水、牧地，则可成为长久的疫源地。健康羊采食了被污染的饲料、饮水，吸入带有炭疽芽孢的灰尘，被吸血昆虫叮咬等均可感染炭疽杆菌，皮肤破损也有感染的危险。炭疽一年四季均可发生，但以夏季多雨季节发生较多。常呈散发或地方性流行。

【症状】潜伏期一般为1～5天。一般为急性症状，病羊突然发病，步态不稳或倒地，磨牙，全身痉挛，呼吸急促，体温升高到40～42℃。口、鼻、肛门流出暗红色不易凝固的血液（图1-1-3），数分钟内死亡。病程较慢者，可延续数小时，表现不安、战栗、呼吸困难和天然孔出血等症状。

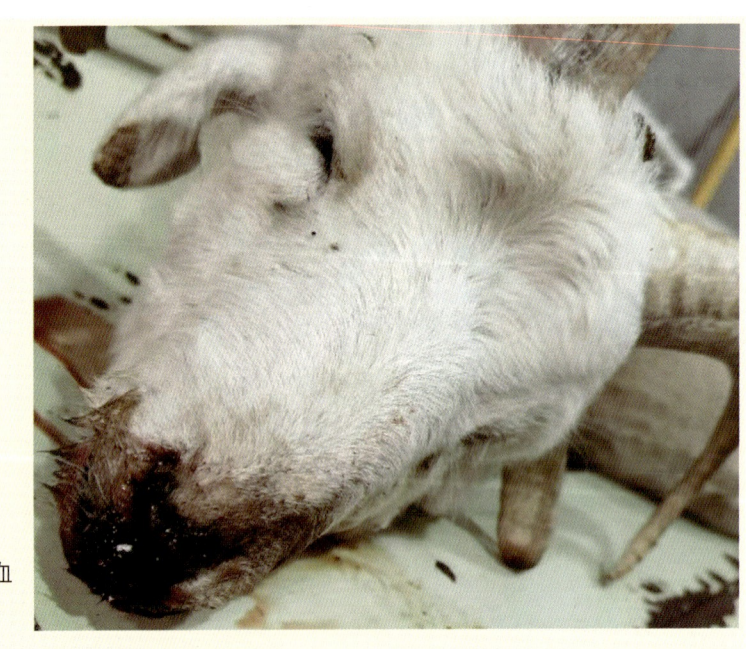

图1-1-3 突然倒地，口鼻流血

【病理变化】死于急性炭疽病的羊，天然孔流出煤焦油样凝固不良的血液，尸体很快发生膨胀腐败，尸僵不全。脾脏肿大（图1-1-4），全身淋巴结出血和肿大，内脏充血和出血（图1-1-5），皮下有胶冻样水肿。

炭疽病尸体严禁剖检，因此要特别注意外观症状的综合判断，以免误剖。

【诊断】根据流行特点和症状进行诊断。

【防治】

1. 预防

（1）免疫接种　在发生过炭疽病的地区，每年应进行1次炭疽2号芽孢苗注射免疫，皮下注射1毫升，免疫期1年。

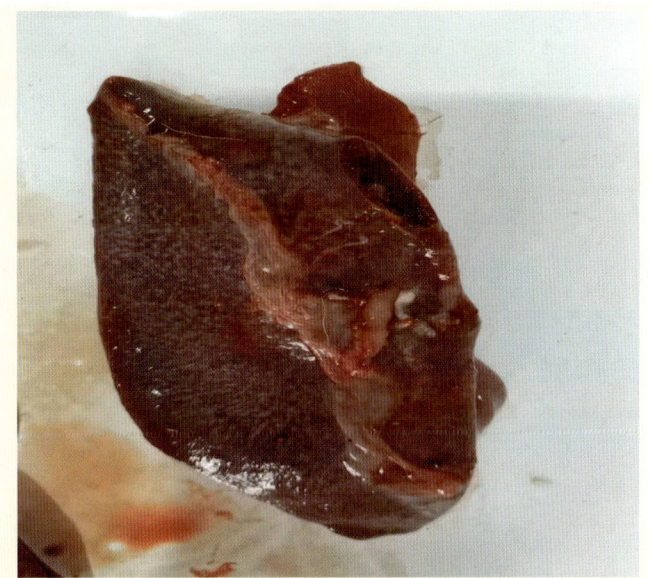

图 1-1-4
脾脏肿大，表面有出血点

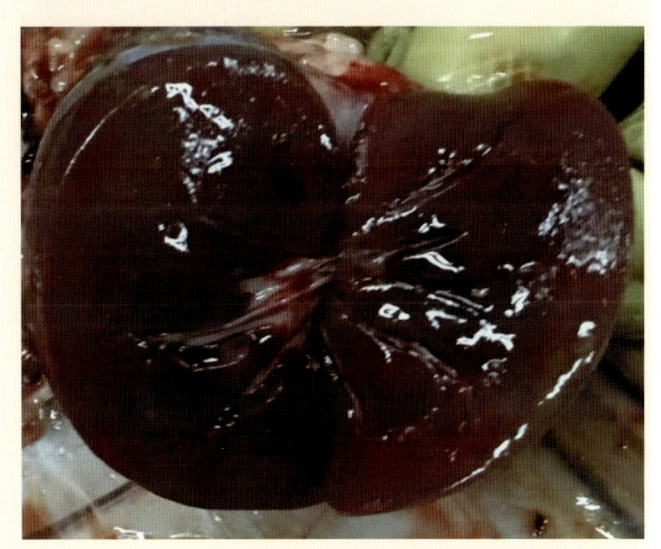

图 1-1-5
肾肿大、淤血和出血

（2）隔离封锁、紧急接种　疾病发生时，应立即封锁发病场所，并及时报告当地兽医防疫部门。病羊的尸体及粪便、垫草和其他废弃物品，应进行焚烧或深埋，深埋地点应远离水源、道路及牧地。被病羊污染的圈舍、场地、饲具，可用10%烧碱水或20%漂白粉连续消毒3次，间隔1小时。对未发病的羊要及时转圈饲养，并进行紧急预防接种。

2. 治疗

对病羊要做到及早发现，仔细护理，病羊必须在严格隔离条件下进行治疗。

（1）抗炭疽血清，30～60毫升，皮下或静脉注射，12小时后再注射1次。

（2）青霉素，第一次用160万单位，以后每隔4～6小时用80万单位，肌内注射。

（3）链霉素，200万单位，肌内注射，每日2次。

同时积极采取对症治疗，如强心、补液、营养支持等。

二、巴氏杆菌病

巴氏杆菌病是由多杀性巴氏杆菌引起的一种急性、高热性传染病。急性病例常以败血症为特征，慢性病例则表现为关节、器官和皮下结缔组织发生化脓性炎症。本病在绵羊上主要表现为败血症和肺炎。

【病原】多杀性巴氏杆菌是两端钝圆、中央微凸的革兰氏阴性短杆菌。该菌抵抗力不强，对干燥、热和阳光敏感，用一般消毒药在数分钟内可将其杀死。

【流行特点】在绵羊多发于幼龄羊和羔羊，山羊不易感染。病羊和带菌羊是此病的传染源。病原随分泌物和排泄物排出体外，经呼吸道、消化道及损伤的皮肤而感染。本病呈地方性流行或散发，在冷热交替、天气骤变和环境污浊等条件下易发或流行。带菌羊在受寒、长途运输、饲养管理不当使抵抗力降低时，可发生自体内源性传染。

【症状】

1. 最急性型

多见于哺乳羔羊，突然发病，出现寒战、虚弱、呼吸困难等症状，常于数分钟至数小时内死亡。

2. 急性型

病羊精神沉郁，体温升高到41～42℃，咳嗽，鼻孔常有出血，有时混有黏液。初期便秘，后期腹泻，有时粪便全部变为血水。病羊常在严重腹泻后虚脱而死，病期2～5天。

3. 慢性型

病羊消瘦，食欲差，流脓性鼻液，咳嗽，呼吸困难。有时颈部和胸下部发生水肿。结膜炎（图1-2-1），腹泻。临死前极度衰弱，体温下降。病程可达3周。

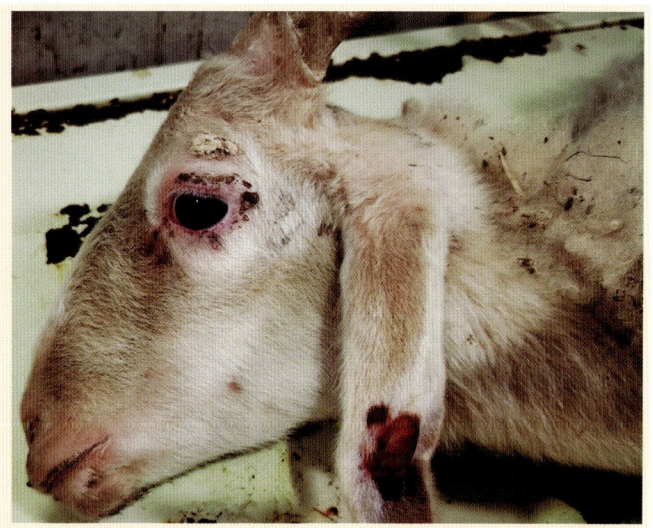

图 1-2-1　病羊结膜炎

【病理变化】皮下充血、出血（图1-2-2）；气管出血（图1-2-3）；肺脏淤血、出血（图1-2-4），间质水肿、增宽，切面有大量浆液流出；肺脏与胸壁粘连（图1-2-5）；胃肠道出血（图1-2-6）；其他脏器呈水肿和淤血，间有小点状出血，但脾脏不肿大。病程较长者，尸体消瘦，皮下胶样浸润，纤维素性肺炎（图1-2-7），肝脏表面有坏死灶（图1-2-8）。

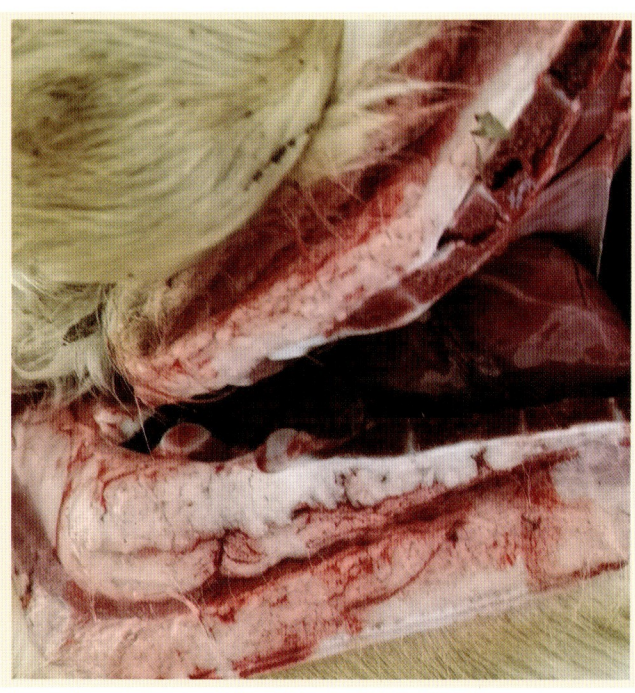

图 1-2-2　皮下充血、出血

第一章　传染病

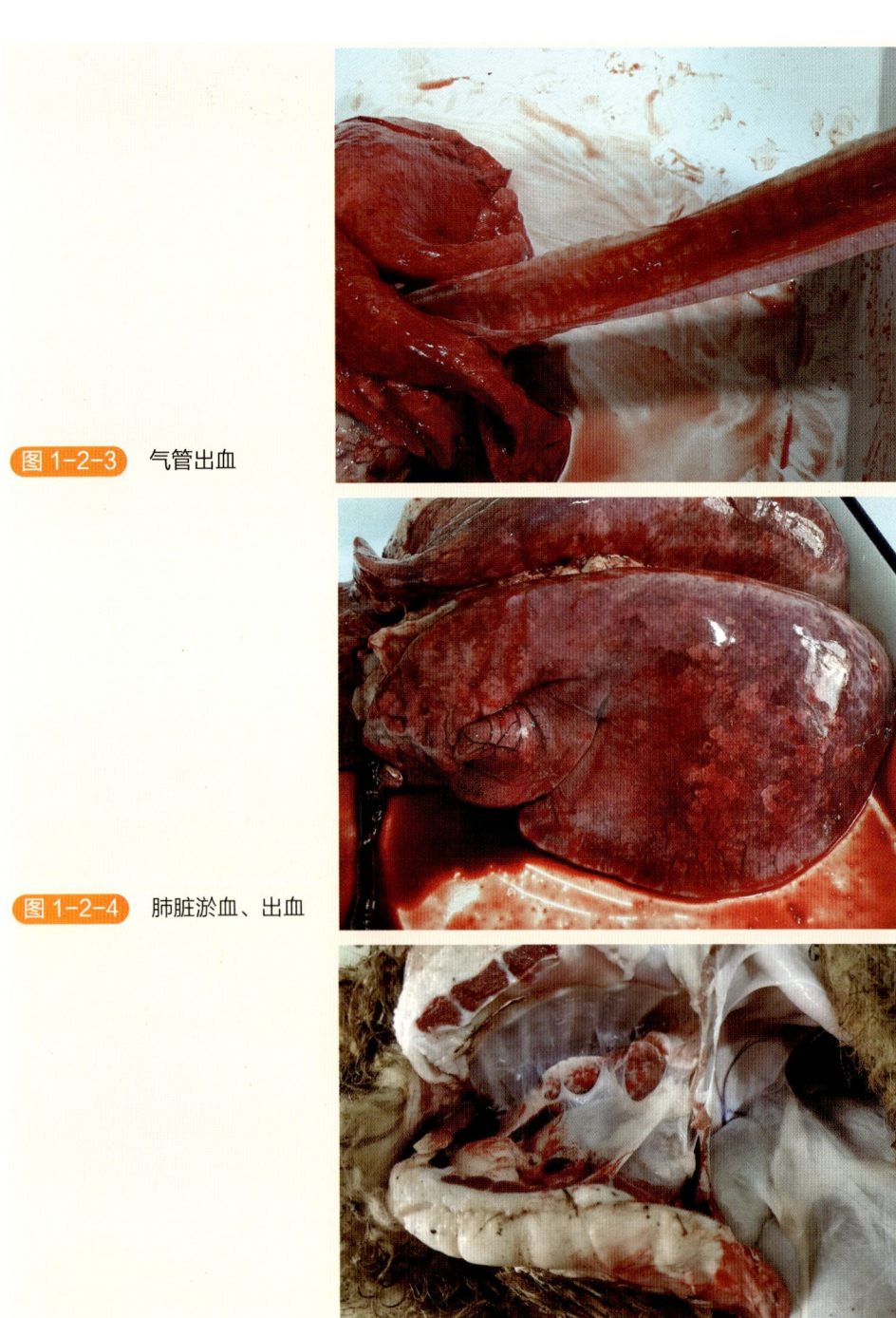

图 1-2-3　气管出血

图 1-2-4　肺脏淤血、出血

图 1-2-5　肺脏与胸壁粘连

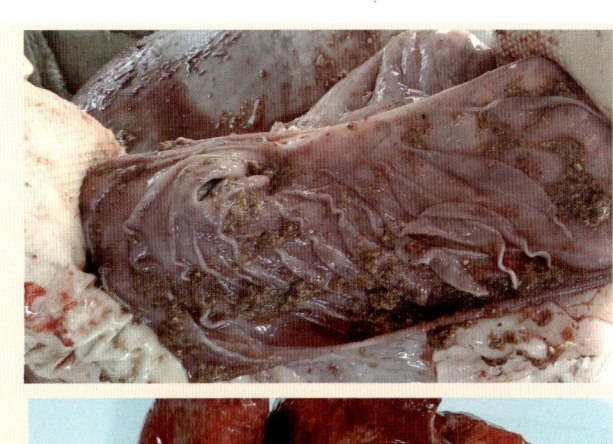

图 1-2-6 胃黏膜出血

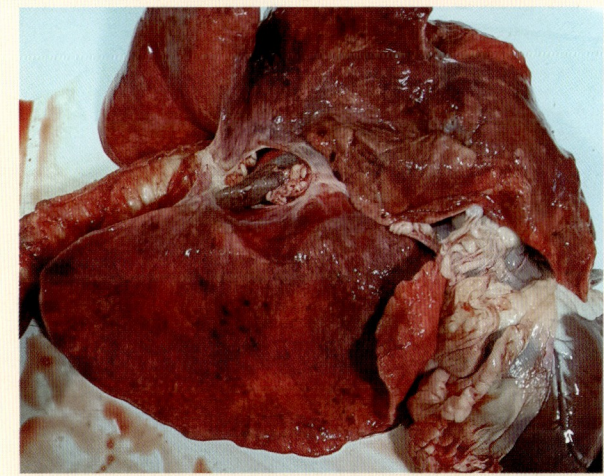

图 1-2-7 纤维素性肺炎

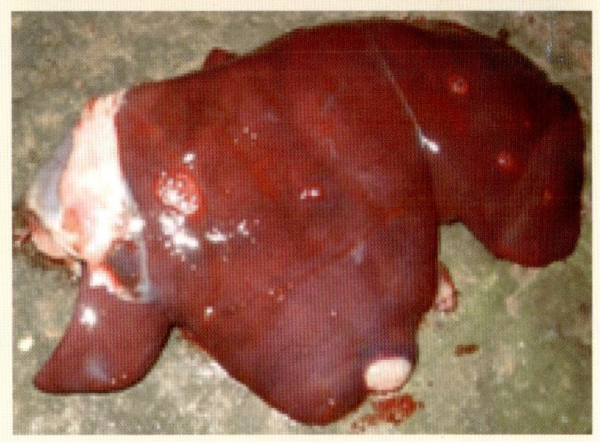

图 1-2-8 肝脏表面有坏死灶

【诊断】采取病死羊的肺、肝、脾及胸腔液，制成涂片和触片，分别用瑞氏染色和革兰氏染色，镜下可明显见到两极着色的小杆菌（图1-2-9），有荚膜，革兰氏染色阴性。根据发病情况、临床症状和病理变化，即可做出诊断。

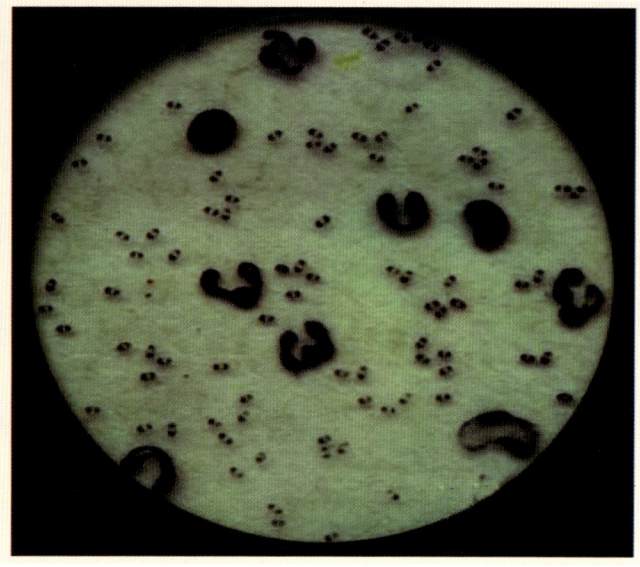

图 1-2-9
巴氏杆菌的形态

【防治】

1. 预防

（1）平时应注意饲养管理，保证营养平衡，避免羊拥挤、受寒。
（2）发生该病后，立即隔离病羊，由专人负责管理和治疗。
（3）病死羊尸体、污染垫料等进行焚烧或深埋处理。
（4）圈舍用 5% 漂白粉或 10% 石灰乳彻底消毒。
（5）必要时用高免血清或菌苗作紧急免疫接种。

2. 治疗

发现病羊和可疑病羊立即隔离治疗。氯霉素、庆大霉素、四环素以及磺胺类药物都有良好的治疗效果。

（1）氯霉素，按每千克体重 10～30 毫克，肌内注射，每日 2 次。
（2）土霉素，按每千克体重 20 毫克，肌内注射，每日 2 次。
（3）庆大霉素，按每千克体重 1000～1500 单位，肌内注射，每日 2 次。
（4）20% 磺胺嘧啶钠 5～10 毫升，肌内注射，每日 2 次。

同时结合对症治疗，直到体温下降、食欲恢复为止。

三、布氏杆菌病

布氏杆菌病又称布病，是由布氏杆菌引起的人兽共患传染病。该病在我国民间也被称为"波浪热""流产病""懒汉病"或"爬床病"等。羊感染后，母羊主要表现流产，公羊发生睾丸炎。

【病原】布氏杆菌是革兰氏阴性需氧杆菌，分类上为布鲁氏菌属。布鲁氏菌属有6种，而引起羊布氏杆菌病的病原主要是羊种（马耳他）布鲁氏菌。它存在于病畜的生殖器官、内脏和血液中。该菌对外界的抵抗力很强，pH 7.0时可存活时间较长，在干燥的土壤中可存活37天，在冷暗处和胎儿体内可存活6个月。布氏杆菌对各种物理和化学因子比较敏感。巴氏消毒法可以杀灭该菌，70℃ 10分钟也可杀死，高压消毒瞬间即亡。对寒冷的抵抗力较强，低温下可存活1个月左右。该菌对消毒剂较敏感，1%的来苏水、2%的甲醛、5%的生石灰水15分钟可杀死该菌。

【流行特点】该病的传染源主要是病畜及带菌动物，最危险的是受感染的妊娠母畜，在流产和分娩时，将大量病原随胎儿、胎水和胎衣排出。本病主要通过采食被污染的饲料、饮水，经消化道感染。经皮肤、黏膜、呼吸道以及生殖道也能感染。与病羊接触、加工病羊肉而不注意消毒的人也易感本病。本病不分性别年龄，一年四季均可发生。

母羊较公羊易感性高，性成熟的母羊极为易感，消化道是主要感染途径，也可经配种感染。羊群一旦感染此病，首先表现孕羊流产。开始仅为少数，以后逐渐增多，严重时可达半数以上，多数病羊流产一次。

【症状】本病多数为隐性感染而不表现症状。怀孕羊流产是本病的主要症状。流产前食欲减退、口渴、精神委顿、阴道流出黄色黏液。流产多发生于怀孕的第3～4个月。流产母羊多数胎衣不下，继发子宫内膜炎，影响受胎（图1-3-1）。公羊表现睾丸炎，阴囊肿胀拖地（图1-3-2），行走困难，拱背，饮食减少，逐渐消瘦，失去配种能力。其他症状可能还有乳腺炎、支气管炎、关节炎、滑液囊炎等。

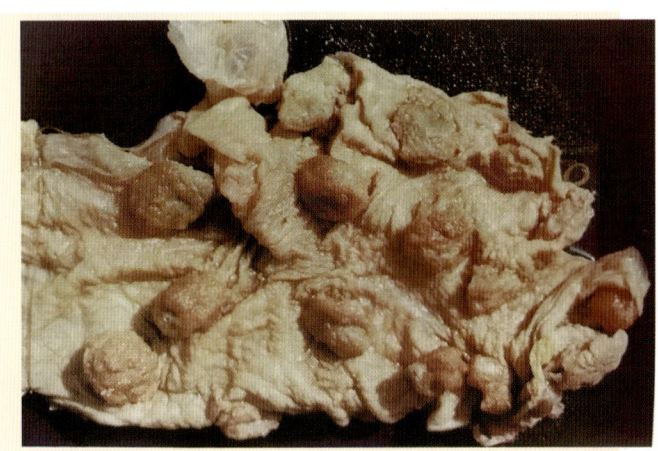

图1-3-1 子宫内膜炎

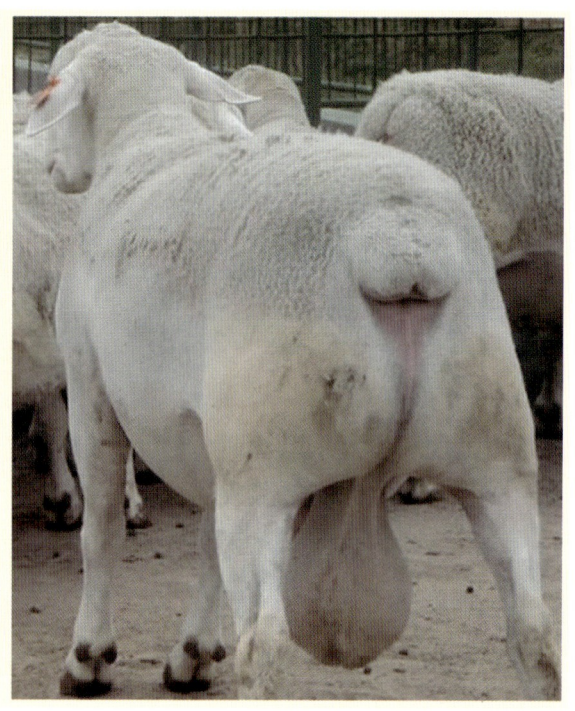

图 1-3-2　阴囊肿胀拖地

【病理变化】主要发生在生殖器官。急性期时附睾尾比正常大 1～2 倍，切面有大小不等的囊腔，内有乳白色絮状或干酪样物（图 1-3-3），精索呈结节或串珠状（图 1-3-4）。胎盘水肿，子叶出血、坏死（图 1-3-5）。流产胎儿呈败血症变化，皱胃中有淡黄色或白色黏液絮状物，脾和淋巴结肿大，肝出现坏死灶，胃肠和膀胱的浆膜与黏膜下可见有点状或线状出血。

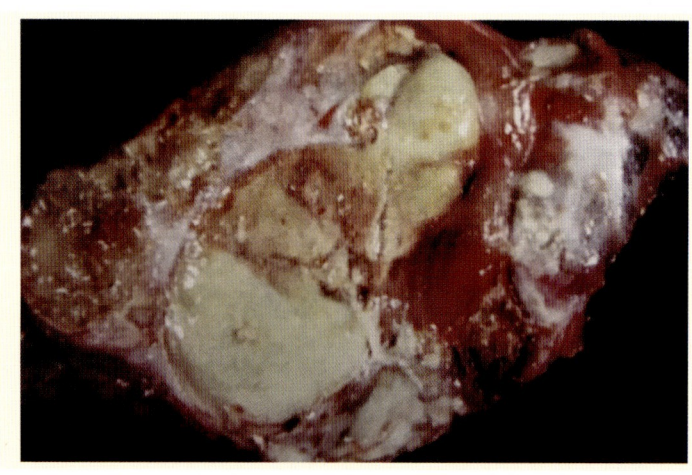

图 1-3-3
急性睾丸炎和附睾炎

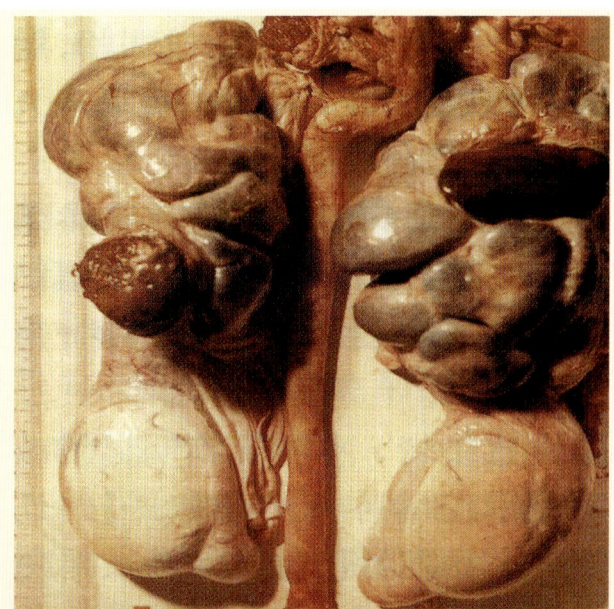

图 1-3-4
精索呈结节或串珠状

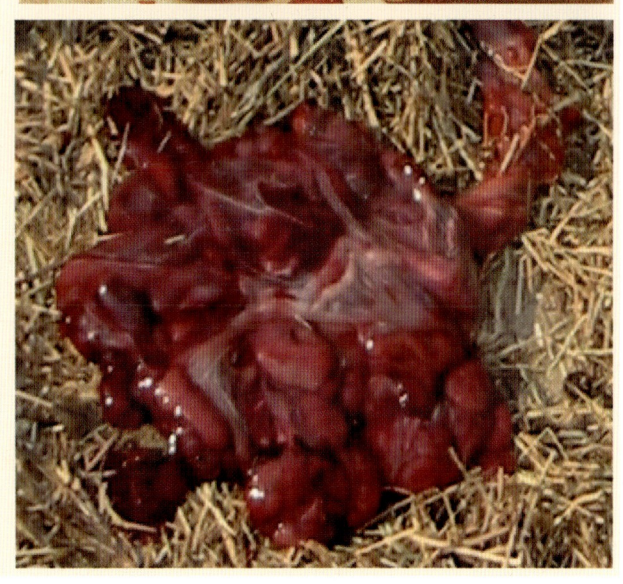

图 1-3-5
胎盘水肿、出血

【诊断】根据流行病学、临床症状、流产胎儿及胎膜的变化即可确诊。目前最常用的诊断方法是血清学诊断，其中以平板凝集试验或试管凝集试验为准。在绵羊和山羊的大群检疫中可使用平板凝集试验检查。

【防治】目前，本病尚无特效的药物治疗，病羊无治疗价值，一般不予治疗。控制本病应加强预防检疫。

1. 定期检疫

羔羊每年断乳后进行一次布氏杆菌病检疫。成羊两年检疫一次或每年预防接种而不检疫。对检出的阳性羊要扑杀处理，不能留养或给予治疗。

2. 消毒或深埋

必须对污染的用具和场所使用10%～20%石灰乳、3%双氧水溶液彻底消毒。阳性羊尸体、流产胎儿尸体、胎衣、羊水和产道分泌物应焚毁或深埋。

3. 免疫接种

当年新生羔羊通过检疫呈阴性的，用"2号弱毒活菌苗"口服或注射。羊不分大小每只口服500亿活菌。疫苗注射，每只羊25亿菌，肌内注射。

四、坏死杆菌病

坏死杆菌病是由坏死杆菌引起的畜禽共患的一种慢性传染病。在临床上表现为皮肤、皮下组织和消化道黏膜的坏死，有时在其他脏器上形成转移性坏死灶。成年绵羊临床上多发腐蹄病，羔羊多发坏死性口炎。

【病原】坏死杆菌具有明显的多形性，小的呈球杆状，大的呈长丝状，无鞭毛，不形成芽孢和荚膜。本菌为严格厌氧菌，较难培养成功。本菌至少可产生两种毒素，其外毒素皮下注射可引起组织水肿，静脉注射则数小时内死亡；内毒素皮下或皮内注射可致组织坏死。坏死杆菌对理化因素抵抗力不强，对热及常用消毒剂敏感，但在污染的土壤中能长时间存活。本菌对4%的醋酸敏感。

【流行特点】坏死杆菌在自然界分布很广，动物的粪便、死水坑、沼泽和土壤中均有存在，羊主要通过破损的皮肤和黏膜而感染，后经血液传播到全身组织器官，新生羔羊也可经脐带感染而发病。饲料搭配不合理，特别是缺乏钙、磷等矿物质时也易发生该病。本病多发于低洼潮湿地区和多雨季节，呈散发性或地方性流行。

【症状与病理变化】患本病的绵羊多于山羊。由于患病部位不同表现的症状也有差异，如病原侵害羊蹄部时，引起腐蹄病（图1-4-1）。病初，病羊的一肢或双肢发生跛行，可见蹄间隙、蹄踵、蹄冠等红肿热痛，逐渐形成溃疡，挤压肿烂部位有腐臭脓样液体流出。如同时侵害两前肢，病羊往往爬行。后肢患病时，则前肢移到腹下。重症病例可引起蹄部深层组织坏死（图1-4-2），蹄匣脱落，坏死部位也可波及腱、韧带和关节。病羊行走困难，或长期卧地不起，如治疗不及时，常因衰竭、转移性病变或继发感染而死亡。绵羊羔还可发生坏死性口炎（又称"白喉"），齿龈、颊、硬腭、舌及咽喉发生肿胀，上面覆盖的坏死物形成伪膜，伪膜脱落后露出溃烂面。轻症病例能很快恢复。重症病例若治疗不及时，往往由于内脏形成转移病灶（俗称"羊烂肝、烂肺病"）而导致死亡。此时剖检可见肝脏表面常与接触的器官发生纤维素性炎症；肺脏发生实变并与胸壁粘连，表面有大小不等的白色坏死灶，切面呈脓样或豆腐渣样。

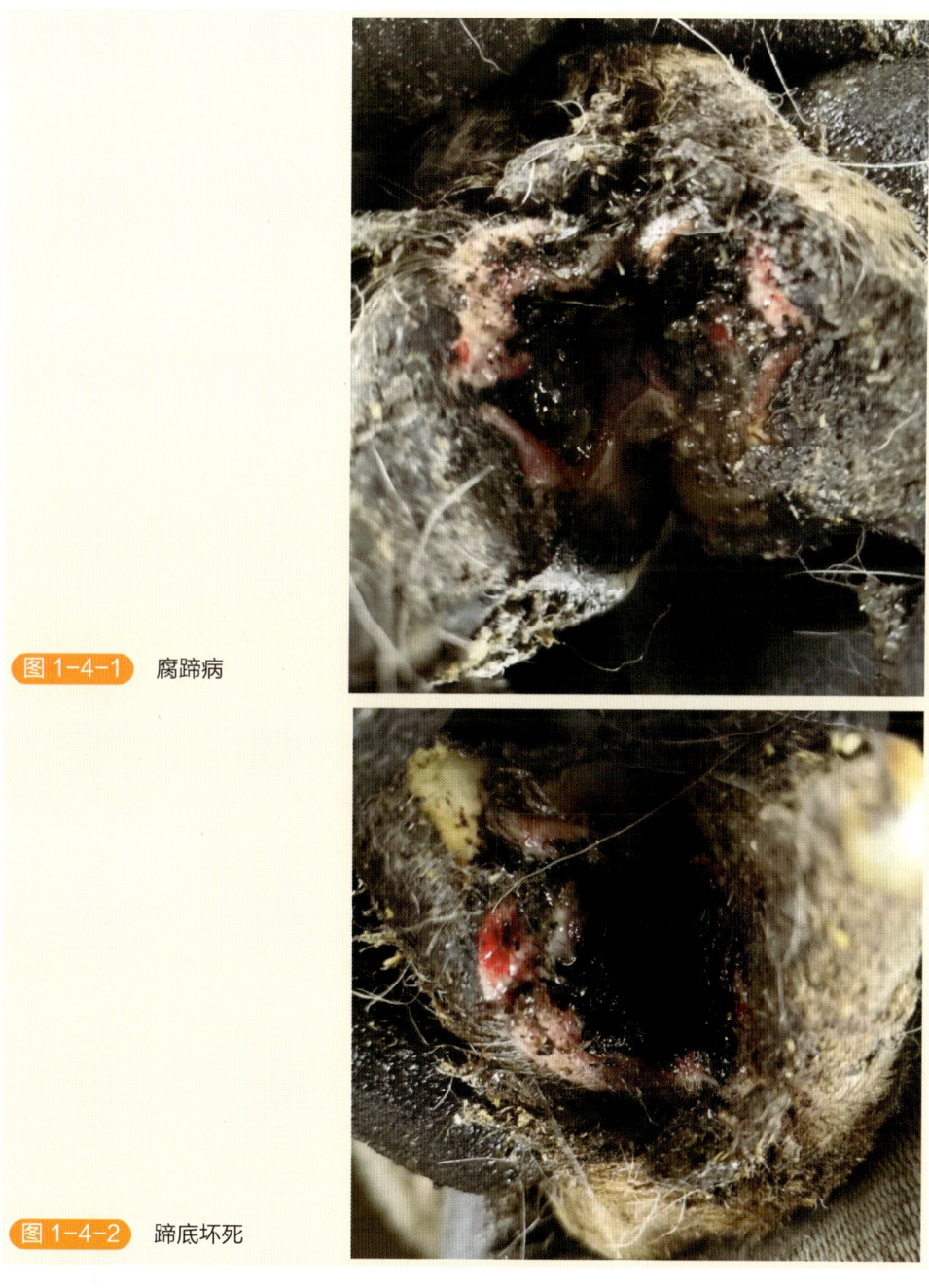

图 1-4-1 腐蹄病

图 1-4-2 蹄底坏死

【诊断】根据发病特点、临床症状，可作出诊断。必要时，可从病羊的病灶与健康组织的交界处采取病料涂片，用稀释苯酚复红或碱性美蓝加温染色，可发现着色不匀、细长丝状的坏死杆菌。

【防治】

1. 预防

（1）加强饲养管理，经常保持圈舍及羊体清洁卫生，防止过度拥挤，避免外伤发生，不在低洼潮湿地区放牧。

（2）发生外伤时，应及时用5%碘酊涂擦伤口，以防感染。

（3）一旦发生本病应及时隔离病羊，污染的垫料和器具彻底消毒。

2. 治疗

（1）对于腐蹄病，消除蹄部的坏死组织，用1%高锰酸钾、5%甲醛或10%硫酸铜溶液清洗蹄部，患处撒布磺胺粉，用浸有碘甘油的绷带包扎。

（2）对坏死性口炎的治疗　先除去口腔内的伪膜，每天用1%高锰酸钾溶液洗涤两次，然后涂抹碘甘油或撒布冰硼散（冰片15克、朱砂18克、元明粉150克，研末备用），每天3次，连用3～5天。

（3）对本病的溃疡创面，先将病变部位清洗干净，再用绷带包扎，将青霉素生理盐水溶液经引流管注入，每天3次，每次10毫升左右，每毫升生理盐水内含青霉素4000～6000单位，现配现用。

（4）土霉素　静脉或肌内注射，按每千克体重3～5毫克，每天2次，连用3～5天。

（5）10%磺胺嘧啶钠注射液，静脉或肌内注射，按每千克体重0.1毫升，每天2次，连用3～5天，并配合强心解毒药物，可促进康复，提高治愈率。

五、羊流产沙门氏菌病

羊流产沙门氏菌病是由羊流产沙门氏菌引起的一种急性传染病，以子宫炎症和流产为主要特征。

【病原】羊流产沙门氏菌是一种较小的革兰氏阴性杆菌，一般无荚膜。该菌对外界的抵抗力较强，在水、土壤和粪便中能存活几个月，但不耐热，一般消毒药物均能迅速将其杀死。

【流行特点】本病发生于不同年龄的羊，多见于怀孕的最后两个月。无明显的季节性，主要在晚冬、早春季节发生。主要经消化道传染，病羊和健康羊交配或用病公羊的精液人工授精也可感染。鼠类可以传播本病。寒冷、拥挤和长途运输等不良因素均可促进本病的发生。

【症状】病羊阴唇肿胀，流产前1～2天常流出带血黏液（图1-5-1）。体温升高到40～41℃，精神委顿，步态僵硬。流产常开始于产前6周左右，流产率达60%左右。有些羊可产出活羔，但因羔羊衰弱、腹泻、不食（图1-5-2），常于产后1～7天死亡。有些羊伴发腹泻症状，可持续10～15天。病母羊也可在流产后或无流产的情况下死亡。

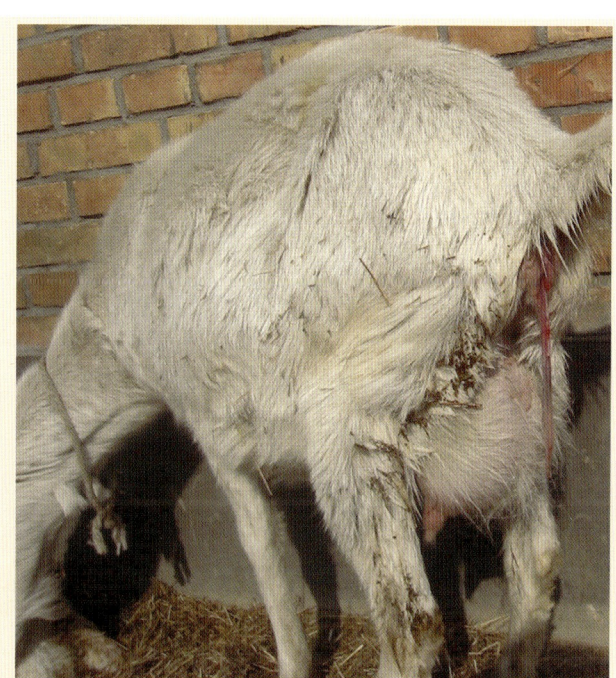

图1-5-1　病羊阴唇肿胀，流产前流出带血黏液

图1-5-2　衰弱的羔羊

【病理变化】流产的母羊主要表现子宫炎和胎衣滞留（图1-5-3），并伴有胃肠炎等病变。流产、死亡的胎儿或生后1周内死亡的羔羊，呈败血症变化。胎儿皮下组织水肿、充血；肝、脾肿胀，有灰色病灶；胎盘水肿、出血（图1-5-4）；

浆膜腔内有大量渗出液，浆膜有小出血点，心外膜的出血更为显著。

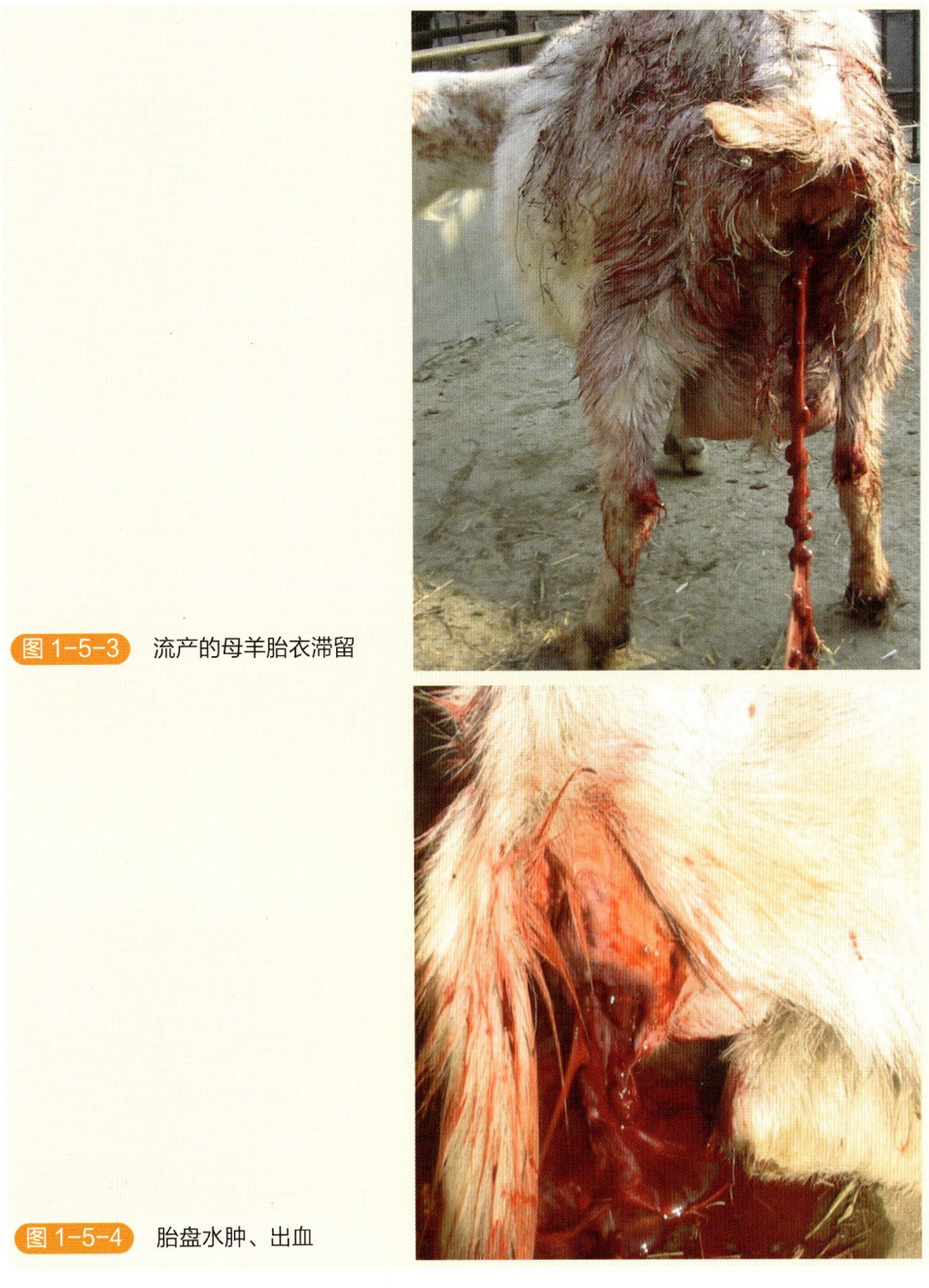

图 1-5-3　流产的母羊胎衣滞留

图 1-5-4　胎盘水肿、出血

【诊断】根据流行特点、症状和病理变化即可做出初步诊断。确诊需要取病母羊的粪便、阴道分泌物、血液和胎儿组织进行细菌分离鉴定。

【防治】

1. 预防

（1）加强饲养管理，注意日常的卫生情况尤其是加强分娩期圈舍和接产环境的卫生消毒。

（2）发现病羊应及时隔离，流产胎儿、胎衣及污染物进行销毁，污染场地全面消毒处理。

（3）对可能受威胁的羊群，注射相应菌苗预防。

2. 治疗

病初用抗血清较为有效。如用药物治疗，应首选氯霉素，其次是新霉素、土霉素和呋喃唑酮等。一次治疗不应超过5天，每次最好选用一种抗菌药物，如无效立即改用其他药物。在抗菌消炎的同时，对于病程较长、脱水严重的羔羊还应进行强心、补液等对症治疗。

（1）氯霉素　羔羊每日30～50毫克/千克体重，分3次内服；成羊10～30毫克/千克体重，肌内或静脉注射，每日2次。

（2）硫酸新霉素　5～10毫克/千克体重，内服，1天2次。

（3）土霉素　静脉或肌内注射，按每千克体重3～5毫克，每天2次。

六、羔羊大肠杆菌病

羔羊大肠杆菌病是大肠杆菌引起的一种急性、致死性传染病，多发生在初生羔羊，主要表现急性败血症和胃肠炎，死亡率很高。由于病羊常排出白色稀粪，所以又称"羔羊白痢"。

【病原】致病性大肠杆菌，是革兰染色阴性、中等大小的杆菌。对不良因素抵抗力弱，50℃条件下30分钟即可死亡，普通的消毒剂和常规消毒方法都能将其杀灭。

【流行特点】本病主要在冬春舍饲期间发生，各种日龄的羊都能感染，但多发生于数天至6周龄的羔羊，呈地方性流行，也有散发的。消化道是本病的主要传播途径。带菌羔羊和母羊是本病的主要传染源，致病菌可随粪便排出体外，污染饲料、饮水、地面、褥草、用具等，健康羊接触后可能发病。母羊乳房被污染后，羔羊可通过吮乳途径感染本菌。病原也能经脐带、损伤的皮肤等感染，注射药物针头共用且消毒不严的情况下也能传播本病。

【症状】潜伏期1～2天，分为败血型和下痢型两种类型。

败血型多发于2～6周龄的羔羊。病羊体温41～42℃，精神沉郁，迅速虚脱，有轻微的腹泻（图1-6-1）；有的带有神经症状，运步失调，磨牙，视力障碍，也有的病例出现关节炎，多于病后4～12小时死亡，死亡率可达80%以上。

下痢型多发于2～8日龄的新生羔，病初体温略高，出现腹泻后体温下降，粪便呈半液体状，带气泡，有时混有血液。羔羊表现腹痛，虚弱，严重脱水，排便时弓背，里急后重；如不及时治疗，可于24～36小时内死亡。

【病理变化】

1. 败血型

病羊胸、腹腔和心包大量积液（图1-6-2），内有纤维素；关节肿大，内含混浊液体或脓性絮片；脑膜充血，有很多小出血点。

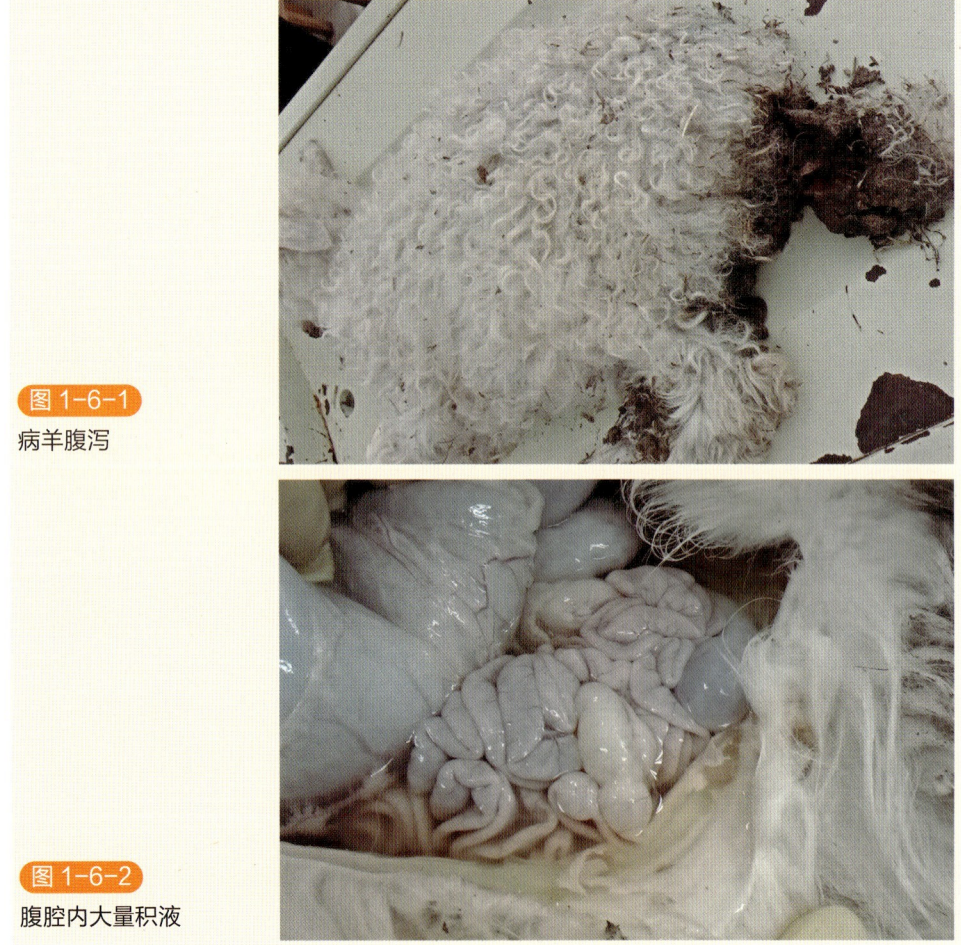

图1-6-1 病羊腹泻

图1-6-2 腹腔内大量积液

2. 下痢型

病羊肠系膜充血、水肿和出血，肠系膜淋巴结肿胀（图1-6-3）；肠黏膜充血、水肿，内容物混有血液和气泡（图1-6-4）。

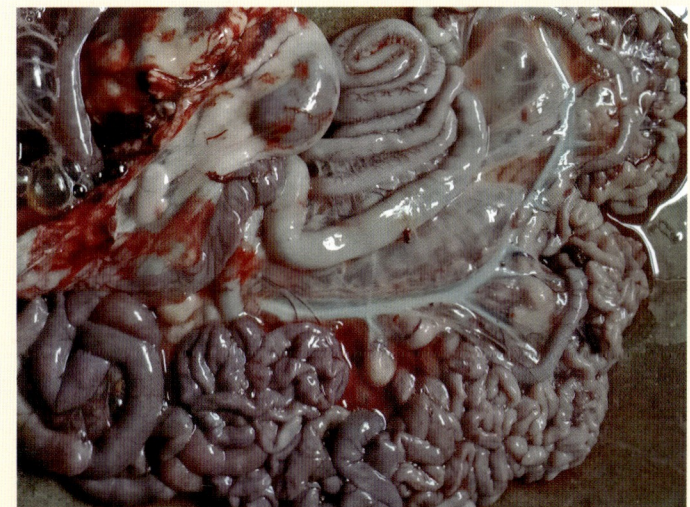

图 1-6-3
肠系膜淋巴结肿大

图 1-6-4
肠黏膜充血、水肿，内容物混有血液和气泡

【诊断】根据流行病学、临床症状可做出初步诊断，确诊需进行细菌学检查。本病应与 B 型魏氏梭菌引起的初生羔羊下痢相区别。

【防治】

1. 预防

（1）加强孕羊的饲养管理，确保新产羔羊的健壮，以增强机体抵抗力。

（2）改善羊舍的环境卫生，做到定期消毒，尤其是在母羊分娩前后对羊舍彻底消毒 1～2 次。

（3）注意幼羊防寒保暖工作，尽早让羔羊吃到足够的初乳。

（4）对污染的环境、用具，可用 3%～5% 来苏水消毒。

2. 治疗

早期治疗，注意护理，可提高疗效。

（1）使用四环素、多西环素、新霉素、小檗碱等药物，并发肺炎可注射青霉素或恩诺沙星。

（2）调整胃肠机能，纠正酸中毒，防止脱水需补充 5% 的葡萄糖生理盐水 500 毫升。

（3）硫酸镁、甲醛、高锰酸钾疗法 用胃管灌服 6% 的硫酸镁溶液（含 0.5% 福尔马林）40 毫升，经 6～8 小时再灌服 1% 的高锰酸钾溶液 10～20 毫升，未愈的可再次灌服高锰酸钾溶液 1～2 次。

（4）如病情好转，可用微生态制剂加速胃肠功能恢复，注意不要与抗生素合用。

七、李氏杆菌病

李氏杆菌病是由李氏杆菌引起的一种人兽共患传染病。以脑膜脑炎、败血症和孕畜流产为特征。绵羊的李氏杆菌病最为常见，各种年龄和性别的绵羊都可患病，以羔羊和孕羊的敏感性最高。

【病原】病原为产单核细胞李氏杆菌，是一种革兰氏染色阳性小杆菌，对食盐和热耐受性强，巴氏消毒法不能杀灭，但一般消毒药易使其灭活。

【流行特点】易感动物的种类范围广，病羊及带菌羊是危险的传染源，老鼠也可能是本病的疫源。本病多发于 2～4 月龄及断奶前后 1 月的羔羊，发病季节为每年 4～5 月份或 10～11 月份。该病通过消化道、呼吸道及损伤的皮肤而感染，也可通过蜱、蚤、蝇类传播。呈散发性，发病率低，病死率很高。

【症状】病初体温升高 1～2℃，不久下降至接近常温。病羊精神沉郁，目光呆滞。有的发生意识障碍，无目的地乱窜乱撞。舌麻痹，采食、咀嚼、吞咽困难。鼻孔流出黏性分泌物；眼流泪，结膜发炎，眼球突出，常向一个方向斜视，甚至视力丧失。头颈偏向一侧，走动时向一侧转圈（图 1-7-1），遇有障碍物时则以头抵靠不动。颈项强直，头颈呈角弓反张。后期卧地不起、昏迷、四肢划动呈游泳状，一般于 3～7 天内死亡。妊娠母羊常发生流产，羔羊常发生急性败血症而很快死亡。病死率很高，但随着年龄的增长而下降。

【病理变化】剖检病死羊，可见脑及脑膜充血、水肿，脑脊液增多（图 1-7-2）。流产母羊胎盘发炎、子叶水肿（图 1-7-3），子宫内膜充血、出血或坏死。

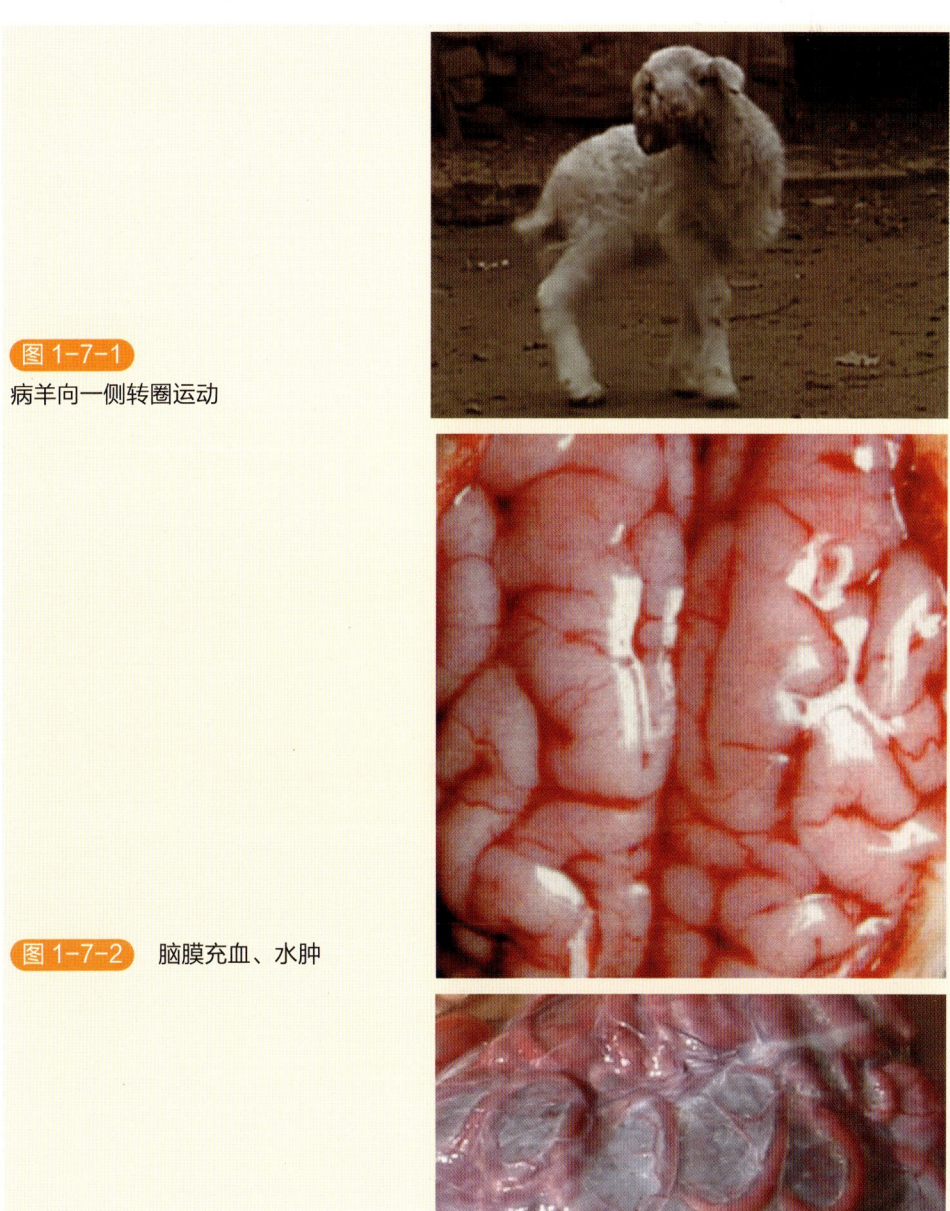

图 1-7-1 病羊向一侧转圈运动

图 1-7-2 脑膜充血、水肿

图 1-7-3 胎盘发炎、子叶水肿

第一章 传染病

【诊断】由于本病症状的多样性，临床诊断比较困难。病羊如表现特殊神经症状、流产、血液中单核细胞增多，可疑为本病。确诊必须用微生物学方法。该病应与具有神经症状的疾病相区别，如羊的脑包虫病。

【防治】

1. 预防

严格防疫制度。不从有病地区引入羊只。由于本病可感染人，故畜牧兽医人员应注意防护。平时注意清洁卫生和饲养管理，消灭啮齿动物；发病地区，应将病畜隔离治疗；病羊尸体要深埋，并用5%来苏水对污染场地进行消毒。

2. 治疗

病羊早期可采取大剂量磺胺类药物与抗生素并用，疗效较好。

（1）10%磺胺嘧啶钠，静脉或肌内注射，按每千克体重0.1毫升，每天2次，连用3～5天。

（2）病羊出现神经症状时，可用盐酸氯丙嗪治疗，按每千克体重1～3毫克，肌内注射，每天1次，连用3～5天。

（3）在羊群日粮中可添加适量的泰妙菌素、阿莫西林，同时在饮水中添加适量的葡萄糖、电解多维，改善体质，避免出现继发感染。

八、传染性角膜结膜炎

羊传染性角膜结膜炎又称流行性眼炎、红眼病。主要以急性传染为特点，眼结膜与角膜先发生明显的炎症变化，其后角膜混浊，呈乳白色。本病会造成病羊局部刺激和视觉扰乱，往往导致失明和难以觅食，甚至消瘦死亡。

【病原】羊传染性角膜结膜炎是一种多病原的疾病，其病原体有鹦鹉热衣原体、立克次体、结膜支原体、奈氏球菌、李氏杆菌等，其中以感染鹦鹉热衣原体而引起的发病更为多见。

【流行特点】主要侵害山羊，尤其是奶山羊，绵羊也能感染。一般是由已感染的动物或传染物质导入畜群，引起同种动物感染，但也有的通过接触感染。蝇类或某种飞蛾可传递本病。病羊的分泌物，如鼻涕、泪液、奶及尿液的污染物，均能散播本病。另外，厩舍潮湿、狭小、空气污浊以及大量尘土等，都可诱使本病的发生和加速传播。本病的季节性不强，一年四季都有流行，但春、秋发病较多。一旦发病，1周内可迅速波及全群，甚至呈流行性或地方流行性。

【症状】主要表现为结膜炎和角膜炎。多数病羊先一眼患病，然后波及另一眼。发病初期呈结膜炎症状（图1-8-1），流泪，羞明，眼睑半闭。眼内角流出浆液性或黏液性分泌物，不久则变成脓性。上、下眼睑肿胀、疼痛，结膜潮红，并有树枝状充血,接着变为角膜结膜炎,还会出现角膜浑浊和溃疡(图1-8-2)。随着病程的发展,结膜上的血管逐渐向角膜伸展,可见角膜边缘存在红色带。当炎症继续扩散,可继发引起虹膜炎。眼前房积脓或角膜破裂,晶状体可能脱落,造成永久性失明。本病很少引起死亡,少数病畜多因结膜、角膜白斑、双目失明而被淘汰。

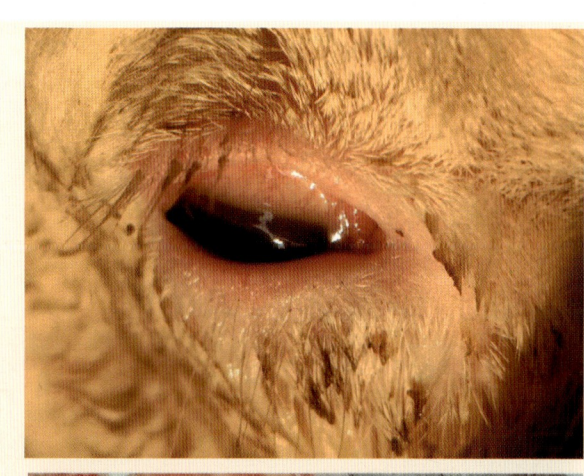

图1-8-1　眼结膜充血、潮红

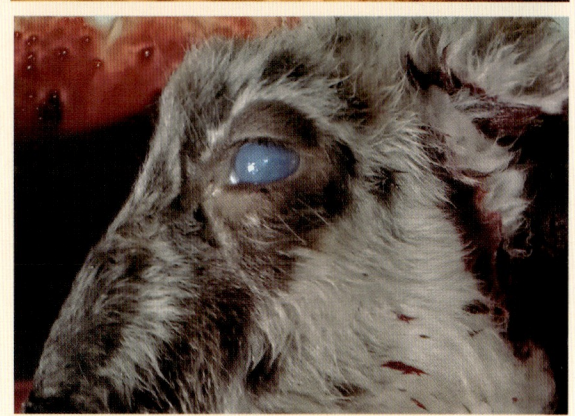

图1-8-2　结膜囊中有脓性分泌物,角膜浑浊

【诊断】根据本病结膜角膜炎的特征性症状以及流行特点即可做出诊断。但本病具有多病原性,有的病原除引起传染性结膜角膜炎外,还可出现其他症状,如有必要可用微生物学检验或荧光抗体技术确诊。

【防治】

1. 预防

有条件的种羊场,应建立健康群,立即隔离病畜,划定疫区,定时清扫消毒,严禁患病羊的流动。每栋羊舍要相对固定饲养员,禁止相互串门。不同栋羊舍内的各种工具(用具)禁止交叉使用,并确保干燥清洁。用0.1%的高锰酸钾水对食槽和饮水槽进行消毒,每2周1次。新购买的羊只,至少需隔离60天,方能允许与健康者合群。

2. 治疗

病羊应立即进行隔离治疗，避免病原传播。一般病羊若无全身症状，在半个月内可以自愈。发病后应尽早治疗，越快越好。用2%～4%硼酸液洗眼，拭干后再用3%～5%蛋白银溶液滴入结膜囊中，每天2～3次，也可以用0.025%硝酸银液滴眼，每天2次，或涂以青霉素、氯霉素、四环素软膏。如有角膜混浊或角膜翳时，可涂以1%～2%黄降贡软膏，每天1～2次。可用0.1%新洁尔灭，或用4%硼酸水溶液逐头洗眼后，再滴以5000单位/毫升普鲁卡因青霉素（用时摇匀），每天2次，重症病羊加滴醋酸可的松眼药水，并放太阳穴、三江穴血。角膜混浊者，滴视明露眼药水效果很好。

九、结核病

结核病是由分枝杆菌引起的人兽共患的一种慢性传染病，病理特征是在多种组织器官内形成结核结节和干酪样坏死或钙化结节。临床上以频繁咳嗽、呼吸困难及体表淋巴结肿大为特征。

【病原】病原是结核分枝杆菌、牛分枝杆菌和禽分枝杆菌3种。本菌不产生芽孢和荚膜，也不能运动，为革兰氏阳性菌。结核分枝杆菌因含有丰富的脂类，故在外界环境中生存力较强。对干燥和湿冷的抵抗力强，对热抵抗力差。在水中可存活5个月，在土壤中存活7个月，在75%酒精、3%～5%来苏水或10%漂白粉中很快死亡，碘化物消毒效果甚佳，但无机酸、有机酸、碱性物和季铵盐类等对结核分枝杆菌的消毒是无效的。

【流行特点】传染源为结核病患畜的排泄物和分泌物污染的饲料和饮水，羊主要通过呼吸道、消化道感染，病菌随病羊的鼻液、痰液、粪便和乳汁等排出体外，污染饲料、饮水、空气等周围环境。本菌对链霉素、异烟肼、对氨基水杨酸和丝氨酸等药物敏感，对青霉素、磺胺类药物等不敏感。

【症状】本病潜伏期长短不一，羊不同品种表现症状也不同。病羊体温多正常，有时稍升高，消瘦，被毛干燥，精神不振，多呈慢性经过。当患肺结核时，病羊咳嗽，流脓性鼻液，甚至含有血丝，肺部听诊有显著啰音。当乳房被感染时，乳房有结节状溃疡，泌乳量降低，乳汁稀薄。当患肠结核时，病羊有持续性消化机能障碍、便秘、腹泻或轻度胀气。

【病理变化】病羊尸体消瘦，黏膜苍白，在肺脏、胰脏和其他器官以及浆膜上形成特异性结核结节和干酪样坏死灶（图1-9-1）。干酪样物质趋向软化和液化，并具明显的组织膜是山羊结核结节的特征。原发性结核病灶常见于肺脏和纵膈淋巴结，可见白色或黄色结节，有时发展成小叶性肺炎，在胸膜上可见灰白色半透明珍珠状结节。肠系膜淋巴结有结节病灶（图 1-9-2）。乳房结核时，乳房硬化，乳房淋巴结肿大（图 1-9-3）。

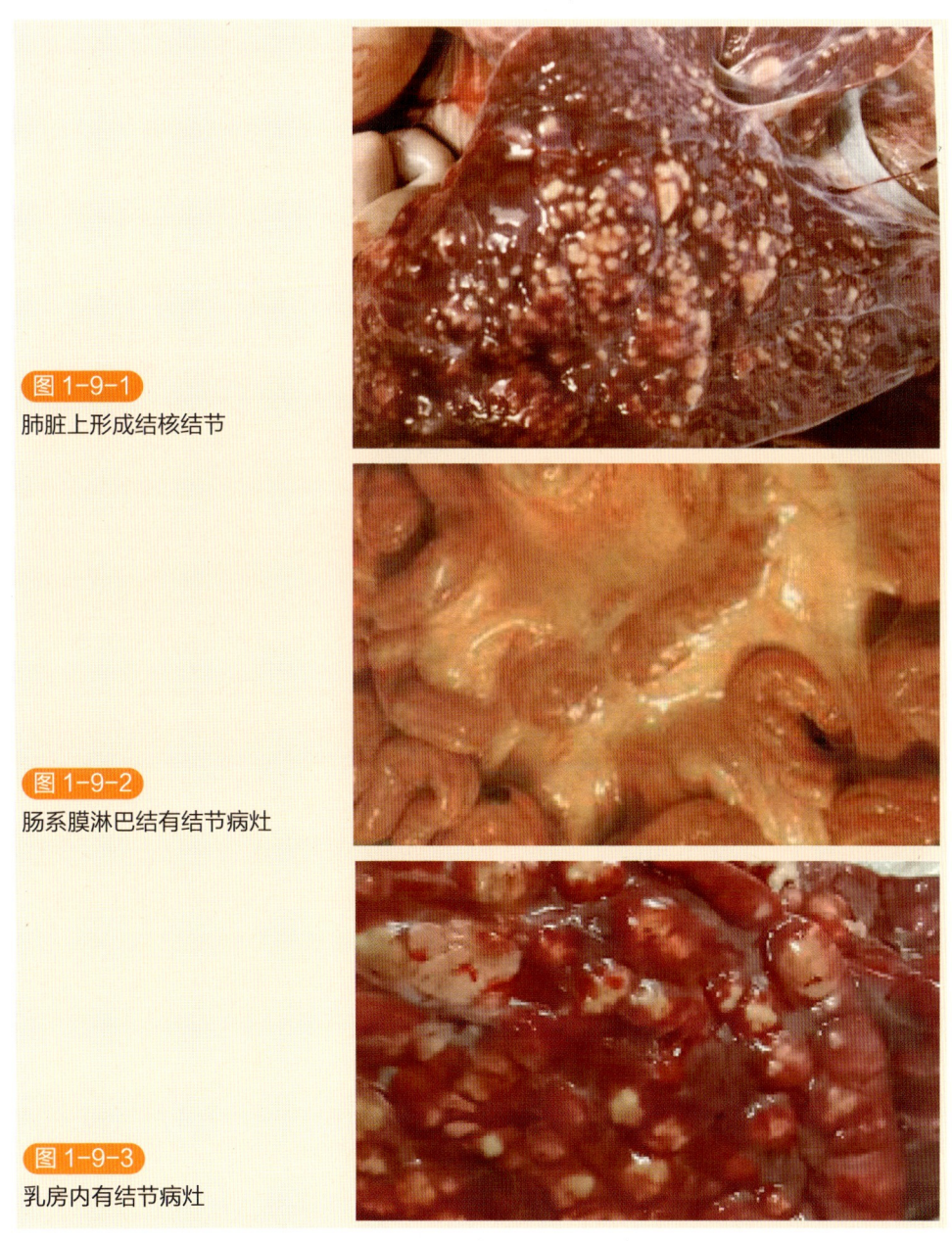

图 1-9-1 肺脏上形成结核结节

图 1-9-2 肠系膜淋巴结有结节病灶

图 1-9-3 乳房内有结节病灶

【诊断】根据流行病学、症状和病变可作出初步诊断。实验室诊断常用结核菌素做变态反应来确诊；也可采取患病动物的病灶、痰液、尿液、粪便、乳汁及其他分泌物做抹片、镜检、分离培养和实验动物接种进行确诊。

【防治】

1. 预防

每年春秋两季定期进行结核病筛选,阳性病羊立即调出隔离,及时淘汰病羊。对已与病羊接触过的羊群,立即进行全群检疫。在控制绵羊结核病的过程中,必须杜绝羊与家禽接触。症状明显的开放性病羊应当扑杀,内脏要深埋或焚烧。对病羊污染的地面,饲槽用20%石灰乳、10%漂白粉进行消毒,病羊的粪便发酵处理后利用。病羊所产乳汁,要单独存放、煮沸消毒。所产羊羔用1%来苏水洗涤消毒后,隔离饲养,3个月后进行结核菌素试验,阴性者方可与健康羊群混养。

2. 治疗

可用异烟肼、链霉素、对氨基水杨酸钠或盐酸小檗碱等药物。链霉素按每千克体重10毫克,肌内注射,1天2次,连用数天。异烟肼按每千克体重4～8毫克,分3次灌服,连用1个月。

十、副结核病

羊副结核病,也称羊副结核性肠炎,是由副结核分枝杆菌引起的一种以羊顽固性腹泻和进行性消瘦为特征的慢性接触性传染病。

【病原】副结核分枝杆菌,革兰氏染色阳性,具有抗酸染色特性,不形成荚膜或芽孢,对外界环境的抵抗力较强,在污染的牧场、圈舍中可存活数月,对热及紫外线抵抗力差,75%酒精和10%漂白粉能很快将其杀死。

【流行特点】病羊和隐性感染羊是本病的传染源,病菌主要存在于病畜的肠道黏膜和肠系膜淋巴结,随粪便排出,污染周围环境。健康羊采食了被病菌污染的饲料、饮水而感染。任何年龄、性别的羊都可感染发病,幼龄羊的易感性较大,经过很长的潜伏期,到成年时才出现临床症状,特别由于机体的抵抗力减弱,饲料中缺乏无机盐和维生素容易发病,呈散发或地方性流行。

【症状】潜伏期数月至数年,病羊腹泻反复发生,稀便呈卵黄色、黑褐色,带有腥臭味或恶臭味,并带有气泡。开始为间歇性腹泻,逐渐变为经常性而又顽固的腹泻,粪便呈稀粥状,表面常附有灰白色黏液样物质,有时还可见血丝。发病后期腹泻呈喷射状排出,病羊消瘦、衰弱、卧地。有的母羊泌乳少,颜面及下颌部水肿,腹泻不止,最后消瘦骨立,衰竭而死(图1-10-1)。病程长短不一,长的可达70多天,一般是15～20天。

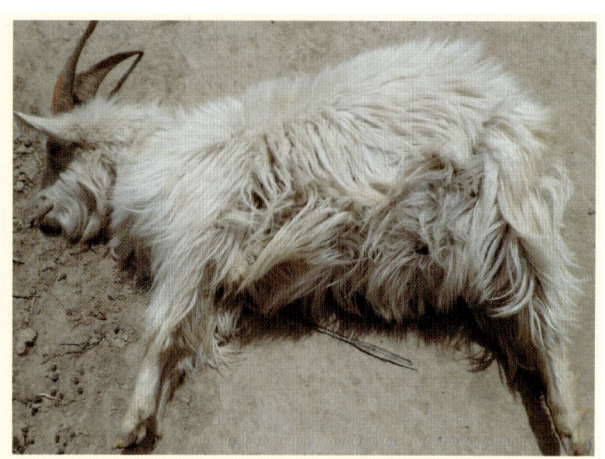

图 1-10-1
病羊消瘦，衰竭而死

【病理变化】病羊尸体极度消瘦，可视黏膜苍白。皮下与肌间脂肪胶样浸润。回肠、盲肠和结肠的肠壁明显增厚，肠黏膜表面凹凸不平（图1-10-2）。肠系膜淋巴结肿大，切面灰白或灰红，呈髓样变（图1-10-3）。有的皱胃和直肠系膜淋巴结高度肿胀。部分病例可见心肌色淡、发软，心内膜有条状出血斑。肺脏有出血点，局部气肿。

图 1-10-2
肠黏膜起皱，高低不平

图 1-10-3
肠系膜淋巴结肿大，呈髓样变

【鉴别诊断】该病应与胃肠道寄生虫病、营养不良、沙门氏菌病等相鉴别。

1. 与寄生虫病的鉴别

寄生虫病在粪便中常发现大量虫卵，剖检时在胃肠道里有大量的寄生虫，肠黏膜缺乏副结核病的皱褶变化。

2. 与营养不良的鉴别

营养不良多见于冬春枯草季节，病羊消瘦、衰弱；在早春抢青阶段，也会发生腹泻，但肠道缺乏副结核病的病理变化。

3. 与沙门氏菌病的鉴别

该病多呈急性或亚急性经过，粪便中能分离出致病性沙门氏菌。

【防治】羊副结核病无治疗价值，应以预防为主。发病后的预防措施包括：病羊群，用变态反应每年检疫 4 次；对出现临床症状或变态反应阳性的病羊，及时淘汰；感染严重、经济价值低的一般生产群应立即将整个羊群淘汰；对圈栏用 20% 漂白粉或 20% 石灰乳彻底消毒，并空闲 1 年后再引入健康羊。

十一、放线菌病

羊放线菌病是由放线菌引起的一种非接触性慢性传染病，其特征为局部以头、颈、颌下和舌形成放线菌肉芽肿并化脓为特征。

【病原】病原主要是牛放线菌和林氏放线杆菌。牛放线菌为不规则、无芽孢的革兰氏阳性杆菌，抵抗力微弱，一般消毒剂均可将其杀死，对青霉素、链霉素、四环素等抗生素敏感。林氏放线杆菌为革兰氏阴性、兼性厌氧的杆菌，不形成芽孢或荚膜，本菌对外界环境条件抵抗力不强，对链霉素、四环素和氯霉素等抗生素敏感。

【流行特点】放线菌病的病原不仅存在于污染的土壤、饲料和饮水中，而且还寄生于动物口腔、咽部黏膜、扁桃体和皮肤等部位。因此，黏膜或皮肤上只要有破损，便可以感染。羊可由带菌牛传染患病，一般为散发。

【症状】常见下颌骨肿大，肿胀发展缓慢，最初的症状是下唇和面部增厚，经过几个月才在增厚的皮下组织中形成直径 5 厘米左右、单个或多数的坚硬结节（图 1-11-1），有时皮肤化脓破溃，形成瘘管。病羊不能采食，消瘦、衰弱。舌和咽部感染时，组织肿胀变硬，流涎，咀嚼困难。乳房患病时，呈弥漫性肿大或有局灶性硬结。

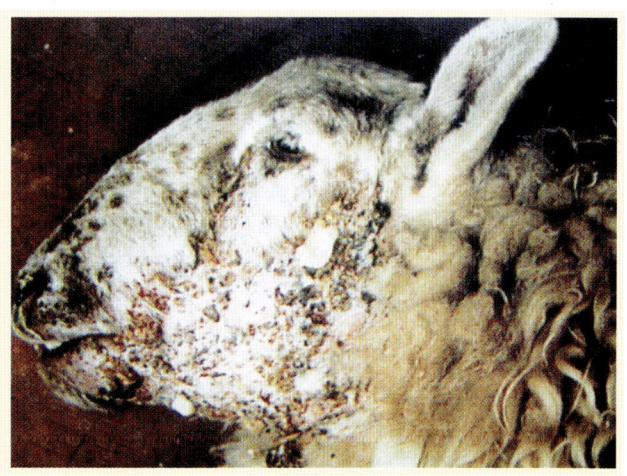

图 1-11-1 面部皮肤增厚，形成坚硬结节

【病理变化】放线菌在组织内感染引起组织坏死、化脓，脓汁可穿透皮肤向外排脓，形成瘘管。在骨组织内的放线菌瘘管弯弯曲曲伸向骨组织深部，破坏骨组织，使骨组织进一步坏死，呈豆腐渣状（图 1-11-2）。在软组织内的放线菌病灶，其瘘管都伸向颌下间隙深部。脓液中含有坚硬光滑的、黄白色的细小菌块，甚似硫黄颗粒。当舌体上患病时，舌体增粗变硬，称为木舌症（图 1-11-3）。

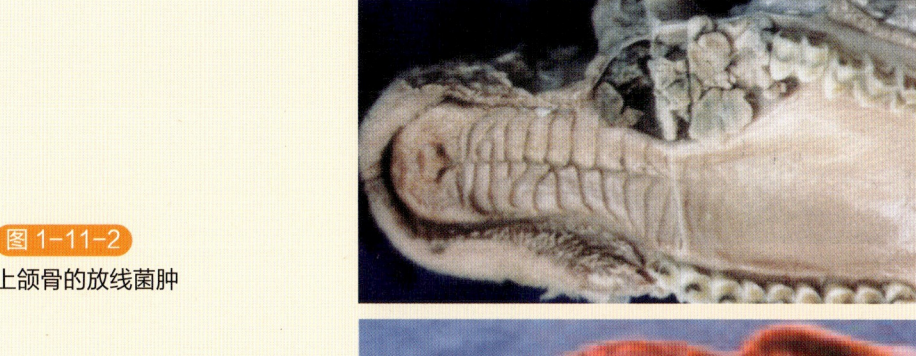

图 1-11-2 上颌骨的放线菌肿

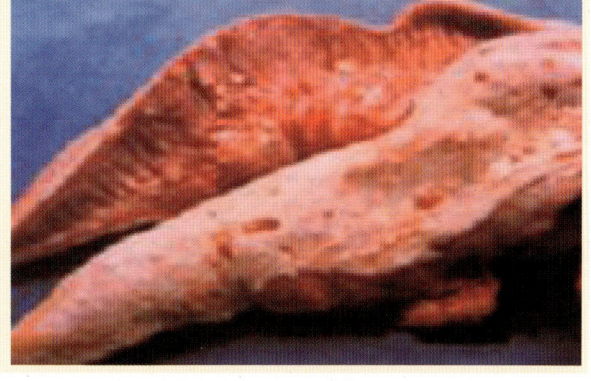

图 1-11-3 舌体增粗变硬

【诊断】病羊下颌部及面部的脓肿有波动性，个别病羊的脓肿破溃形成瘘管后流出脓汁，怀疑是放线菌病。用注射器于脓肿部抽取少量脓汁。将1~2滴浓汁滴于载玻片上，加1滴10%氢氧化钠溶液，混匀溶解脓汁后，加盖玻片搓压。低倍下镜检，有黄色的直径为3毫米的菊花状菌，确认为放线菌病。若想进一步辨别病原为何种细菌，可用革兰氏染色观察菊花菌块中心，若为革兰氏阳性棒状体，定为牛型放线菌；若为革兰氏阴性短小杆菌，定为林氏放线菌。

【防治】

1. 预防

因为粗硬的饲料可以损伤口腔黏膜，促进放线杆菌的侵入，所以为了预防，必须将稿秆、谷糠或其他粗饲料浸软以后再喂。注意饲料及饮水卫生，避免到低湿地区放牧。发现羊口腔有伤口时应及时处理。

2. 治疗

（1）碘剂治疗

① 静脉注射10%碘化钠溶液，并经常给病部涂抹碘酒。碘化钠的用量为20~25毫升，每周一次，直到痊愈为止。由于侵害的是软组织，故静脉注射相当有效，在轻型病例往往2~3次即可治愈。

② 内服碘化钾，每次1~1.5克，每天3次，做成水溶液服用，直到肿胀完全消失为止。

③ 用碘化钾2克溶于5毫升蒸馏水中，再与5%碘酒2毫升混合，一次注射于患部。

如果应用碘剂引起碘中毒，应立即停止治疗5~6天或减少用量。中毒的主要症状是流泪、流鼻、食欲消失及皮屑增多。

（2）手术治疗　对于较大的脓肿，用手术切开排脓，然后给伤口内塞入碘酒纱布，1~2天更换一次，直到伤口完全愈合为止。有时伤口快愈合时又逐渐肿大，这是因为施行手术后没有彻底用消毒液冲洗，病菌未完全杀灭，以致又重新复发。在这种情况下，可给肿胀部分注入1~3毫升复方碘溶液。注射以后病部会忽然肿大，但以后会逐渐缩小，达到治愈目的。

（3）抗生素治疗　同时用青霉素和链霉素注射于患部周围。青霉素每千克体重1万~1.5万单位，链霉素每千克体重10毫克，每天1次，连用5天为1个疗程。链霉素与碘化钾同时应用，效果更为显著。

十二、衣原体病

羊衣原体病是由鹦鹉热衣原体引起的绵羊、山羊的一种传染病。临床上以发热、流产、死胎和产出弱羔为特征。在疾病流行期，也见部分羊表现多发性关节炎、结膜炎等疾患。

【病原】鹦鹉热衣原体属于衣原体科、衣原体属。鹦鹉热衣原体对高温的抵抗力不强，但能够耐低温，在37℃温度下经过48小时就能够失活，在56℃温度下经过6分钟就会被灭活。0.1%甲醛、0.5%苯酚、75%酒精、3%双氧水均能将其灭活。衣原体对青霉素、四环素、氯霉素、红霉素等抗生素敏感，而对链霉素和磺胺类药物有抵抗力。

【流行特点】患病动物和带菌动物为主要传染源，尤其是被感染的母羊，可通过粪便、尿液、乳汁、泪液、鼻分泌物以及流产的胎儿、胎衣、羊水排出病原体，健康的羊群在饲养放牧的过程中，羊只误食带有病原污染的饲料、饮水而感染该病。本病主要经呼吸道、消化道及损伤的皮肤、黏膜感染；也可通过交配或用患病公羊的精液人工授精发生感染，子宫内感染也有可能；蜱、螨等吸血昆虫叮咬也可能传播本病。羊衣原体病的发生和流行一般无明显的区域性和季节性，但以春、冬季多发，且多呈地方性流行。另外，密集饲养、营养缺乏、长途运输或迁徙、寄生虫侵袭等应激因素可促进本病的发生、流行。

【症状】鹦鹉热衣原体感染绵羊、山羊可有不同的临床表现，主要有下列几种病型。

1. 流产型

潜伏期50～90天。流产通常发生于妊娠中后期，一般观察不到征兆，临床表现主要为流产、死胎或娩出生命力不强的弱羔羊（图1-12-1）。流产后往往胎衣滞留，流产羊阴道排出分泌物可达数日，有些母羊因继发感染细菌性子宫内膜炎而死亡。流产过的母羊，一般不再发生流产。在本病流行的羊群中，可见公羊患有睾丸炎、附睾炎等疾病。

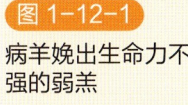
图1-12-1
病羊娩出生命力不强的弱羔

2. 关节炎型

鹦鹉热衣原体侵害羔羊，可引起多发性关节炎（图1-12-2）。感染羔羊于病初体温高达41～42℃。食欲减退，掉群，不适，肢关节（尤其腕关节）肿胀、疼痛，一肢或四肢跛行。随着病情的发展，跛行加重，羔羊弓背而立，有的羔羊长期侧卧，体重减轻，生长发育受阻。有些羔羊同时发生结膜炎。发病率高，病程2～4周。

图 1-12-2
鹦鹉热衣原体引起的羔羊多发性关节炎

3. 结膜炎型

角结膜炎型主要发生于绵羊，病羊眼结膜充血、水肿，大量流泪（图 1-12-3）。病后2～3天，角膜发生不同程度的混浊，出现血管翳、糜烂、溃疡或穿孔。数天后，在瞬膜、眼结膜上形成直径1～10毫米的淋巴滤泡。发病率高，一般不引起死亡，病程6～10天，角膜溃疡者，病期可达数周。

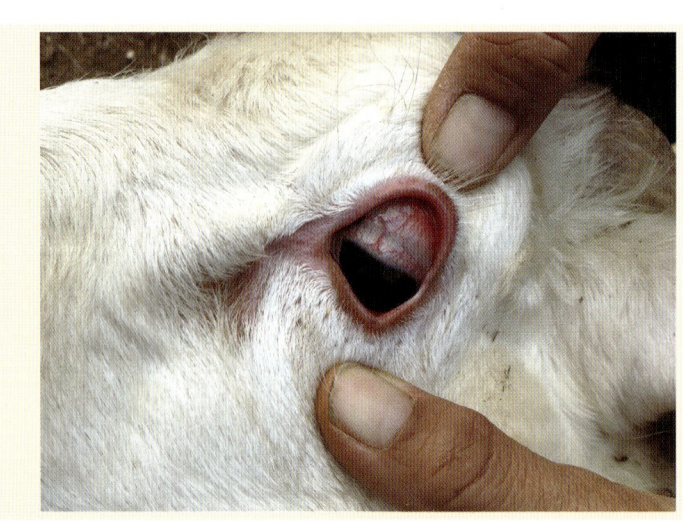

图 1-12-3
鹦鹉热衣原体引起的眼结膜充血、水肿

【病理变化】

1. 流产型

流产母羊胎膜水肿、增厚，子叶呈黑红色或土黄色。流产胎儿水肿，皮肤、皮下组织、胸腺及淋巴结等处有点状出血，肝脏充血、肿胀，表面可能有针尖大小的灰白色病灶。组织病理学检查，胎儿肝、肺、肾、心肌和骨骼血管周围网状内皮细胞增生。

2. 关节炎型

关节囊扩张，发生纤维素性滑膜炎。关节囊内积聚有炎性渗出物，滑膜附有疏松的纤维素性絮片。患病数周的关节滑膜层由于绒毛样增生而变粗糙。

3. 结膜炎型

结膜充血、水肿。角膜发生水肿、糜烂和溃疡。瞬膜、眼结膜上可见大小不等的淋巴样滤泡，组织病理学检查可发现滤泡内淋巴细胞增生。

【诊断】根据流行特点、临床症状和病理变化可做出初步诊断，确诊需进行病原体分离和血清学试验。本病在临床上应与布氏杆菌病、弯杆菌病、沙门氏菌病等类似疾病进行鉴别诊断。

【防治】

1. 预防

（1）加强饲养卫生管理，消除各种诱发因素，防止寄生虫侵袭，增强羊群体质。

（2）流行本病的地区，用羊流产衣原体灭活苗对母羊和种公羊进行免疫接种，可有效控制羊衣原体病的流行，同时要定期做好抗体检测和病原筛选，对抗体水平低于70%的羊群要及时进行补免，发现阳性羊只要及时进行治疗或淘汰，就能逐步达到净化该病的目的。

（3）发生本病时，流产母羊及其所产弱羔应及时隔离。流产胎盘、产出的死羔应予销毁。

（4）污染的羊舍、场地等环境用2%氢氧化钠溶液、2%来苏水等进行彻底消毒。

2. 治疗

（1）青霉素，肌内注射，每次80万～160万单位，1天2次，连用3天。

（2）氟苯尼考，肌内注射，每千克体重20～30毫克，1天2次，连用3～5天。

（3）四环素、红霉素等治疗，连用1～2周。

（4）结膜炎患羊可用土霉素软膏点眼。

十三、链球菌病

羊链球菌病俗称"嗓喉病",是羊的一种急性、热性、败血性传染病。以颌下淋巴结和咽喉肿胀、浆液纤维素性肺炎、呼吸异常困难、各脏器出血、胆囊肿大为特征。

【病原】病原是链球菌,革兰染色阳性,需氧或兼性厌氧,无运动性,有清晰荚膜而无芽孢。对外界抵抗力较强,病羊胸水中的细菌室温下可存活 100 多天。对一般的消毒药物抵抗力较差,常用的消毒药如 2% 苯酚、2% 来苏水以及 0.5% 漂白粉可将其杀死。

【流行特点】本病主要发生于绵羊,山羊次之。病羊和带菌羊是本病的主要传染源,通常经呼吸道排出病原体,也可通过损伤的皮肤、黏膜以及羊虱蝇等吸血昆虫叮咬传播。病死羊的肉、骨、皮、毛等可散播病原,在本病传播中具有重要作用。新发病区常呈流行性发生,老疫区则呈地方性流行或散发性流行。该病一年四季均可发生,主要发生在冬季及早春,5 月龄以下的羊最易发病。饲养管理差、季节交替、栏舍潮湿、饲草突然改变、过于拥挤等外界环境的改变均可引起发病。

【症状】本病的潜伏期,自然感染时为 2~7 天,少数可达 10 天。

1. **最急性型**

病羊症状不明显,常于 24 小时内死亡。

2. **急性型**

病初体温升高到 41℃以上,精神萎靡,垂头,呆立,不愿行走。食欲减退或废绝,停止反刍。眼结膜充血(图 1-13-1),流泪,随后出现浆液性分泌物,鼻腔流出浆液性脓性鼻汁。咽喉肿胀(图 1-13-2)、颌下淋巴结肿大、呼吸困难、流涎、咳嗽。粪便有时带有黏液或血液。孕羊阴门红肿,多发生流产。最后衰竭倒地,多数窒息死亡。病程 2~3 天。

3. **亚急性型**

体温升高,食欲减退。流黏性透明鼻汁,咳嗽,呼吸困难。粪便稀软带有黏液或血液。嗜卧,不愿走动,走时步态不稳。病程 1~2 周。

4. **慢性型**

一般轻度发热、消瘦、食欲不振、腹围缩小、步态僵硬;有的病羊咳嗽,有的出现关节炎。病程 1 个月左右,发生死亡。

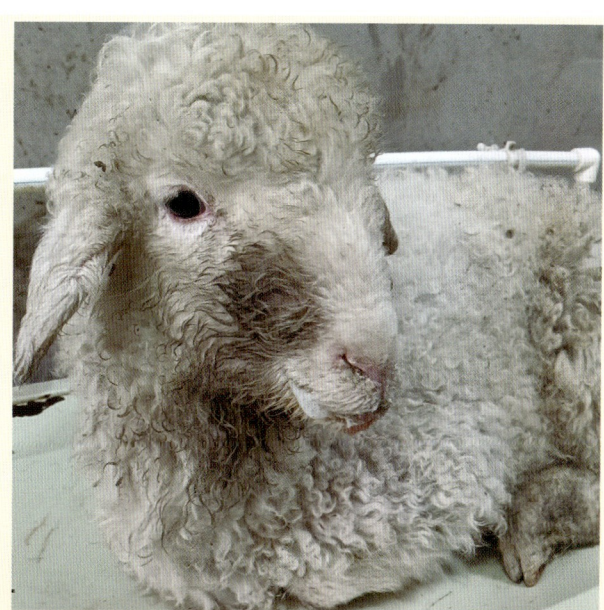

图 1-13-1　眼结膜充血

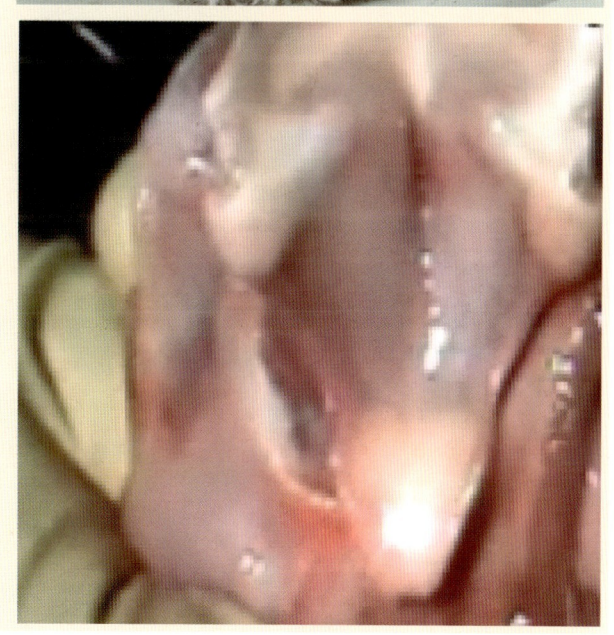

图 1-13-2　咽喉部肿胀

【病理变化】剖检可见各脏器的广泛性出血。淋巴结肿大、充血。鼻、咽喉和气管黏膜出血。胸腔内有深黄色的胶样渗出液，肺水肿或气肿、出血，呈浆液纤维素性肺炎（图 1-13-3）。心内、外膜都有点状出血。肝脏肿大，表面有少量出血点（图 1-13-4）。胆囊肿大，充满黑绿色胆汁（图 1-13-5）。脑膜充血、出血（图 1-13-6）。肾脏质地变脆、变软，肿胀，被膜不易剥离。小肠黏膜脱落，肠内容物混有血液。肠系膜淋巴结出血，肿大。

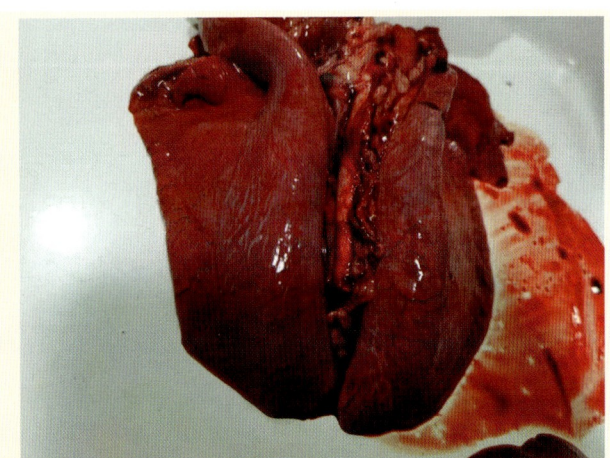

图 1-13-3　浆液纤维素性肺炎

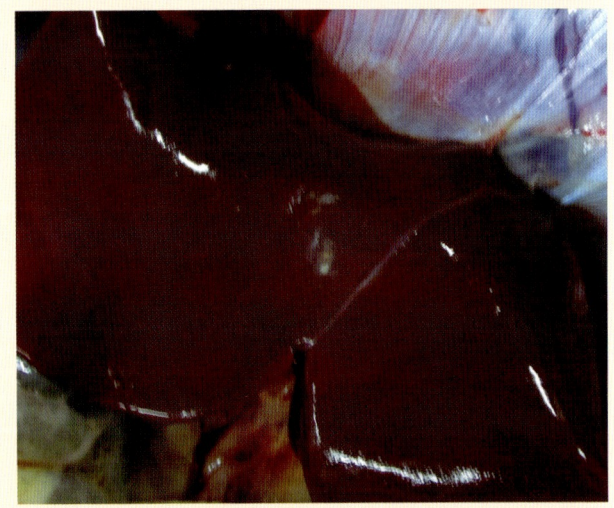

图 1-13-4　肝脏肿大

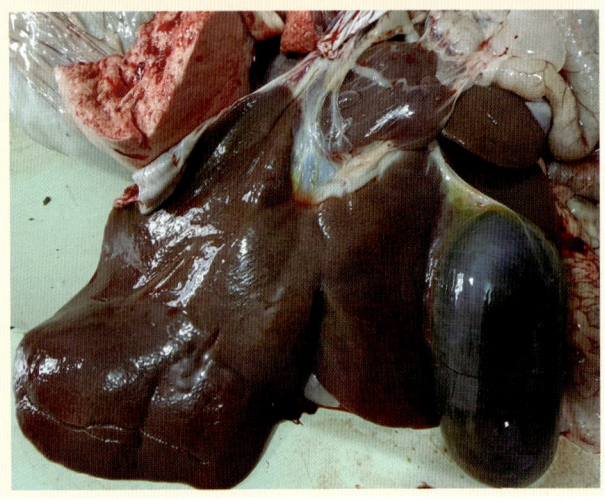

图 1-13-5　胆囊肿大，充满黑绿色胆汁

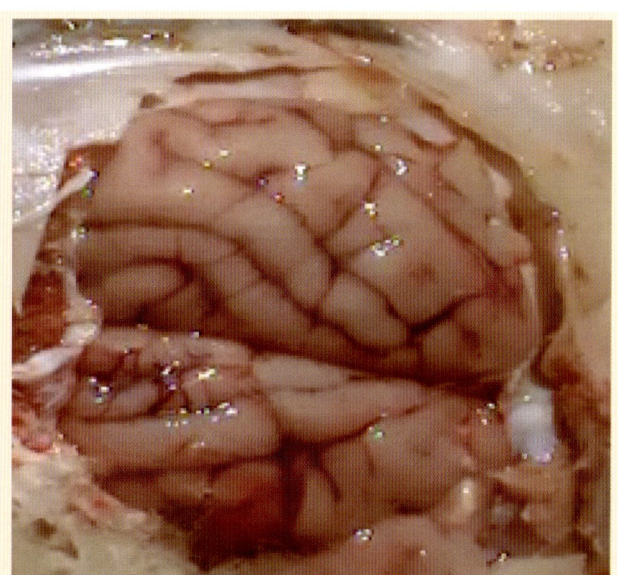

图 1-13-6
脑膜充血、出血

【诊断】根据流行特点、临床症状和病理变化可做出初步诊断,确诊需进行实验室诊断。

【防治】

1. 预防

做好羊圈及场地、用具的消毒工作。入冬前,用链球菌氢氧化铝甲醛菌苗进行预防注射,羊不分大小,一律皮下注射 3 毫升,3 月龄内羔羊 14~21 天后再免疫注射 1 次,免疫期可维持半年以上。

2. 治疗

① 发病后,对病羊和可疑羊要分别隔离治疗,未发病羊可提前注射青霉素或抗羊链球菌血清预防。场地、器具等用 10% 的石灰乳或 3% 的来苏水严格消毒,羊粪及污物等堆积发酵,病死羊进行无害化处理。

② 高热者每只用 30% 安乃近 3 毫升肌内注射,病情严重食欲废绝的,5% 葡萄糖盐水 500 毫升,安钠咖 5 毫升,维生素 C 5 毫升,地塞米松 10 毫升,静脉滴注,每天 2 次,连用 3 天。

③ 早期可选用青霉素或磺胺类药物进行治疗。每次肌内注射青霉素 80 万~160 万单位,每天 2 次,连用 2~3 天。内服磺胺嘧啶每次 5~6 克(小羊减半),用药 1~3 次;或口服复方新诺明,每次每千克体重 25~30 毫克,1 天 2 次,连用 3 天。同时给病羊口服补液盐和维生素 C。

④ 加强饲养管理,做好抓膘、保膘及保暖防风、防冻、防拥挤等。定期消灭羊体内外寄生虫。

十四、葡萄球菌病

葡萄球菌病主要是由金黄色葡萄球菌引起的以组织器官发生化脓性炎症或全身性脓毒败血症的总称。

【病原】本病的主要致病菌为金黄色葡萄球菌,它是一种需氧或者兼性厌氧菌,革兰氏染色呈阳性,不具有鞭毛,不形成荚膜和芽孢,往往排列成葡萄串状,接种在固体或者液体培养基中往往呈双球或者短链状排列。该菌对外界环境的抵抗能力较强,一般在干燥的脓血、尘埃中能够生存长达几个月之久,在80℃高温下需要30分钟才会被灭活,且容易产生耐药性。该菌能够产生多种酶以及毒素,使其具有很强的致病性,产生较大危害。

【流行特点】病菌在自然环境中广泛分布,如空气、土壤、尘埃、污水中都有存在。羊可通过较多途径感染该菌,如破损的皮肤或者黏膜、呼吸道、消化道、汗腺以及毛囊等。当羊抵抗力减弱,加之恶劣环境、严重污染、饲养管理水平低下等,都会引起该病的发生和流行。

【症状】病羊表现出体温升高,接着全身发抖,阵咳,呼吸急促,先有浆液性鼻涕流出,之后变成脓性鼻液。病菌感染消化道后,病羊初期发生便秘,排出干小的老鼠屎样粪便,后期通常发生腹泻,排出水样黑色稀便。乳房发热、疼痛、高度肿胀(图1-14-1)。乳房分泌物呈红色至黑红色,带恶臭味。

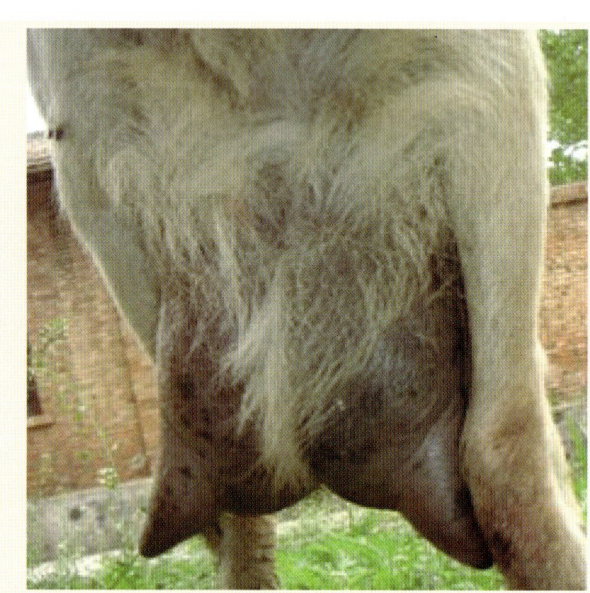

图1-14-1
乳房发热、疼痛、高度肿胀

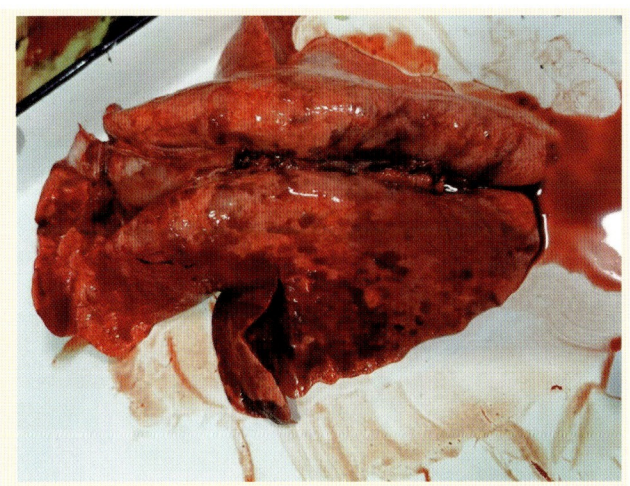

图 1-14-2 肺表面有灰白色的坏死点及脓肿

【病理变化】皮下、肌肉与内脏器官常形成或大或小的脓肿,其中含有糊状或浓稠的灰黄色脓汁,脓肿包囊明显。肺、胸膜发生化脓性炎症时,可进一步引起肺与胸膜粘连。肝、脾、肾、肺表面有灰白色的坏死点及脓肿(图1-14-2),下颌淋巴、股前淋巴和肠系膜淋巴肿大,常呈紫红色、出血。脓肿外周由结缔组织包裹。

【诊断】根据流行特点、临床症状和病理变化可做出初步诊断,确诊需进行病原学检查。

1. 涂片检查

取病羊的脓汁、淋巴结、心脏、肝脏、肺脏、脾脏、肾脏等组织作为病料,经过触片、染色、镜检,都能够看到革兰氏阳性呈链状或者葡萄串状排列的球菌。

2. 细菌分离培养

取上述病料分别在普通斜面、普通肉汤、厌气肉汤以及麦康凯平板、鲜血平板上接种,置于37℃下进行24小时培养,发现普通肉汤变得均匀混浊,形成薄薄的菌环,并在管底有持续少量的白色沉淀;厌气肉汤也变得均匀混浊;普通斜面上长出不透明的圆形菌落,呈灰白色,中等大小,隆起,表面湿润,边缘整齐;鲜血平板也会长出菌落,且周围形成溶血环,培养72小时整个菌落都会变成金黄色;麦康凯平板上没有长出菌落。

【防治】

1. 预防

(1)保持饲养环境的清洁卫生,避免外伤,提高机体的抵抗能力等,可大大降低本病的发生。

(2)发病羊群要改善饲养管理,病羊要立即进行隔离,并采取对症治疗,症状消除经过 1 个月才能够混入大群饲养。

2. 治疗

（1）同时用青霉素和链霉素注射于患部周围。青霉素每千克体重 5 万单位，链霉素每千克体重 20 毫克，每天 1 次，每天 2 次，连续使用 2～3 天。

（2）如果病羊症状较重，病程持续时间较长，可静脉注射由 5% 葡萄糖 500 毫升、0.5 克头孢噻呋钠组成的混合药液，每天 1 次。

十五、羊快疫

羊快疫是由腐败梭菌引起、主要发生于绵羊的一种急性传染病。以发病突然、皱胃出血性炎性损害为特征。

【病原】本病的病原是腐败梭菌，是革兰染色阳性的厌气大杆菌。本菌在体内外均能产生芽孢，不形成荚膜，并产生多种毒素。该菌具有较强的抵抗力，一般要使用强力消毒药如 20% 漂白粉、3%～5% 氢氧化钠等才能进行消毒。

【流行特点】病羊多为 6～18 月龄营养较好的绵羊，山羊较少。多发于春、秋季节，羊采食了污染的饲料或饮水，此时不一定发病。当外界存有不良诱因，如气候骤变、阴雨连绵、体内寄生虫等时都可诱发本病。以散发为主，发病率低而病死率高。

【症状】

1. 最急性型

病羊突然停止采食和反刍，磨牙、腹痛、呻吟，四肢分开，后躯摇摆，呼吸困难，口鼻流出带泡沫的液体。痉挛倒地，四肢呈游泳状。病羊后期多呈现极度衰竭昏迷状态，2～6 小时死亡。

2. 急性型

病初精神不振，食欲减退，步态不稳，排粪困难，卧地不起，腹部膨胀，呼吸急促，眼结膜潮红、充血，呻吟流涎。粪便中带有炎性产物或黏膜，呈黑绿色。体温升高到 40℃ 以上时呼吸困难，不久后死亡。

【病理变化】病羊死后，尸体迅速腐败膨胀。皱胃有出血性炎症变化，胃底部及幽门附近的黏膜，常有略低于周围正常黏膜的出血斑块和坏死区（图 1-15-1）。黏膜下组织水肿，胸、腹腔及心包积液，心的内外膜和肠道有出血点，胆囊多肿胀。肝、肾等实质器官有程度不同的淤血（图 1-15-2）。

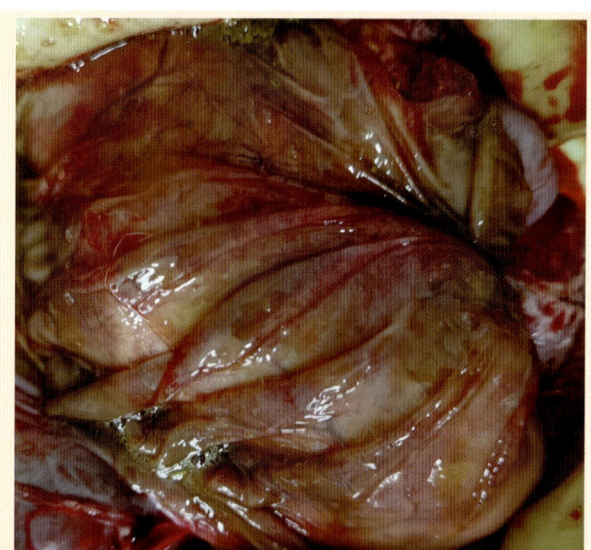

图 1-15-1　皱胃黏膜出血

图 1-15-2　肾淤血

【诊断】在羊生前诊断本病有困难，根据临床症状只能初步诊断，死后剖检可见皱胃出血，确诊需进行细菌学检验。本病应与羊肠毒血症、羊快疫和羊炭疽相鉴别。

【防治】

1. 预防

由于本病的病程短促，往往来不及治疗。因此，必须加强平时的防疫措施。当牧场发生本病时，将病羊隔离，对病程较长的病例施行对症治疗。将所有未发病羊转移到高燥地区放牧，加强饲养管理，防止受寒感冒，避免羊只采食冰冻饲料，早晨出牧不要太早。同时用菌苗进行紧急接种。在本病常发地区，每年可定期注射"羊快疫、猝狙、肠毒血症三联苗",或"羊快疫、猝狙、肠毒血症、羔羊痢疾、黑疫五联苗"。若病情难以控制,转移牧地往往有较好的效果。

2. 治疗

病羊往往来不及治疗而死亡。对病程稍长的病羊,可使用以下药物同时配合强心、补液等措施治疗。

(1)青霉素,肌内注射,每次80万～160万单位,每天2次。

(2)磺胺嘧啶,灌服,每次5～6克,每天1次,连用3～4次。

(3)10%～20%石灰乳,灌服,每次10～20毫升,每天1次,连用1～2次。

(4)磺胺嘧啶钠注射液,肌内注射,按每次每千克体重0.02克,每天2次,连用3～4次。

(5)磺胺脒,8～12克,灌服,每天2次,连用3～4次。

十六、羊肠毒血症

羊肠毒血症又称软肾病、类快疫,是由D型魏氏梭菌在羊肠道内繁殖产生毒素所引起的绵羊急性传染病。本病以急性死亡、肠道出血、死后肾组织易于软化为特征。

【病原】魏氏梭菌为革兰氏阳性的厌气粗大杆菌,可形成荚膜,故又称为产气荚膜杆菌,无鞭毛,无运动性,可产生多种外毒素,导致全身性毒血症。

【流行特点】发病以绵羊为多,山羊较少。通常以2～12月龄、膘情好的羊为主;魏氏梭菌为土壤常在菌,也存在于污水中。本病主要通过消化道或破损皮肤等途径感染。牧区以春夏之交青草萌发和秋季牧草结籽后的一段时间发病为多;农区则多见在收割抢茬季节或食入大量富含蛋白质饲料时。多呈散发性流行。

【症状】该病发生突然,病羊呈腹痛、肚胀症状,常离群呆立、卧地或独自奔跑;濒死期发生肠鸣或腹泻,排出黄褐色水样粪便;全身颤抖,磨牙,头颈向后弯曲;口鼻流沫;常于昏迷中死亡。体温一般不高。血、尿常规检查常有血糖、尿糖升高现象。

【病理变化】皱胃内常见残留未消化的饲料;肾脏软化如泥样(图1-16-1);肠充血、出血(图1-16-2),严重者整个肠段肠壁呈血红色,故有"血肠子病"一说。体腔积液;心脏扩张,心内、外膜有出血点(图1-16-3);脑膜出血,脑实质内有液化性坏死灶(图1-16-4)。全身淋巴结肿大,切面湿润,呈黑褐色。

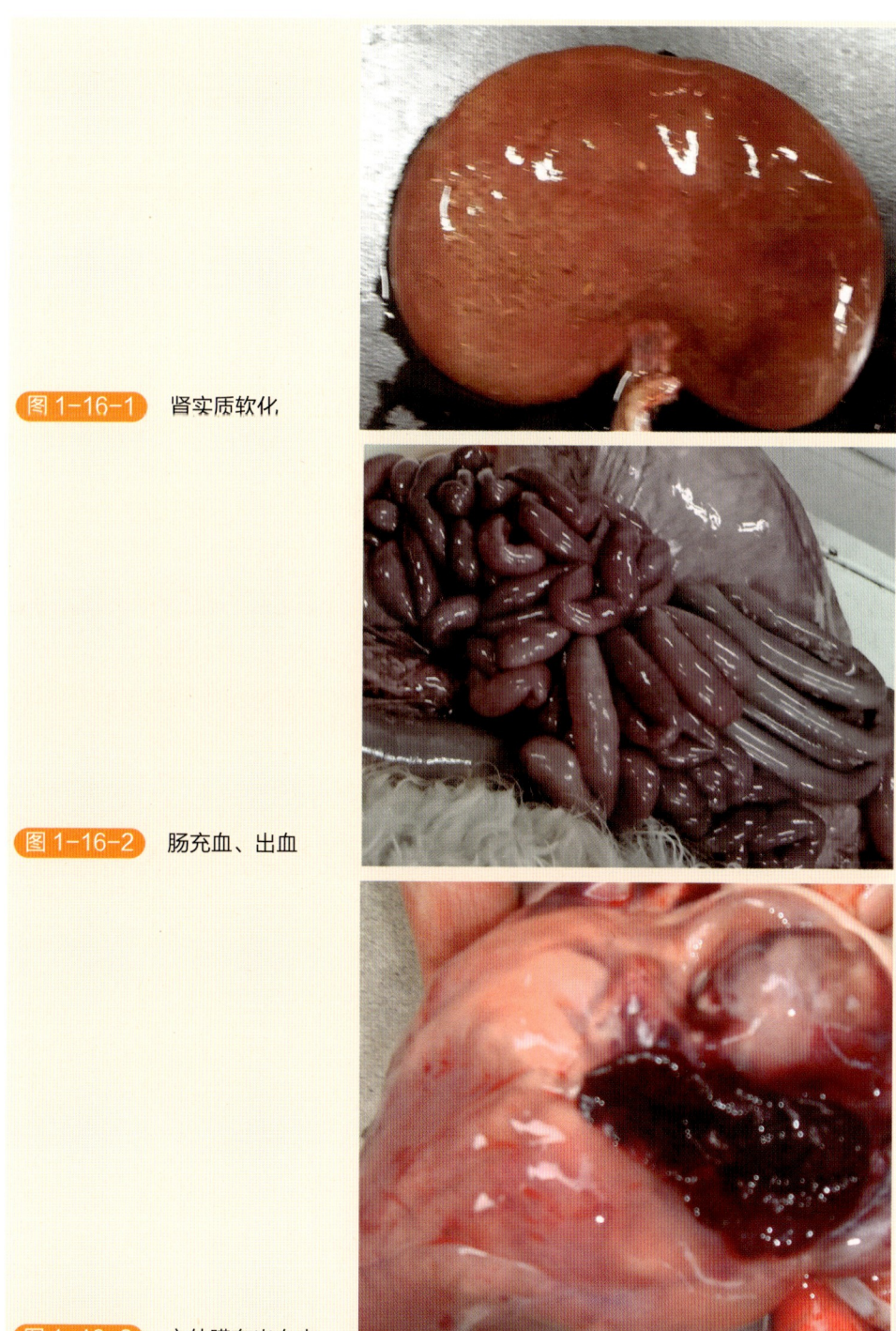

图 1-16-1　肾实质软化

图 1-16-2　肠充血、出血

图 1-16-3　心外膜有出血点

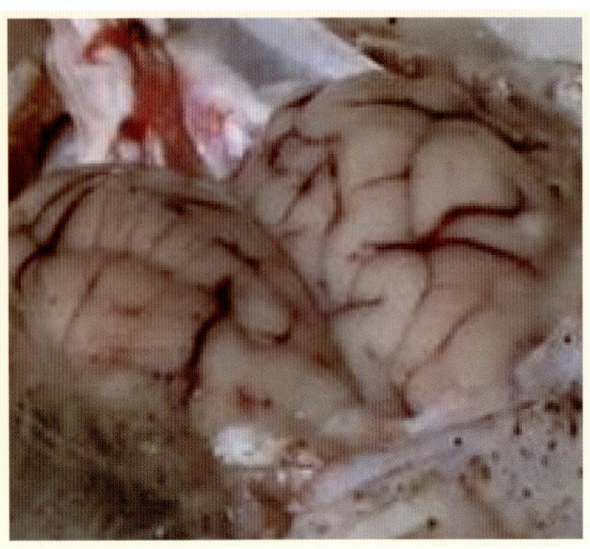

图 1-16-4　脑膜出血

【鉴别诊断】

1. 与炭疽的鉴别

炭疽可致各种年龄羊发病,临床诊断有明显的体温反应,黏膜呈蓝紫色,死后是尸僵不全、天然孔流血、脾脏高度肿大。细菌学检查可发现有荚膜的炭疽杆菌。

2. 与巴氏杆菌病的鉴别

巴氏杆菌病病程多在1天以上,临床表现有体温升高、皮下组织出血性胶样浸润,后期呈现肺炎症状。病料涂片可见革兰氏阴性、两极浓染的巴氏杆菌。

3. 与大肠杆菌病的鉴别

大肠杆菌病多发于6周龄以内的小羊;肾脏表面多青紫色,但不软化;各脏器内可培养出大肠杆菌。

【防治】

1. 预防

(1) 春夏之际及秋季避免吃过量结籽饲草;发病时搬圈至高燥地区。

(2) 常发区定期注射羊厌气菌病三联苗或五联苗,大小羊只一律皮下或肌内注射5毫升,每年1次。

2. 治疗

该病由于病程短促,往往来不及治疗。病程稍拖长者,可选用以下药物治疗。

(1) 青霉素,80万～160万单位,肌内注射,1天2次。

(2) 磺胺脒,内服,1次5～6克,每天1次,连服3～4天。

(3) 10%～20%石灰乳,内服,1次20～30毫升,每天1次,连服1～2次。

此外,应结合强心、补液、镇静等措施,提高治愈率。

十七、羊黑疫

羊黑疫又称传染坏死性肝炎,是羊的一种急性高度致死性毒血症。绵羊、山羊均可发生。本病以肝实质发生坏死性病灶为特征,羊皮外观呈黑色。

【病原】本病的病原是 B 型诺维氏梭菌,是革兰染色阳性、两端钝圆的粗大杆菌。本菌严格厌氧,可形成芽孢,不产生荚膜,具有周身鞭毛,能运动。本菌产生的外毒素,通常分为 A、B、C 3 型。

【流行特点】主要在春、夏季发生于肝片吸虫流行的低洼潮湿地区。诺维梭菌广泛存在于土壤中,当羊采食被此菌芽孢污染的饲料后,芽孢由胃肠壁进入肝脏。正常肝脏由于氧化还原电位高,不利于其芽孢变为繁殖体,而仍以芽孢形式潜藏于肝脏中。当肝脏氧化还原电位受到破坏时,存在于该处的诺维氏梭菌芽孢即获得适宜的条件,迅速生长繁殖,产生毒素,进入血液循环,引起毒血症,导致急性休克而死亡。因此,本病的发生经常与肝片吸虫的感染密切相关。本病主要侵害 2～4 岁以上的成年绵羊,山羊也可感染此病。

【症状】本病的临床症状与羊肠毒血症、羊快疫极其相似。发病急,常突然死亡。少数病例病程可拖延至 1～2 天。病羊表现掉群,不食,体温升高,呼吸困难,呈昏睡、俯卧,无痛苦地突然死亡,病死率可达 100%。

【病理变化】皮下静脉显著淤血,使羊皮呈暗黑色外观。皱胃和小肠充血、出血(图 1-17-1、图 1-17-2)。肝脏表面和深层有数目不等的灰黄色坏死灶(图 1-17-3),周围有一鲜红色充血带围绕,切面呈半月形。体腔多有积液,心内膜常见出血点。

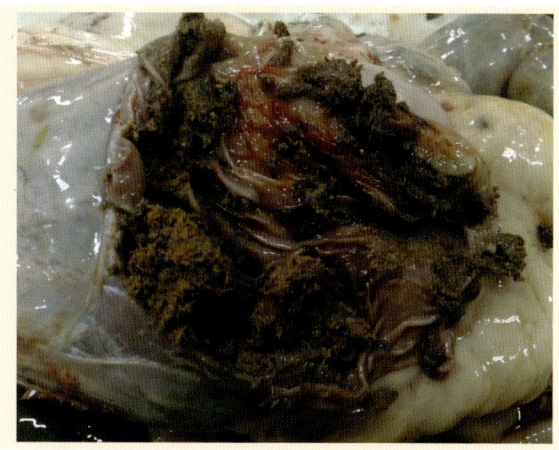

图 1-17-1　皱胃充血、出血

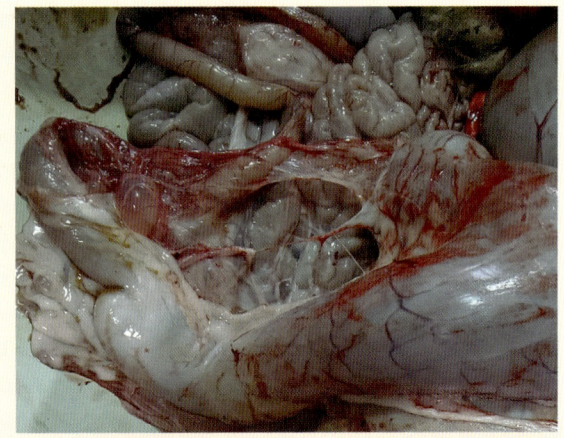

图 1-17-2　小肠充血、出血

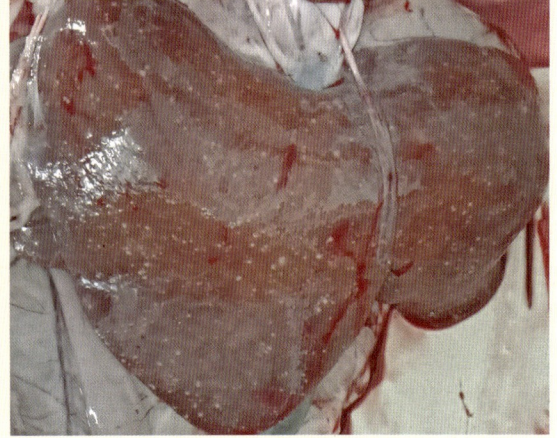

图 1-17-3　病羊肝表面和实质见大小不等的灰黄色坏死灶

【诊断】根据病羊临床症状、羊皮呈暗黑色外观等病理变化可以做出初步诊断。确诊需进行实验室检查，采集肝脏坏死灶边缘的组织制成涂片，染色镜检，可见粗大而两端钝圆的诺维梭菌，单个或成双存在，少数3～4个菌体连成短链。本病应与羊快疫、羊肠毒血症、羊炭疽等类似疾病相区别。

【防治】

1. 预防

（1）控制肝片吸虫的感染，定期注射羊厌气菌病五联苗，皮下或肌内注射5毫升。

（2）发病时，迁圈至高燥处，也可用抗诺维梭菌血清早期预防，皮下或肌内注射10～15毫升，必要时重复1次。

2. 治疗

（1）病程缓慢的病羊，可用青霉素80万～160万单位，肌内注射，每天2次。

（2）抗诺维梭菌血清50～80毫升，肌内、皮下或静脉注射，连用1～2次。

十八、口蹄疫

口蹄疫是由口蹄疫病毒引起的急性、热性、高度接触性传染病。其临床特征是患病动物口腔黏膜、蹄部和乳房发生水疱和溃疡，在民间俗称"口疮""蹄癀"，我国将其列为一类传染病。

【病原】口蹄疫病毒具有较强的环境适应性，耐低温，不怕干燥。该病毒对酚类、酒精、氯仿等不敏感，但对日光、高温、酸碱的敏感性很强。常用的消毒剂有1%～2%的氢氧化钠、30%的草木灰、1%～2%的甲醛、0.2%～0.5%的过氧乙酸、4%的碳酸氢钠溶液等。

【流行特点】病畜和带毒动物是该病的主要传染源，痊愈家畜可带毒4～12个月。病毒在带毒畜体内可产生抗原变异，产生新的亚型。本病主要靠直接和间接接触性传播，消化道和呼吸道传染是主要传播途径，也可通过眼结膜、鼻黏膜、乳头及伤口感染。空气传播对本病的快速大面积流行起着十分重要的作用，常可随风散播到50～100千米外发病，故有顺风传播之说。本病流行具有一定的季节性，冬春季多发，且呈大流行性或流行性。

【症状】羊感染口蹄疫病毒后一般经过1～7天的潜伏期出现症状。病羊体温升高，初期体温可达40～41℃，精神沉郁，食欲减退或拒食，脉搏和呼吸加快。口腔、蹄、乳房等部位出现水疱、溃疡和糜烂（图1-18-1～图1-18-3）。严重病例可在咽喉、气管、前胃等黏膜上发生圆形烂斑和溃疡，并覆盖黑棕色痂块。绵羊蹄部症状明显，口腔黏膜变化较轻。山羊症状多见于口腔，呈弥漫性口黏膜炎，病羊口流泡沫，挂满嘴角（图1-18-4）。水疱见于硬腭和舌面，蹄部病变较轻。病羊水疱破溃后，体温即明显下降，症状逐渐好转。母羊常流产，乳用山羊有时可见乳头上有病变，奶量减少。哺乳羔羊特别容易得病，多发生出血性胃肠炎。也可能发生恶性口蹄疫，由于急性心脏停搏而死亡，死亡率可达20%～50%。

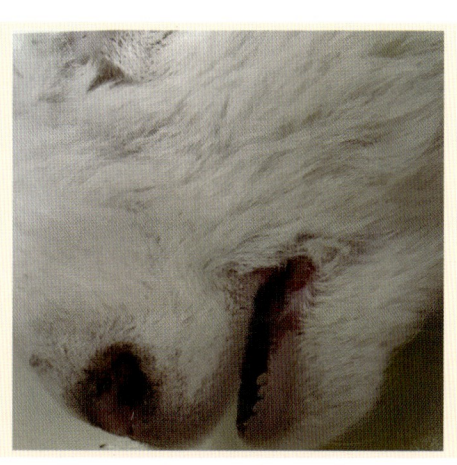

图1-18-1
口腔黏膜发生水疱和溃烂

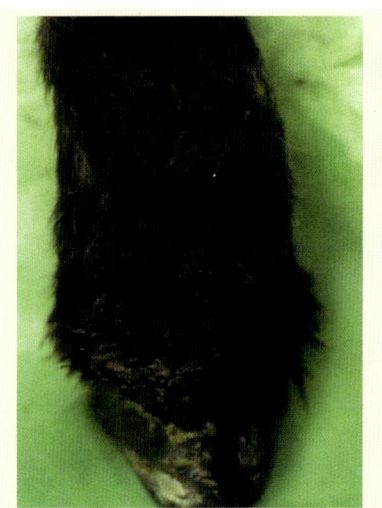

图 1-18-2
蹄冠部皮肤溃烂、坏死

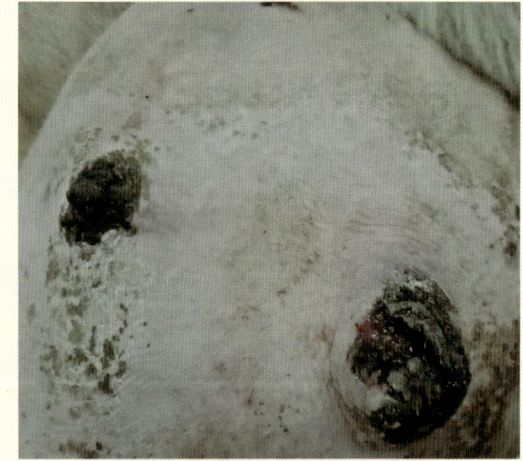

图 1-18-3
乳房的水疱和溃烂

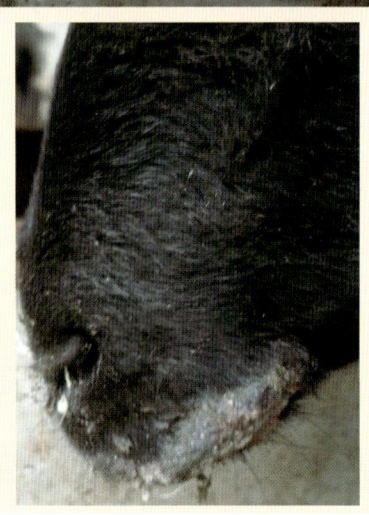

图 1-18-4
病羊口流泡沫，挂满嘴角

【病理变化】除口腔、蹄部的水疱和烂斑外，病羊消化道黏膜有出血性炎症，心肌色泽较淡，质地松软，心外膜与心内膜有弥散性及斑点状出血，心肌切面有灰白色或淡黄色、针头大小的斑点或条纹，如虎斑，称为"虎斑心"，以心内膜的病变最为显著。

【诊断】根据本病流行病学及临床症状，不难作出诊断，必要时可采取病羊水疱皮或水疱液、血清等送实验室进行确诊。本病应与羊痘、羊传染性脓疱病、蓝舌病等相鉴别。

【防治】

1. 预防

本病发病急、传播快、危害大，必须重视预防措施。

（1）无病地区严禁从有病国家或地区引进动物及动物产品、饲料、生物制品等。来自无病地区的动物及其产品，也应进行检疫。检出阳性动物时，全群动物销毁处理，运载工具、动物废料等污染器物应就地消毒。

（2）无口蹄疫地区，一旦发生疫情，应采取果断措施，对患病动物和同群动物全部扑杀销毁，对被污染的环境严格、彻底消毒。

（3）口蹄疫流行区，坚持免疫接种。用当地流行毒株同型的口蹄疫弱毒疫苗或灭活疫苗接种。

（4）当动物群发生口蹄疫时，应立即上报疫情，划定疫点、疫区和受威胁区，严格执行封锁、隔离、消毒等应急措施，并对疫区和受威胁区的未发病动物进行紧急免疫接种。

2. 治疗

羊只发生口蹄疫后，一般经 10～14 天可望自愈。为促进病畜早日康复，缩短病程，特别是防止感染和死亡，在严格隔离条件下，及时对病羊进行治疗。对病羊首先要加强护理，例如圈棚要干燥，通风要良好，供给柔软饲料（如青草、面汤、米汤等）和清洁的饮水，经常消毒圈棚。在加强护理的同时，根据患病部位不同，给予不同治疗。

（1）口腔患病　用 0.1%～0.2% 高锰酸钾、0.2% 甲醛、2%～3% 明矾或 2%～3% 醋酸（或食醋）洗涤口腔，然后给溃烂面上涂抹碘甘油或 1%～3% 硫酸铜，也可撒布冰硼散。

（2）蹄部患病　用 3% 来苏水、1% 甲醛或 3%～5% 硫酸铜蹄浴。蹄浴时间不要太长，因潮湿能够妨碍痊愈。

（3）乳房患病　应小心挤奶，用 2%～3% 硼酸水洗涤乳头，然后涂以消毒药膏。

（4）恶性口蹄疫　对于恶性口蹄疫的病羊，应特别注意心脏机能的维护，及时应用强心剂和葡萄糖注射液。为了预防和治疗继发性感染，也可以肌内注射青霉素。口服结晶樟脑，每次 1 克，每天 2 次，效果良好，而且有防止发展为恶性口蹄疫的作用。

十九、羊传染性脓疱

羊传染性脓疱又称羊口疮，是由传染性脓疱病毒引起的主要威胁绵羊和山羊的接触性传染性脓疱性皮炎。其特征是口唇等处皮肤和黏膜形成丘疹、脓疱、溃疡以及结成疣状厚痂。羔羊最为敏感，并可能死亡。

【病原】传染性脓疱病毒对外界环境的抵抗力较强。干痂内的病毒在夏季阳光下暴露30～60天才丧失传染性，散落于地面的病毒经秋、冬、春三季仍有传染性；病毒在低温冷冻条件下可存活数年之久，在室温中可存活5年。该病毒对热敏感，60℃30分钟可被灭活。对乙醚有抵抗力，而对氯仿敏感。常用的消毒药有2%氢氧化钠溶液、10%石灰乳、20%热草木灰。

【流行病学】本病主要危害绵羊和山羊，3～6月龄的羔羊发病较多，常呈群发性流行，有时也可散在发生。病羊和带毒羊是主要传染源，主要因接触损伤的皮肤、黏膜而感染，羊圈平时消毒不严，也是诱发该病的一个主要原因。本病多发于干燥的秋季，主要原因是干燥季节由于饲草干硬，皮肤容易擦伤而感染。康复动物在2～3年内有坚强的免疫力，由于病毒抵抗力较强，本病可在羊群中连续多年发生。

【症状】潜伏期3～8天。病变常开始于唇的结合部并沿着唇缘扩散至鼻镜部，有时起初病变发生于眼周面部，严重病例的病变可发生于齿龈、齿垫、腭和舌。常先在口角、上唇和鼻镜上出现散在的小红斑点，并迅速变为结节（图1-19-1），继而发展成水疱和脓疱。脓疱破裂后形成黄色或棕色的疣状硬痂。良性经过时，硬痂增厚、干燥，并于1～2周内脱落而恢复正常。严重病例的患部继续发生丘疹、水泡和脓疱，痂皮互相融合，波及整个口唇周围及眼面和眼睑，形成大片龟裂、易出血的污秽痂垢，呈桑椹状，痂下肉芽增生。严重影响病羊采食，以致日渐消瘦，甚至死亡，病程可长达2～3周以上。口腔黏膜也常出现水疱、脓疱和烂斑，恶化时甚至可能形成大面积溃疡（图1-19-2）。

四肢病变，不如唇部常见，几乎仅见于绵羊，常单独发生，很少和唇型同发，发病部位在蹄冠、趾间或系部皮肤，先出现水泡、脓疱，破裂后形成由脓液覆盖的溃疡。

乳房的病变发生于乳头和乳房附近的皮肤（图1-19-3），病变也可发生在其他毛稀处。

图 1-19-1
唇部的增生性结节病变

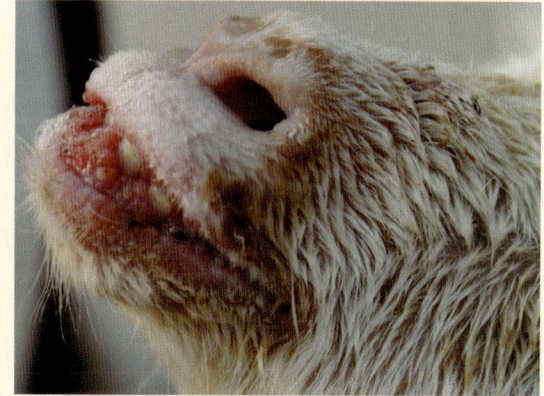

图 1-19-2
山羊水疱、脓疱和烂斑

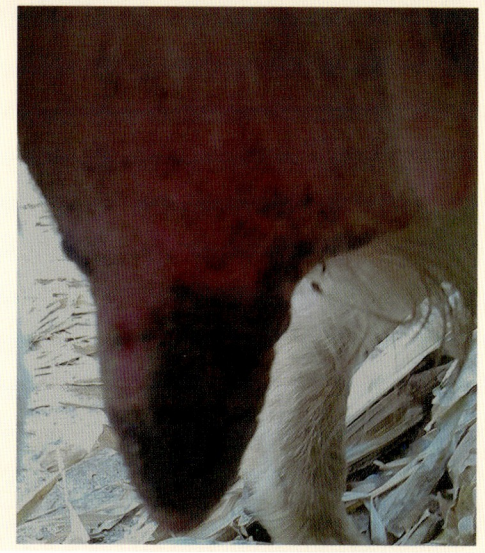

图 1-19-3
病羊乳房的脓疱和硬痂

第一章 传染病

【病理变化】病变的发展经过典型的痘期，趋向增生性发展。水泡期是暂时的，脓疱呈扁平状而非脐状，脓疱大体病变的最重要特征是具有棕灰色厚痂，可高出皮肤2～4毫米。根据继发感染程度，约在第4周完全消退，有时由于上皮不断增生而形成乳头状瘤样生长物。

【诊断】根据临床症状，结合流行病学材料和动物接种试验可以做出诊断。小羊接种试验，将病料做成乳剂，在健康小羊唇部划痕接种，第2天即可见接种处红肿，继现水泡，内含乳白色半透明液体，4～6天变为脓疱，6～8天后结痂，经20～30天脱落。

【鉴别诊断】

1. 与痘病相区别

羊痘是全身性的，体温升高，全身反应重；痘疹圆形，突出皮肤，界限明显，以后呈脐状，只有唇型易发生误诊；痘病至少在少数病例出疹是全身性的，有季节性流行，传染性强。

2. 与溃疡性皮炎相区别

溃疡性皮炎的病变表现为溃烂和组织破坏，且多发生于1岁以上的中成年羊。化验室镜检，能检出铜绿假单胞菌等细菌。

3. 与坏死杆菌病相区别

蹄型不易于与其他非病毒性坏疽相区别，坏死杆菌病特征是组织坏死，无水泡、脓疱过程，也无疣状增生物。必要时可做细菌学检查和动物接种病原检查。

4. 与口蹄疫相区别

口蹄疫流行快，大面积发病，可感染羊以外的其他偶蹄类动物。

【防治】

1. 预防

（1）定期用氢氧化钠等消毒药对羊群、羊舍及放牧过的草地进行彻底消毒，防止病毒传给其他羊群。

（2）严禁从疫区购买或引进羊只。当从外地集市或别的羊场调羊时，要将新调入羊群隔离、单独饲养观察3周，其间要进行多次检疫、消毒，确认无病后再与自养羊群合群。

（3）防止创伤，去除诱因。不在带刺的草地和坚硬的山地放牧。

（4）本病流行区可用羊口疮弱毒疫苗进行免疫接种，使用疫苗株毒型应与当地流行毒株相同。

2. 治疗

（1）以0.5%高锰酸钾溶液或食醋清洗创面，每天2次，每次洗净后的创面，以加减青黛散粉末撒布，此方对大羊效果显著。

（2）用5%硫酸铜溶液浸泡蹄部，1天2次，连续使用1周。

（3）每千克体重每次灌服维生素 C 0.60 克、维生素 B_2 0.60 克、病毒灵片 0.80 克，连用 4～7 日。

（4）病羔接触过的母羊乳房，用 1% 高锰酸钾认真消毒，防止其他羔羊吮吸。

二十、羊痘

羊痘又名羊天花，是羊的一种急性、热性、接触性传染病。该病以无毛或少毛的皮肤和黏膜上生痘疹为特征。典型病例初期为痘疹，最后干结脱落而痊愈。

【病原】病原为羊痘病毒，有山羊痘病毒和绵羊痘病毒两种，它们之间一般不会形成交叉感染。绵羊痘是由绵羊痘病毒引发，在无毛或少毛的皮肤和黏膜上发生特征性痘疹，多见。山羊痘的病原为山羊痘病毒，该病较少见，其临床症状和病理变化与绵羊痘相似，但症状较轻。羊痘病毒对热、直射阳光、碱和大多数常用消毒药（酒精、碘酊、甲醛、来苏水、石炭酸等）均较敏感。该病毒耐干燥，在干燥的疮皮内能成活数年，在干燥羊舍内可存活 8 个月。

【流行病学】该病主要通过呼吸道及含毒的飞沫和尘土传染，也可通过损伤的皮肤及消化道传染。被病羊污染的用具、饲料、垫草，病羊的粪便、分泌物、皮毛和外寄生虫都可成为传播媒介。该病多发生于春秋两季，常呈地方性流行或广泛流行。

【症状】病初体温升高至 41～42℃，精神不振，食欲减退，拱腰发抖，眼睛流泪，咳嗽，鼻孔有黏性分泌物。2～3 天后在羊的嘴唇、鼻端（图 1-20-1）、眼睛周围（图 1-20-2）、乳房、肛门周围（图 1-20-3）及四肢内侧等处的皮肤上发生红疹，继而体温下降，红疹渐肿突出，形成丘疹。数日后丘疹内有浆液性渗出物，中心凹陷，形成水疱，再经 3～4 天水疱化脓形成脓疱，以后脓疱干燥结痂，再经 4～6 天痂皮脱落遗留红色痘痕。该病多继发肺炎（图 1-20-4）或化脓性乳腺炎（图 1-20-5），怀孕后期的母羊多流产。有的病例不呈现上述典型经过，仅出现体温升高或出少量痘疹，或痘疹呈结节状，在几天内干燥脱落，不形成水疱和脓瘤，即所谓"顿挫型"经过。有的病例见痘内出血，呈黑色痘。有的病例痘疱发生化脓或坏疽，形成较深的溃疡，发出恶臭，致死率很高。其病变在前胃或皱胃的黏膜上往往有大小不等的圆形或半圆形坚实的结节，单个或融合存在。有的引起前胃黏膜糜烂或溃疡，咽和支气管黏膜也常有痘疹，肺有干酪样结节和卡他性肺炎区，淋巴结肿大。

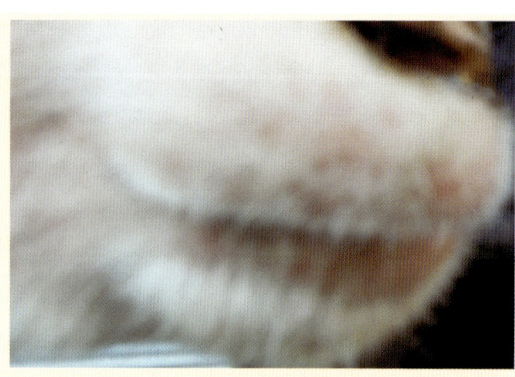

图 1-20-1
羊的嘴唇、鼻端发生红疹

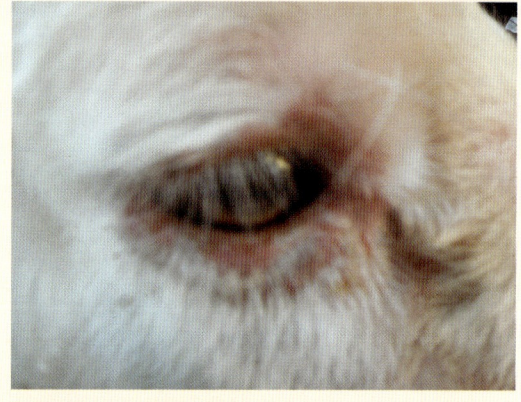

图 1-20-2
羊的眼睛周围发生红疹

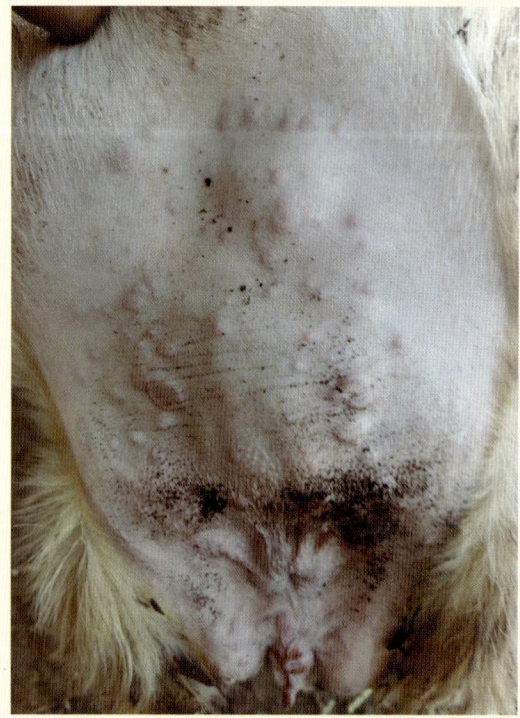

图 1-20-3
肛门周围、尾根部皮肤上的痘疹

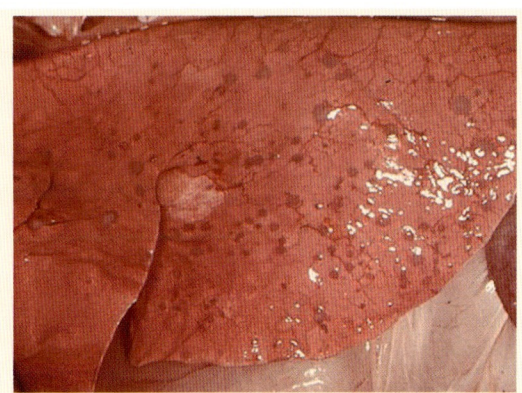

图 1-20-4　肺脏表面的痘疹结节

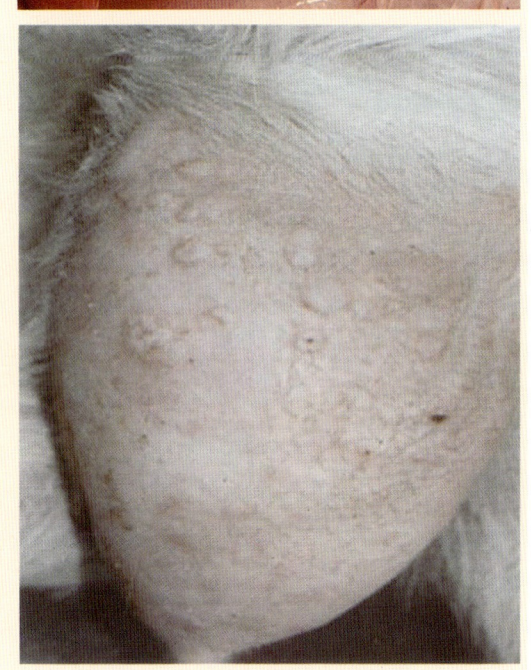

图 1-20-5　乳房部的痘疹结节

【诊断】根据临床症状结合病理变化可作出诊断。应注意与羊口疮、口蹄疫、羊快疫等病区别。

【防治】

1. 预防

（1）平时做好羊的饲养管理，羊圈经常打扫，保持干燥整洁。

（2）每年春季不论羊只大小，一律在股内侧或尾下皮内注射稀释好的山羊痘疫苗 0.5 毫升，免疫期一年，羔羊应在 7 月龄时再注射一次。

（3）当羊发生羊痘时，立即将病羊隔离，将羊圈及垫料等物品彻底消毒。

2. 治疗

对羊痘的治疗目前无特效药，主要是做好预防和对症治疗。

（1）病羊可在痘疹上或溃烂处涂碘甘油、紫药水等，结节可用针挑烂涂以碘酊。

（2）为防止继发乳腺炎等，可肌内注射青霉素、链霉素等。用量为每次青霉素 160 万～240 万单位，链霉素 100 万～200 万单位。每日两次，羔羊酌减。病愈后的羊可产生终身免疫。

二十一、羊支原体性肺炎

羊支原体性肺炎又称羊传染性胸膜肺炎，是由支原体引起的羊的一种高接触性传染病。本病以高热、咳嗽、浆液性和纤维蛋白性肺炎以及胸膜炎为特征。

【病原】引起羊支原体性肺炎的病原体为丝状支原体山羊亚种、丝状支原体丝状亚种、山羊支原体山羊肺炎亚种和绵羊肺炎支原体。该类支原体均为细小、多形性的微生物，革兰氏染色阴性。对理化因素抵抗力弱，对红霉素高度敏感，四环素和氯霉素对其也有较强的抑制作用，但对青霉素、链霉素不敏感；而绵羊肺炎支原体则对红霉素不敏感。

【流行特点】自然条件下，丝状支原体山羊亚种能感染山羊和绵羊，以 3 岁以下的山羊发病为主；丝状支原体丝状亚种可感染山羊；山羊支原体山羊肺炎亚种只感染山羊；而绵羊肺炎支原体则可感染山羊和绵羊。病羊为主要传染源，病肺组织以及胸腔渗出液中含有大量病原体，主要经呼吸道分泌物排菌。耐过羊在相当长的时期内也可成为传染源。本病常呈地方性流行，一年四季均可发生和流行，主要通过空气、飞沫经呼吸道传播，接触传染性强。阴雨连绵，寒冷潮湿，营养缺乏，羊群密集、拥挤等不良因素易诱发本病。

【症状】潜伏期平均 18～20 天。病初体温升高，精神沉郁，食欲减退。随即咳嗽，流浆液性鼻涕。4～5 天后咳嗽加重，干咳而痛苦，浆液性鼻涕变为黏脓性，常粘于鼻孔、上唇，呈铁锈色。病羊多在一侧出现胸膜肺炎变化，肺部叩诊有实音区，听诊肺呈支气管呼吸音或呈摩擦音，触压胸壁，羊表现敏感、疼痛。病羊呼吸困难，高热稽留，眼睑肿胀，流泪或有黏脓性分泌物，腰背起伏作痛苦状。怀孕母羊可发生流产，部分羊肚胀腹泻，有些病例口腔溃烂，唇部、乳房等部位皮肤发疹。病羊在濒死前体温降至常温以下，病期多为 7～15 天。

【病理变化】病变多局限于胸部。胸腔常有淡黄色积液，暴露于空气后其中的纤维蛋白易于凝固。病理损害多发生于一侧，间或两侧有纤维蛋白性肺炎（图 1-21-1）；肺实质硬变，切面呈大理石样变化（图 1-21-2）；肺小叶间质变宽，界限明显；血管内常有血栓形成。胸膜增厚而粗糙，常与肋膜、心包膜发生粘连。支气管淋巴结、纵隔淋巴结肿大（图 1-21-3），切面多汁并有出血点。心包积液，心肌松弛、变软。肝脏、脾脏肿大，胆囊肿胀。肾脏肿大，被膜下可有小点状出血。病程久者，肺硬变区机化，结缔组织增生，甚至有包囊化的坏死灶。

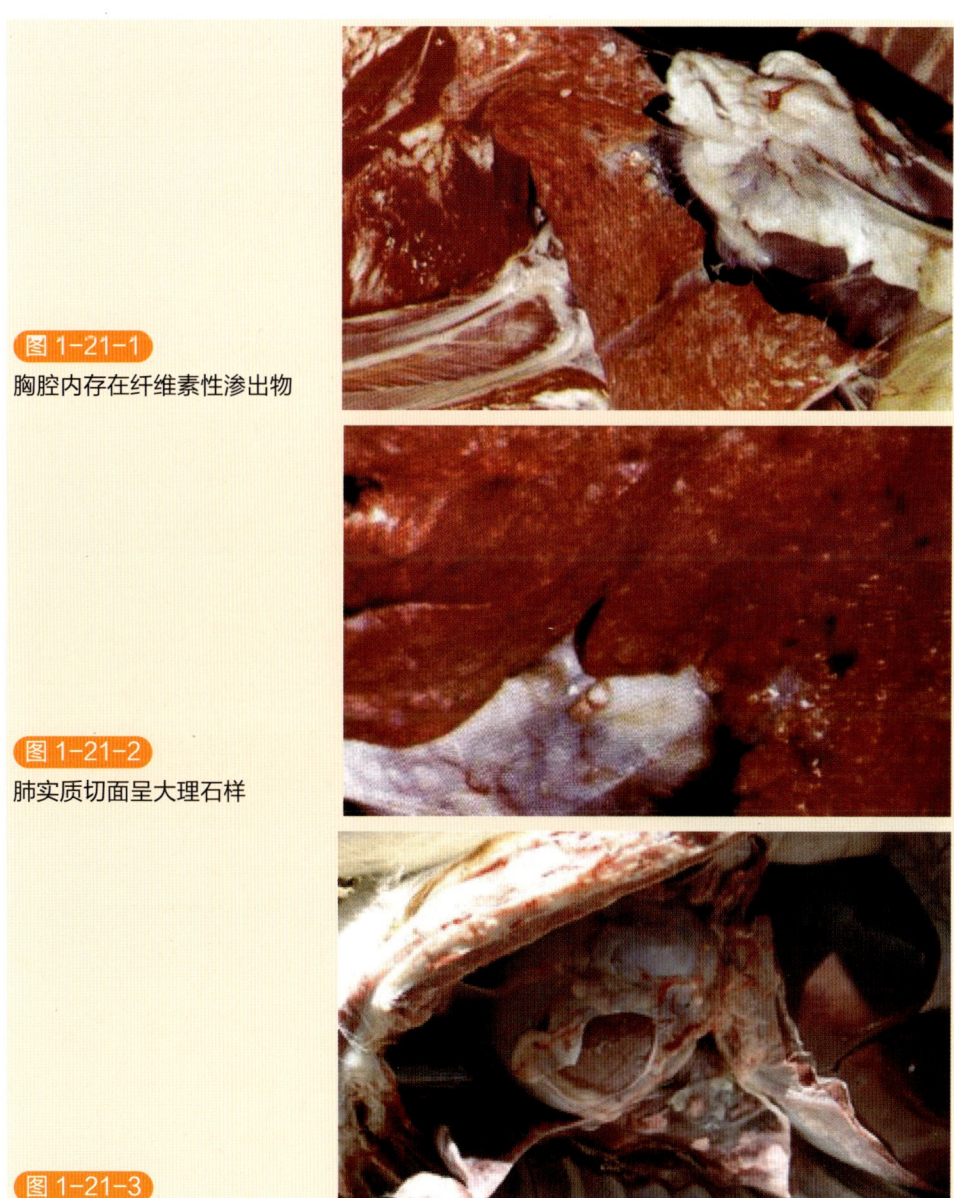

图 1-21-1
胸腔内存在纤维素性渗出物

图 1-21-2
肺实质切面呈大理石样

图 1-21-3
支气管和纵隔淋巴结肿大

【诊断】

根据流行特点、临床症状和病理变化可作出诊断。本病应与巴氏杆菌病相鉴别。

【防治】

1. 预防

（1）坚持自繁自养，勿从疫区引进羊只；加强饲养管理，增强羊的体质；对从外地引进的羊严格隔离，检疫无病后方可混群饲养。

（2）本病流行区坚持免疫接种。山羊传染性胸膜肺炎氢氧化铝灭活疫苗，半岁以下羊只皮下或肌内接种3毫升，半岁以上羊接种5毫升；如当地羊群疾病由于羊肺炎支原体所引起，可使用绵羊肺炎支原体灭活疫苗。

（3）羊群发病，及时进行封锁、隔离和治疗。污染的场地、厩舍、饲养用具以及粪便、病死羊的尸体等进行彻底消毒或无害处理。

2. 治疗

（1）土霉素，每天每千克体重20～50毫克，分2～3次服完。3～5天为一疗程。

（2）氯霉素，每天每千克体重30～50毫克，分2～3次服完。3～5天为一疗程。

（3）也可使用磺胺类药物如复方新诺明等进行治疗。

（4）新胂凡纳明（914），静脉注射，能有效地预防和治疗本病。

（5）病情严重的患羊可将高渗葡萄糖、维生素C、安钠咖等药物混合静脉注射，每天2次，连用3～5天。

二十二、山羊病毒性关节炎－脑炎

山羊关节炎-脑炎是由山羊关节炎-脑炎病毒引起的山羊的一种慢性病毒性传染病。本病的主要特征是成年山羊呈缓慢发展的关节炎，伴有间质性肺炎或间质性乳腺炎；羔羊则表现为脑脊髓炎症状。本病呈世界性分布，且在许多国家感染率很高，潜伏期长，感染山羊终生带毒，没有特效性的治疗方法，最终死亡，对畜群的生产性能影响极大，可造成严重的经济损失。

【病原】山羊关节炎-脑炎病毒在分类上属于反转录病毒科、慢病毒属。山羊关节炎-脑炎病毒虽能在山羊睾丸细胞、山羊胎肺细胞、山羊角膜细胞上进行复制，但不引起细胞病变。

【流行特点】山羊是本病的主要易感动物。自然条件下，本病只在山羊之间相互传染发病，绵羊不感染。病羊和隐性带毒羊为主要传染源。感染羊可通过粪便、唾液、呼吸道分泌物、阴道分泌物、乳汁等排出病毒，污染环境。病毒主要经吮乳而感染羔羊，污染的牧草、饲料、饮水以及用具、器物可成为传播媒介，消化道是主要的感染途径。各种年龄的羊均有易感性，而以成年羊感染发病居多。感染母羊所产羔羊当年发病率为16%～19%，病死率高达100%。感染羊在良好的饲养管理条件下，多不出现临床症状或症状不明显，一旦饲养管理不良、长途运输或遭受到环境应激因素的刺激，则表现出临床症状。

【症状】依据临床表现，一般分为3种病型：脑脊髓炎型、关节炎型和肺炎型，多为独立发生。

1. 脑脊髓炎型

潜伏期53～131天。脑脊髓炎型主要发生于2～4月龄山羊羔（图1-22-1），也可发生于较大年龄的山羊身上。病初羊精神沉郁、跛行，随即四肢僵硬，共济失调，一肢或数肢麻痹，横卧不起，四肢划动。有些病羊眼球震颤，角弓反张，头颈不正或作圈行运动，有时面神经麻痹、吞咽困难或双目失明。少数病例兼有肺炎或关节炎症状。病程半月至1年，最终死亡。

2. 关节炎型

关节炎多发生于1岁以上的成年山羊，多见腕关节肿大（图1-22-2）、跛行，膝关节和蹄关节也可发生炎症。一般症状缓慢出现，病情逐渐加重，也可突然发生。发炎关节周围的软组织水肿，起初发热、波动，疼痛敏感，进而关节肿大，活动不便，常见前肢跪地膝行。个别病羊肩前淋巴结和腘淋巴结肿大。发病羊多因长期卧地、衰竭或继发感染而死亡。病程较长，达1～3年。

3. 肺炎型

肺炎型病例在临床上较为少见。患羊进行性消瘦，衰弱，咳嗽，呼吸困难，肺部叩诊有浊音，听诊有湿啰音。各种年龄的羊均可发生，病程3～6个月。

4. 乳腺炎型

哺乳母羊有时发生间质性乳腺炎，乳房硬肿、发红，产奶量减少（图1-22-3）。

图1-22-1
羔羊呈仰头观天症状

图 1-22-2
腕关节明显肿大

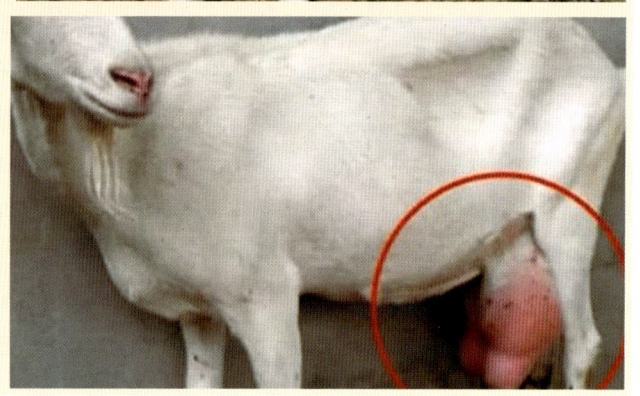

图 1-22-3
乳房硬肿、发红，产奶量减少

【病理变化】多见于神经系统、四肢关节、肺脏及乳房。

1. 脑脊髓炎型

小脑和脊髓的白质有5毫米大小的棕红色病灶。组织病理学观察，呈现中枢神经系统的非化脓性脑炎以及颈部脊髓的脱髓鞘现象，血管周围形成套管。

2. 关节炎型

发病关节肿胀、波动，皮下浆液渗出。关节滑膜增厚并有出血点。滑膜常与关节软骨粘连。关节腔扩张，充满黄色或粉红色的液体，内有纤维素絮状物。病理组织学检查呈慢性滑膜炎，淋巴细胞和单核细胞浸润，严重者发生纤维素性坏死。

3. 肺炎型

肺脏轻度肿大，质地变硬，表面散在灰白色小点，切面呈斑块状实变区（图1-22-4）。支气管淋巴结和纵隔淋巴结肿大。病理组织学检查发现细支气管以及血管周围淋巴细胞、单核细胞浸润，肺泡上皮增生，肺泡壁肥厚，小叶间结缔组织增生，邻近细胞萎缩或纤维化。

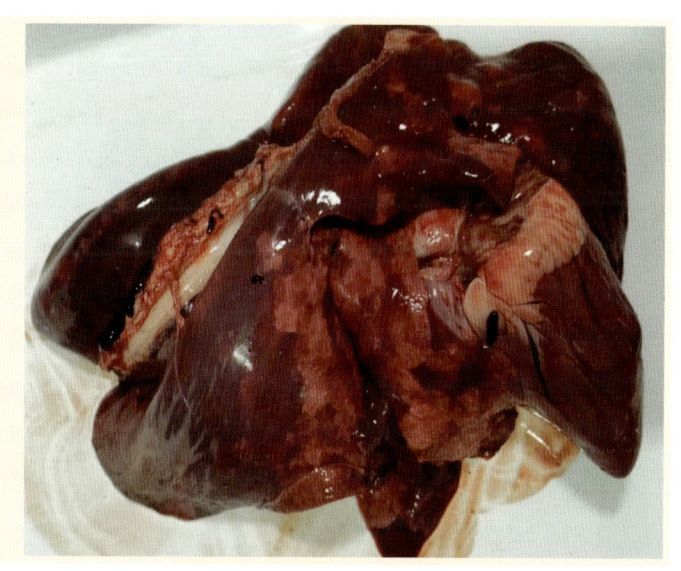

图 1-22-4 肺脏轻度肿大，质地变硬

4. 乳腺炎型

可见乳腺血管、乳导管周围以及腺体中间有大量的淋巴细胞、单核细胞和巨噬细胞渗出，间质常发生灶状坏死。少数病例肾脏表面有 1～2 毫米灰白色小点，组织学检查表现广泛性肾小球肾炎。

【诊断】

根据流行特点、临床症状和病理变化可作出初步诊断，确诊需进行病原分离鉴定和血清学试验。

【防治】

（1）制定严格消毒计划，给予全价日粮，做好其他疫病防控，增强羊只针对该病的非特异性抗病力。

（2）勿从有本病的国家或地区引进种山羊，引入羊坚持严格检疫，而且入境后继续单独隔离观察，确认健康后，转入正常饲养繁殖或投入使用。提倡自繁自养，防止本病由外地传入。

（3）本病目前尚无疫苗和特异性治疗药物可供使用，主要以加强饲养管理和卫生防疫工作为主，羊群定期检疫，及时淘汰血清学反应阳性羊。

二十三、痒病

痒病又称"驴跑病""摩擦病""瘙痒病"、慢性传染性脑炎，是由痒病朊病毒引起的一种慢性进行性传染病，主要损害成年绵羊和山羊的中枢神经系统。临床上以瘙痒、秃毛、共济失调、麻痹、虚弱为特征，病理上以神经细胞空泡变性为特征，病羊常以死亡告终。

【病原】痒病朊病毒是一种亚病毒，性能与其他朊病毒相似，能抵抗常规的消毒药和射线，常用的消毒方法为5%次氯酸钠、90%苯酚、3%十二烷基磺酸钠和5%～10%氢氧化钠溶液浸泡消毒，134～138℃高压蒸汽处理18分钟以上灭菌消毒，而焚烧是最好的杀灭方法。

【流行特点】不同品种、性别的羊均可发生痒病，主要是2～5岁绵羊，易感性存在着明显品种间差异，纯种羊较杂交羊更易感。通常呈散发性流行，感染羊群内只有少数羊发病，传播缓慢。羊群一旦感染痒病，很难根除。病羊和带毒羊是本病的传染源。目前认为主要是接触性传染，可以通过先天性传染，由公羊或母羊传给后代。

本病虽然发病率低（10%左右），但病畜可能全部死亡。人可以因接触病羊或食用带感染痒病朊病毒的肉品而感染本病。痒病无季节性，一年四季均可发病。

【症状】潜伏期1～4年。症状主要为瘙痒和共济失调。病程为6～8个月，甚至更长。

病初羊食欲良好，体温正常，易惊吓、不安或疑视、磨牙，有时表现癫痫状，有些病羊表现有攻击性或离群呆立，头高举，高抬腿行走，头、颈、腹发生震颤。最特殊的症状是瘙痒；病羊在硬物上摩擦身体（图1-23-1），并用后蹄挠痒。用手抓其背部，表现摇尾和唇部颤动。由于不断的摩擦、踢挠和啃咬（图1-23-2），引起腹部及后躯的大面积脱毛（图1-23-3），皮肤红肿、发炎，甚至破溃出血。有时还会出现大小便失禁。

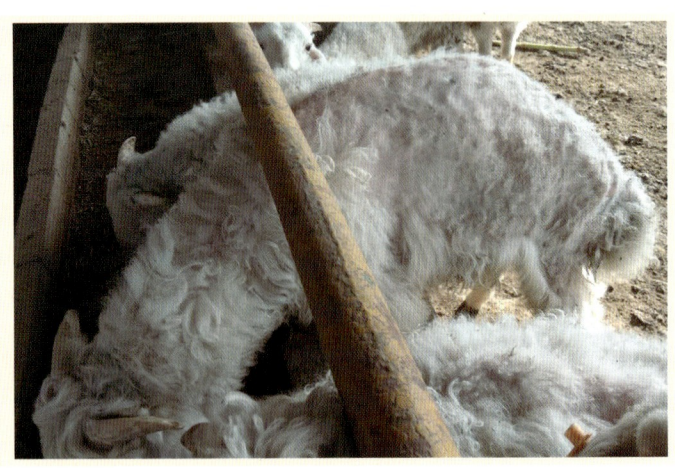

图1-23-1 病羊在硬物上摩擦身体

图 1-23-2
病羊卧地不起，啃咬发痒的皮肤

图 1-23-3
腹部及后躯的大面积脱毛

随着瘙痒的加剧，进食和反刍受到影响。随着神经症状的加重，行动逐渐不协调，病羊四肢高抬，步伐很快，表现为共济失调，遇到障碍时，反复跌倒或卧地不起，最后日渐消瘦，衰竭死亡。

【诊断】本病临床症状具有特征性，显著特点是瘙痒、不安和运动失调，但体温不升高，结合是否由疫区引进种羊或父母有痒病史分析。

组织病理检查和实验室检查：病理变化与其他朊病毒病相同，脑髓及脊髓神经元的细胞质发生变性和空泡化。实验室检查主要是测定病羊血清中的抗痒病因子蛋白抗体，也可以用酶标抗体对患羊脑组织进行免疫组化法诊断。

【鉴别诊断】鉴别诊断要特别注意与螨病、狂犬病、脑包虫病和李氏杆菌病相区别。

（1）羊螨病　用皮肤刮取物涂片，镜检可以发现虫体。

（2）狂犬病　常为急性的性情亢进。

（3）脑包虫病　常有头骨变薄、变软和皮肤隆起等现象，可用变态反应诊断。

（4）李氏杆菌病　可以采血液或肝、脾、肾、脑脊髓液、脑的病变组织等做触片或涂片镜检，革兰氏阳性，呈"V"形排列或并列的细小杆菌。

【防治】

1. 预防

（1）预防本病的主要措施是灭蜱，在蜱活动季节，定期对易感动物进行药浴或喷雾杀虫；对痒病、隐性感染羊采取扑杀后焚化。

（2）在疫区可以用鸡胚化弱毒疫苗进行接种。

（3）禁止从痒病疫区引进羊、羊肉、羊的精液和胚胎等。禁止用病死羊加工蛋白质饲料，禁止用反刍动物蛋白饲喂羊。

（4）加强对市场和屠宰场肉类的检验，检出的病羊肉必须销毁，不得食用。

（5）受感染羊只及其后代坚决扑杀。

（6）定期消毒。常用的消毒方法有：焚烧，5%～10%氢氧化钠溶液作用1小时，5%次氯酸钠溶液作用2小时，浸入3%十二烷基磺酸钠溶液煮沸10分钟。

2. 治疗

本病目前尚无特效疗法。

二十四、小反刍兽疫

小反刍兽疫俗称羊瘟，是由小反刍兽疫病毒引起的小反刍动物的一种急性接触性传染病。以发病急剧、高热稽留、眼鼻分泌物增多、口腔溃烂、腹泻和肺炎为特征。

【病原】小反刍兽疫病毒是有囊膜的病毒，对外界环境的抵抗力较弱，56℃ 60分钟即可灭活，乙醚和氯仿可以杀灭病毒，苯酚和2%氢氧化钠都是有效的消毒剂。但在冷藏和冷冻组织内存活较长时间。

【流行特点】该病主要感染山羊、绵羊、鹿等小反刍动物，特别是山羊较为易感，临床症状也较为严重；传染源多为患病动物及其分泌物、排泄物以及被其污染的草料、用具和饮水等；该病主要通过直接或间接接触传播，感染途径以呼吸道为主，饮水也可以导致感染。

【症状】小反刍兽疫潜伏期为4～6天，最长21天。自然发病仅见于山羊和绵羊。急性型体温可上升至41℃，并持续3～5天。感染者烦躁不安、背毛无光、口鼻干燥、食欲减退。

在发热的前4天，口腔黏膜充血（图1-24-1），多涎，随后出现坏死性病灶，开始口腔黏膜出现小的粗糙的红色浅表坏死病灶，以后变成粉红色，感染部位包括下唇、下齿龈等处。

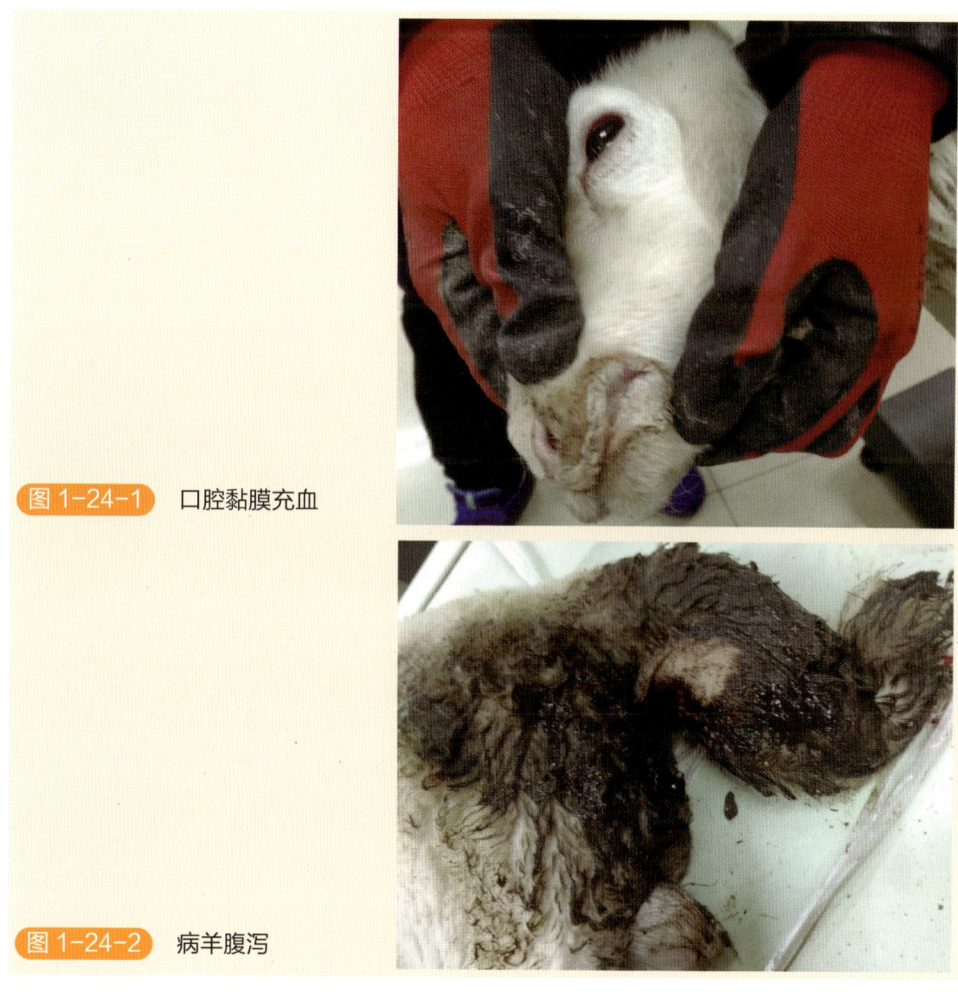

图1-24-1 口腔黏膜充血

图1-24-2 病羊腹泻

后期出现带血水样腹泻（图1-24-2），病羊严重脱水、消瘦，随之体温下降。出现咳嗽、呼吸异常。发病率高达100%，在严重暴发时，死亡率为100%，在轻度发生时，死亡率不超过50%。幼龄羊发病率和死亡都很高，为我国划定的一类传染病。

【病理变化】可见结膜炎、坏死性口炎等病变，严重病例可蔓延到硬腭及咽喉部。皱胃常常出现有规则、有轮廓的糜烂，黏膜出血（图1-24-3）。肠可见糜烂或特征性出血，斑马条纹常见于大肠，特别在结肠直肠结合处（图1-24-4）。

淋巴结肿大，脾有坏死性病变。在鼻、气管等处有出血斑（图 1-24-5），可见典型的支气管肺炎病变（图 1-24-6）。

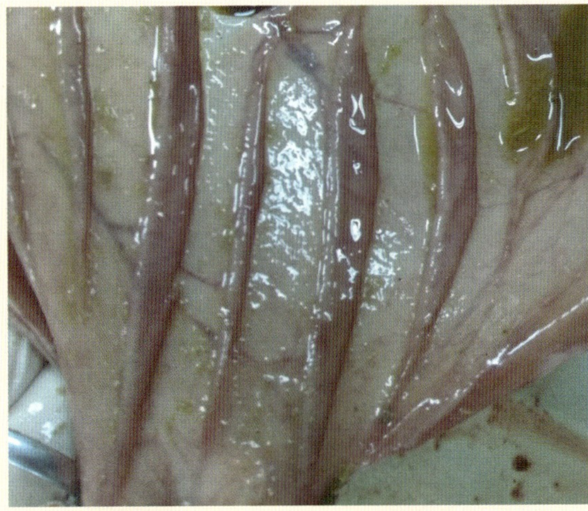

图 1-24-3　皱胃黏膜出血

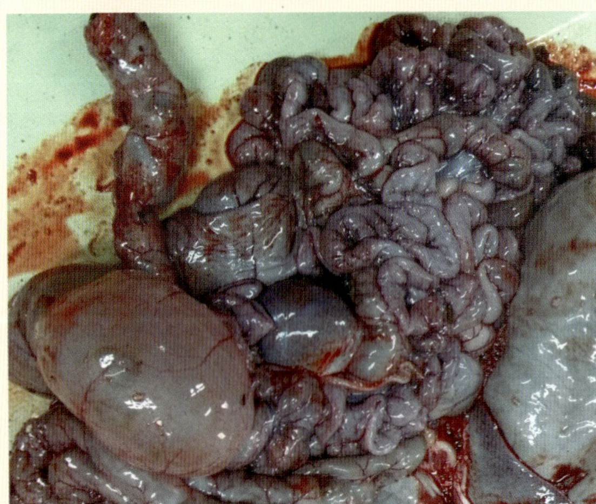

图 1-24-4　肠管糜烂出血

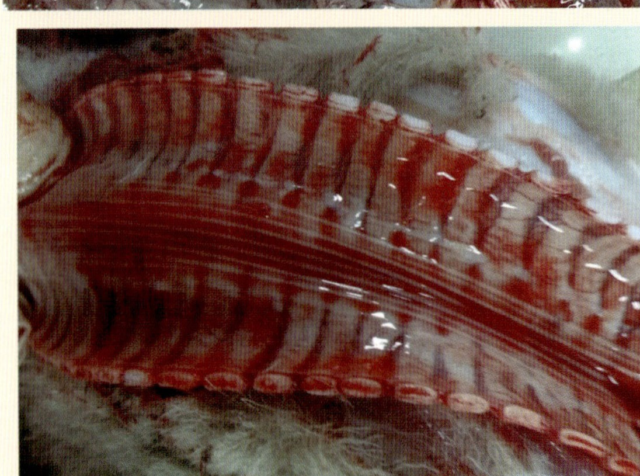

图 1-24-5　气管出血

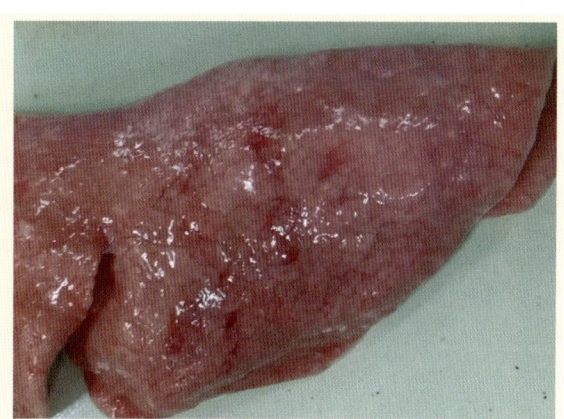

图 1-24-6　支气管肺炎

【诊断】根据流行特点和临床症状，可以作出初步诊断，确诊尚需实验室诊断。

【防治】

1. 预防

（1）加强免疫工作　免疫时应注意羊群的健康状况，新购进羊群必须隔离观察，确保羊群健康时方可免疫。接种疫苗。按瓶签注明头份，用灭菌生理盐水稀释为每毫升含 1 头份，每只羊颈部皮下注射 1 毫升。

（2）加强饲养管理　外来人员和车辆进场前应彻底消毒，严禁从疫区引进羊只，对外来羊只，尤其是来源于活羊交易市场的羊调入后必须隔离观察 21 天以上，经检查确认健康无病，方可混群饲养。

（3）强化疫情巡查　注意观察羊群健康状况，发现疑似患病羊，应立即隔离疑似患病羊，限制其移动，并及时向当地兽医部门报告，对病死羊严格实行无害化处理，禁止出售、加工病死羊。

2. 治疗

（1）黄芪多糖 100 克，银黄可溶性粉 100 克。每天供 100 只羊集中饮水，连用 7～10 天。

（2）重者肌内注射阿奇霉素或阿米卡星 2 支，加地塞米松和利巴韦林。1 天 2 次，连用 3～5 天。3 天后可以看到效果，5 天治愈。

（3）板蓝根颗粒，全群饮水或拌料。3～5 天一个疗程，10 天后再使用一个疗程。200 克兑水 250～500 千克，或每只羊 2～3 克口服。

二十五、破伤风

破伤风又名锁口风、强直症，是由破伤风梭菌经伤口感染引起的一种急性、中毒性传染病。其特征为全身或部分肌肉发生痉挛性收缩，肌肉发生僵硬，出现身体躯干强直症状。多发生于新生羔羊，绵羊比山羊多见。

【病原】病原为破伤风梭菌，该菌又称强直梭菌，分类上属芽孢杆菌属，革兰氏染色阳性，为细长杆菌，多单个存在，形成芽孢。本菌为厌氧菌，一般消毒药如1%碘酊、10%漂白粉液及3%双氧水均能在短时间内杀死。但其芽孢具有很大的抵抗力，在土壤表层能存活数年。

【流行特点】本病通常由伤口污染含有破伤风梭菌芽孢的物质引起，无季节性，以散发形式出现。当伤口小而深，创伤内发生坏死或创口被泥土、粪便、痂皮封盖或创内组织损伤严重、出血、有异物，或在需氧菌混合感染的情况下，破伤风梭菌才能生长发育、产生毒素，引起发病。该病的发生主要是细菌经伤口侵入身体的结果，如脐带伤、去势伤、断尾伤、去角伤及其他外伤等，均可以引起发病。母羊多发生于产死胎和胎衣不下的情况下，有时是由于难产助产中消毒不严格，以致在阴唇结有厚痂的情况下发生本病。也可以经胃肠黏膜的损伤部位而感染。病菌侵入伤口以后，在局部大量繁殖，并产生毒素，危害神经系统。由于本菌为专性厌氧菌，故被土壤、粪便或腐败组织所封闭的伤口，最容易感染和发病。

【症状】本病的潜伏期为5～20天，但在特殊情况下可能延长。四肢僵硬，头向后仰，初发病时仅步行稍不自然，不易引起饲养员的特别注意。病势发展时，则双耳直硬，牙关紧闭（图1-25-1），不能吃东西，流涎，尾直，并伴有轻度腹胀。颈部及背部强硬，头偏于一侧或向后弯曲（图1-25-2）。症状轻微时，脉搏和体温无大变化。严重时，体温增高，脉搏细而快，心脏跳动剧烈。病的后期，常因急性胃肠炎而发生腹泻。死亡率很高。

图1-25-1　病羊全身强直

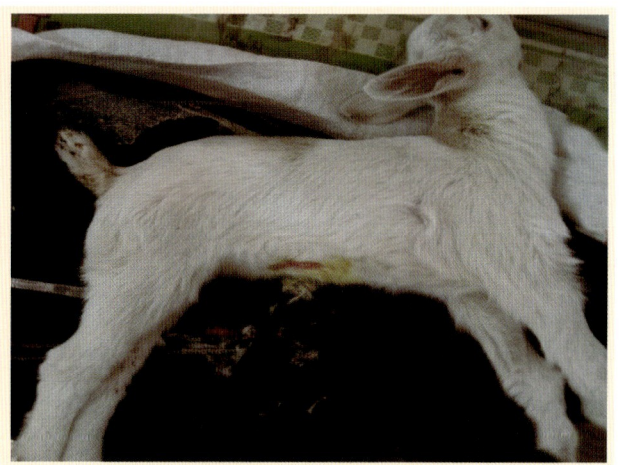

图 1-25-2
颈部及背部强直，头向后弯曲

【诊断】根据典型的临床症状即可做出初步判断。确诊需要从创伤感染部位取材，进行细菌的分离和鉴定，结合动物实验进行。

【防治】

1. 预防

（1）防止外伤发生，在阉割、戴耳标、断角或处理羔羊脐带时，均应用 2%～5% 的碘酊进行严格消毒，避免土壤及粪便污染伤口。

（2）用破伤风类毒素免疫注射，绵羊及山羊均皮下注射 0.5 毫升，在发生创伤和手术有感染危险时，再注射 1 次。

（3）发生外伤时，应及时处理。创伤较大且较深，或在做手术尤其是阉割术时，肌内注射抗破伤风血清 1 万～3 万单位。

2. 治疗

以中和毒素、解痉、消除病原为主，辅以对症治疗。

（1）中和毒素　静脉注射抗破伤风血清，羔羊用量 10 万～20 万单位，成年羊用量为 20 万～40 万单位，全量血清分 3 天注射，也可一次治疗用足全量。同时应用 40% 乌洛托品，羔羊 15 毫升，成年羊 25 毫升，静脉注射，每天 1 次，连用 7～10 天。

（2）解痉　将病羊置于偏僻、阴暗的厩舍内，避免惊动。每只羊用 25% 硫酸镁溶液 20 毫升，静脉或肌内注射。

（3）消除病原　先使用抗毒素，而后处理感染创口。充分除去创伤内的脓汁、异物、坏死组织及痂皮等，创伤深、创口小的需扩创，用 3% 双氧水或 2% 高锰酸钾溶液清洗，再用 5% 碘酊涂擦，创口内撒布碘仿磺胺粉（碘仿 1 份，氨苯磺胺 9 份）。除了局部治疗外，全身用青霉素 200 万单位肌内注射，每天上午、下午各注射 1 次，连续 1 周。

二十六、羊附红细胞体病

羊附红细胞体病是由羊附红细胞体寄生于羊的红细胞表面、血浆及骨髓中引起的一种传染病,以羔羊贫血、黄疸和体质虚弱为特征。

【病因】病原是绵羊附红细胞体,归于立克次氏体属。这种多形性微生物呈球形、杆形、环形、三角形及哑铃形,栖息在红细胞表面和血浆中(图1-26-1),呈星芒状。附红细胞体对干燥和化学药品的抵抗力很低,耐低温,一般消毒剂均可将其杀死。

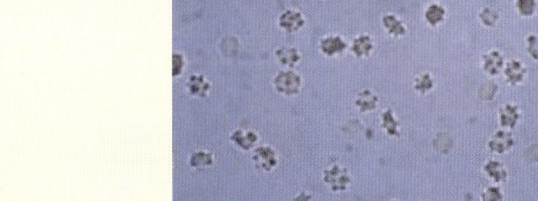

图 1-26-1　附红细胞体附着于红细胞表面

图 1-26-2　病羔生长不良

【流行特点】本病的传播主要为接触性、血源性、垂直性及媒介昆虫4种传播方式，多发于昆虫活动频繁的夏、秋季节，主要发生在临产的母羊和断奶的羔羊。绵羊附红细胞体致病力低，通常在营养不良、微量元素缺乏、蠕虫病和亚急性中毒及虚弱的绵羊，以及网状内皮系统机能不全（如行脾脏摘除术）的绵羊中，才能引起临床症状和寄生虫血症。

【症状】

发病初期，病羊精神不振，食欲减退或不食，羊体逐渐消瘦，体温明显升高。

发病中期，患羊行走无力，有的严重的甚至卧地不起。同时伴有腹泻、呼吸道等症状。发病后期，病羊腹泻严重，同时伴有贫血。病羔生长不良（图1-26-2），有的病例有轻度黄疸。有的病羊出现瘫痪、羊体发颤。随着病情恶化，最终衰竭而死。

母羊感染本病后，生产性能会受到影响，受胎率低，很容易出现流产现象。

本病的病程一般在1～12天，症状有急性、亚急性和慢性之分，往往急性的来不及治疗就死亡，而慢性的则有机会治疗和控制死亡率。

【病理变化】在剖检时可见脾脏肿大，边缘不整齐，有粟粒大的结节和出血点；肝脏可见黄条状坏死；血液稀薄如水，不易凝固；全身肌肉颜色变淡，脂肪黄染。

【诊断】根据贫血、生长不良、在染色的血液抹片中有许多附红细胞体存在来诊断本病。鉴别诊断需考虑蠕虫病、营养不良和微量元素缺乏。

【防治】

1. 预防

（1）加强饲养。每天给羊喂养的饲料保持多样化、营养全面，同时要给羊饮用充足的水，避免中暑、热应激发生。

（2）加强消毒，灭蚊、蝇、虱、蜱等吸血昆虫。

（3）定期对羊圈进行消毒，加强注射器械与用具清洁、消毒，以免相互感染。

（4）羊圈内粪便要及时清理，保证干净卫生，羊舍通风良好、密度适中，温度适宜，做好防暑降温工作。

（5）每年5月份，用贝尼尔（三氮脒、血虫净）预防剂量注射1次，隔10～15天再注射1次。

2. 治疗

（1）贝尼尔，按6毫克/千克体重，深部肌内注射，2天1次，连用3次。

（2）饲料中添加土霉素、阿米卡星、多西环素、磺胺嘧啶等，每天1次，连用3天。

(3)新砷矾纳明(914),60毫克/千克体重,静脉注射,每天1次,连用3天。

二十七、羊伪狂犬病

羊伪狂犬病是由伪狂犬病毒引起的一种急性传染病,该病以发热、奇痒和神经系统障碍为主要特征。本病主要侵害中枢神经系统,因临床表现与狂犬病相似,曾一度被误认为狂犬病。后证实是由不同的病毒所引起,被命名为伪狂犬病,以示区别。

【病原】该病的病原为伪狂犬病病毒,该病毒在发病初期存在于血液、乳汁、尿液以及内脏器官中,发病后期主要存在于中枢神经系统。伪狂犬病病毒对外界环境抵抗力强,畜舍内干草上的病毒夏季可存活3天,冬季可存活46天,含毒材料在50%甘油盐水中于4℃左右可保持毒力达3年之久。0.5%石灰乳、2%氢氧化钠溶液、2%甲醛溶液等可很快使病毒灭活。加热55℃约30分钟死亡。但病毒于0.5%石炭酸溶液中可保持毒力达数十日之久。

【流行特点】自然感染见于牛、绵羊、山羊、猪、猫、犬以及多种野生动物,鼠类也可自然发病。病畜、带毒家畜以及带毒鼠类为本病的主要传染源。感染猪和带毒鼠类是伪狂犬病病毒重要的天然宿主。羊或其他动物感染多与带毒的猪、鼠接触有关。感染动物通过唾液、乳汁、尿液等各种分泌物、排泄物排出病毒,污染饲料、牧草、饮水、用具及环境。本病主要通过消化道、呼吸道途径感染,也可经受伤的皮肤、黏膜以及交配传染,或者通过胎盘、哺乳发生垂直传染。本病一般呈地方性流行,以冬季、春季发病为多。

【症状】潜伏期一般为3～7天。病羊体温升高,精神不振,呼吸加快,在眼睑、唇部产生剧痒,常用前肢或在地上剧烈摩擦,以致奇痒部位出现水肿、脱毛甚至出血(图1-27-1)。病羊目光呆滞,间歇性烦躁不安,常转圈鸣叫,运动失调,并伴有磨牙、出汗、强烈喷气及后足用力踏地等神经症状。随着病情发展,病羊全身肌肉产生痉挛性收缩,四肢无力,咽喉麻痹,鼻腔有浆液性黏性分泌物流出,口腔有泡沫状唾液排出,直至全身衰弱而亡。病程一般为1～3天。

【病理变化】对病死羊剖检可见消化道黏膜出血、充血(图1-27-2),肝脏发暗肿大,胆囊充满墨绿色胆汁(图1-27-3);肺有点状出血,肾质地变软,气管有大量泡沫,脾脏多处有出血性梗死,尤其是边缘明显;脑和脑膜出血、充血严重(图1-27-4)。

图 1-27-1　面部水肿脱毛

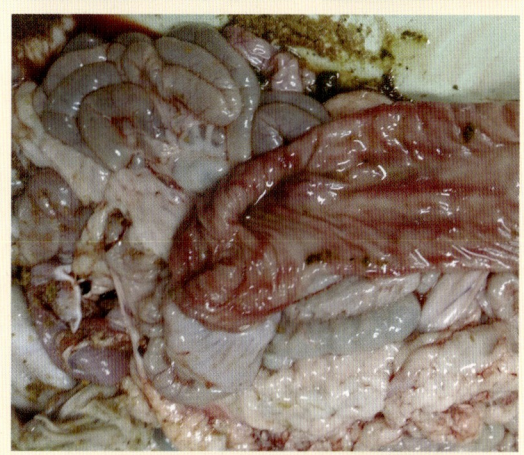

图 1-27-2　肠道黏膜出血、充血

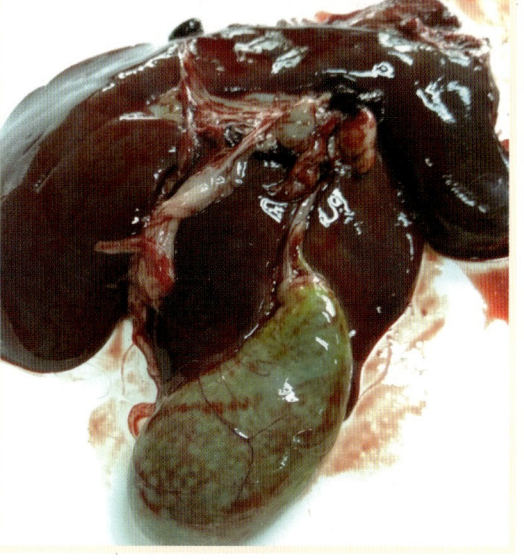

图 1-27-3　胆囊充满墨绿色胆汁

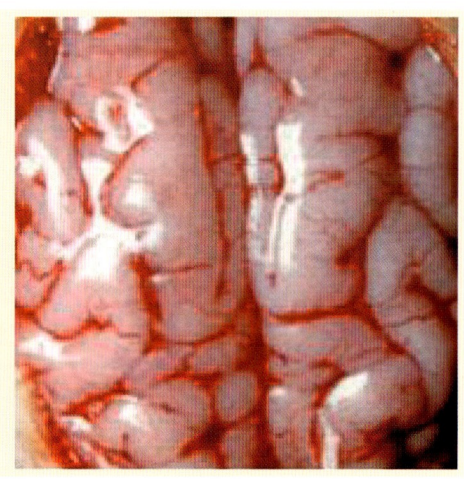

图 1-27-4 脑膜充血、出血

【诊断】根据流行特点、临床症状及剖检病变可初步诊断,确诊需进行实验室检查。采取病羊血液,分离血清做伪狂犬乳胶凝集实验,实验结果呈阳性。

该病还需要同狂犬病、李氏杆菌病进行鉴别诊断。患有狂犬病的家畜多有被患病动物咬伤的病史,病羊兴奋时常常带有攻击性行为,病料悬液皮下接种家兔一般不易感染;脑内接种,发病后无皮肤瘙痒症状。患有李氏杆菌病的病羊通常无皮肤瘙痒症状,病料悬液接种家兔不出现特殊的瘙痒症状,病料观察可发现革兰氏阳性的李氏杆菌,血液涂片染色镜检可见单核细胞增多,即可鉴别诊断。

【防治】

1. 预防

(1) 加强饲养管理,提倡自繁自养,不从疫区引入种羊。购入羊时,严格检疫,阳性动物扑杀、销毁,同群羊隔离观察,证实无病后,方可混群饲养。

(2) 消灭牧场内的鼠类,避免与猪接触或混养。发生本病后立即隔离病畜,用2%氢氧化钠溶液或10%石灰乳等消毒药消毒厩舍、污染的环境以及饲管用具等。

(3) 通过血清学试验检疫淘汰阳性羊只,结合免疫接种,逐步净化羊群,清除本病。

(4) 与病羊同群的其他羊只注射免疫血清。发现新病例时,经2周后再注射1次免疫血清。倘若无新病例出现,应对所有羊只进行疫苗接种。可按照羊群免疫程序,定期对羊只进行免疫接种,1～6月龄的羊只可在其颈部或大腿内部2次肌内注射伪狂犬病疫苗,第一次肌注和第二次肌注的接种量分别为2毫升和3毫升,间隔时间为6～8天;6月龄以上的羊只第一次肌注伪狂犬病疫苗和第二次肌注伪狂犬病疫苗的接种量都是5毫升,间隔时间为6～8天。

2. 治疗

当前尚无特效药物能够治疗该病,而临床上采用中草药治疗有一定的效果,可以参考。方剂为(25千克体重用量)黄连20克,黄芩30克,金银花50克,夏枯草、麦冬、生地、黄花地、栀子各 80 克，淡竹叶、板蓝根、地骨皮、连翘各 100 克，芦根 200 克，水煎去渣，候温灌服，每天 1 剂，连用 3 天。同时在饮水中添加葡萄糖及电解多维，或在精料中掺入维生素 C 粉剂，可增强羊只体质，避免继发感染。

二十八、羔羊痢疾

羔羊痢疾又称羔羊梭菌性痢疾，是由 B 型魏氏梭菌引起的初生羔羊的急性毒血症，以剧烈腹泻和小肠发生溃疡为特征。本病常可使羔羊发生大批死亡，给养羊业带来重大损失。

【病原】病原是 B 型魏氏梭菌，为两端钝圆、短粗的革兰氏阳性厌氧性杆菌，呈单个或成双排列，可形荚膜，少数有芽孢。能产生多种肠毒素，消化道是其主要的传染途径，可迅速导致全身性毒血症。常规消毒药可杀死该菌繁殖体，但其芽孢有较强抵抗力，在土壤中可存活 4 年。

【流行特点】羔羊痢疾主要发生于 7 日龄以内的初生羔羊，其中以 2~3 日龄的发病最多。病羊和带菌羊是该病的主要传染源，可通过被该菌污染的饲草和饮水等，经消化道感染，也可通过脐带或创伤感染。孕羊营养不良，气候剧变，羊舍潮湿、卫生差，羔羊体质虚弱等均易诱发本病。

【临床症状】潜伏期为 1～2 天，病初精神委顿，低头拱背，不想吃奶。不久就发生腹泻，粪便恶臭，有的稠如面糊，有的稀薄如水。到了后期，有的还含有血液，直到成为血便。病羔逐渐虚弱，卧地不起。若不及时治疗，常在 1～2 天内死亡。

羔羊以神经症状为主者，四肢瘫软，卧地不起，呼吸急促，口流白沫，最后昏迷，体温降至常温以下，常在数小时到十几小时内死亡（图 1-28-1）。

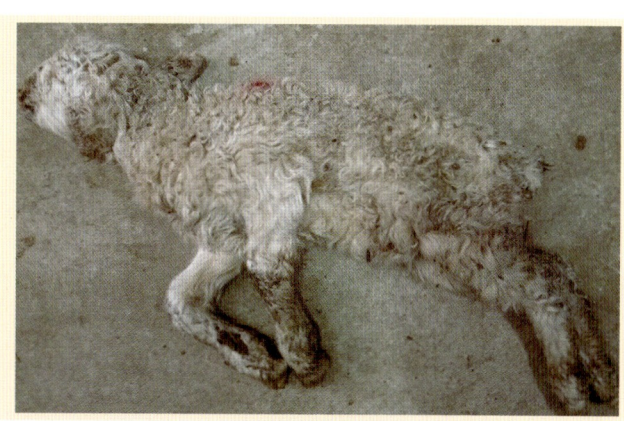

图 1-28-1　羔羊死亡

【病理变化】尸体严重脱水，皱胃内有尚未消化的乳凝块。小肠黏膜有程度不同、范围不等的炎症，有时已开始溃烂。若病期稍长，溃烂更为明显，由肠壁外面即可透视到溃烂区域（图1-28-2）。小肠尤其是回肠黏膜充血发红，可见有直径1～2毫米的溃疡及坏死性病灶，溃疡灶周围为一血色带环绕。肠系膜淋巴结肿胀，充血或出血。心包积液、心内膜有出血点。急性者，肠内容物混有血液。肺常有充血区域或瘀斑。

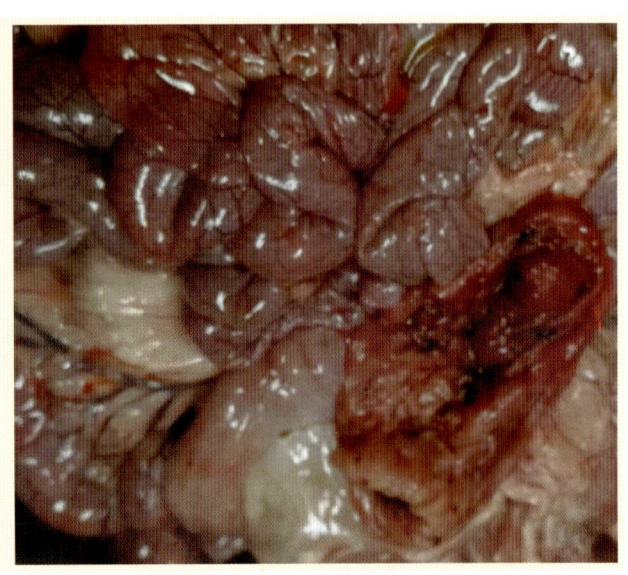

图 1-28-2
肠壁稀薄，肠黏膜发炎

【诊断】在常发地区，依据流行病学、临床症状和病理变化一般可以作出初步诊断。为了确定病原及其毒素，应从新鲜尸体采取小肠内容物、肠系膜淋巴结和肝脏等，进行细菌鉴定和毒素检验。

【防治】

1. 预防

（1）加强孕羊饲养管理，以期增强初生羔羊的体质。产羔前，对产房要彻底消毒，做好产房的防寒保暖和清洁及干燥工作。注意接产时脐带消毒和母羊乳房的清洁，尽量减少感染机会。对新生羔羊加强保温，保证吃足初乳。

（2）羔羊出生后4小时内皮下注射魏氏梭菌B型高免血清4～5毫升，具有一定效果。每年秋季注射羔羊痢疾苗或厌气菌七联干粉苗，产前2～3周再接种一次。羔羊出生后12小时内，灌服土霉素0.2克，每天一次，连续灌服3天，有一定的预防效果。

2. 治疗

（1）土霉素0.2～0.3克，或再加胃蛋白酶0.2～0.3克，加水灌服，每天2次，连用3天。

（2）磺胺脒、鞣酸蛋白、次硝酸铋、碳酸氢钠各 0.2 克，水调匀，一次灌服，每天 3 次。

（3）氟苯尼考注射液，20 毫克 / 千克体重，肌内注射，每天 1 次，连用 3 天。

二十九、伪结核病

羊伪结核病又称羊假结核病。其特征为局部淋巴结发生化脓性、干酪样坏死，有时在肺、肝、脾和子宫角等处发生大小不等的结节，内含淡黄绿色干酪样物质。该病在羔羊中少见，随年龄增长，发病增多。近年来，山羊伪结核病在集约化养羊场的检出率和发病率呈上升趋势，严重影响养羊业的经济效益。

【病原】伪结核棒状杆菌，该菌对干燥有抵抗力，对热敏感，常用消毒剂均可杀死本菌。

【流行特点】伪结核棒状杆菌存在于土壤、肥料、肠道内和皮肤上，经创伤感染。

【症状】感染初期，局部发生炎症，后波及附近的淋巴结，慢慢增大和化脓，脓开始较稀，渐渐变为牙膏状、干酪样。病羊一般无明显的症状，屠宰时才被发现。如体内淋巴结和内脏受波及时，则病羊逐渐消瘦（图 1-29-1）、衰弱，呼吸加快，时有咳嗽，最后死亡。病变在头部和颈部淋巴结发生较多（图 1-29-2），肩前、股前和乳房等淋巴结次之。

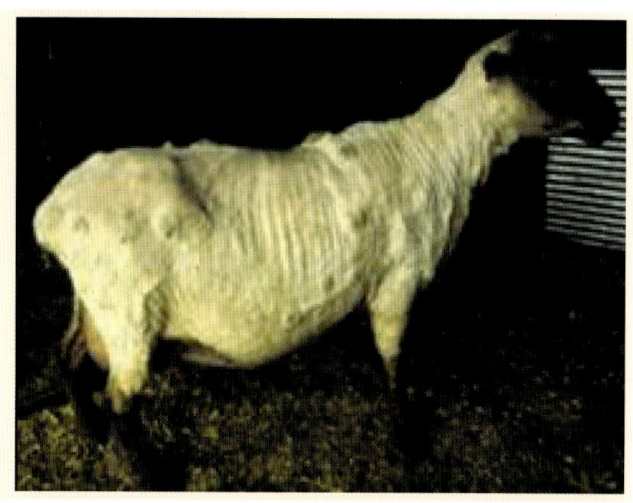

图 1-29-1　病羊逐渐消瘦

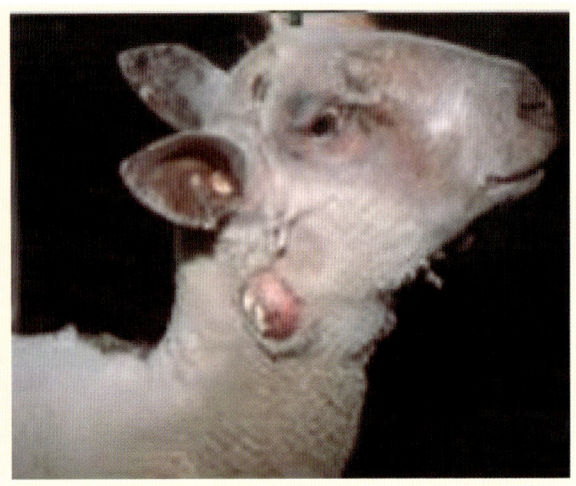

图 1-29-2　颈部脓肿

【病理变化】尸体消瘦，被毛粗乱、干燥。体表淋巴结肿大，内含干酪样坏死物。在肺、肝、脾和子宫角等处有大小不一、数量不等的脓肿（图 1-29-3）。

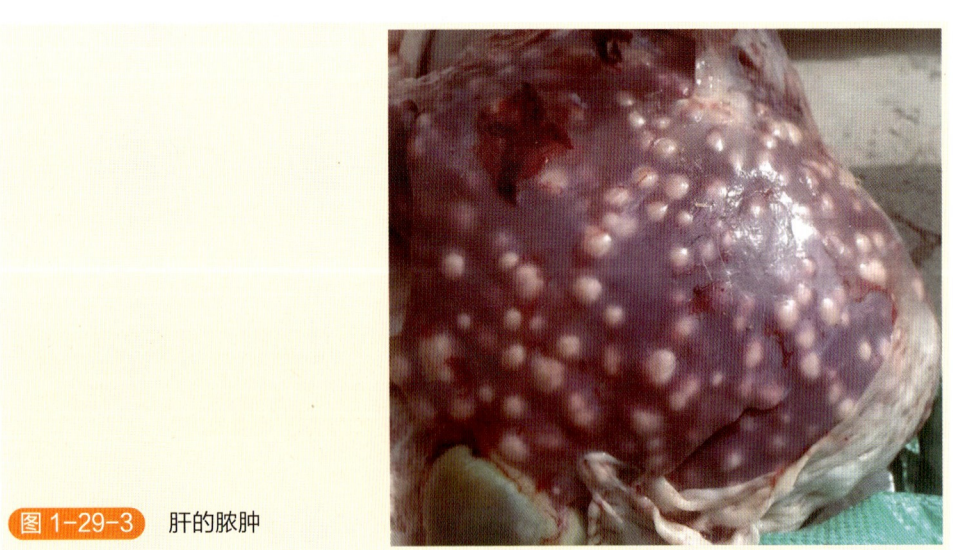

图 1-29-3　肝的脓肿

【防治】
（1）做好皮肤和环境的清洁卫生工作，及时处理皮肤破损，发现病畜应及时隔离。
（2）伪结核棒状杆菌对青霉素高度敏感，但因脓肿有厚包囊，疗效不好。
（3）对有临床症状的山羊可进行手术治疗：切开脓肿，挤出脓汁，用双氧水灌洗创口后，撒上高效广谱抗生素粉，或用碘酒棉条填塞数日后取出，撒上高效广谱抗生素粉，同时肌注高效广谱抗生素 1～3 天，1 周后可痊愈。

第二章 寄生虫病

一、血矛线虫病

血矛线虫病是由捻转血矛线虫寄生于羊的皱胃、小肠内引起的，病原体致病力强。

【病原】捻转血矛线虫呈毛发状，淡红色，头端尖细，口囊小，内有一角质背矛，雄虫长15～19毫米，交合伞发达，背肋呈"人"字形（图2-1-1）。雌虫长27～30毫米，眼观可见红白线条相间，阴门位于虫体后半部，有明显的阴门盖。虫卵无色，壳薄，大小为（75～95）微米×（40～50）微米。虫卵随宿主粪便排出，孵出幼虫经蜕皮发育到带鞘的感染性幼虫，羊因吃草或饮水时吞食幼虫而感染，幼虫经3～4周发育为成虫。

【流行特点】

多在夏末和早秋季节流行。低湿牧地有利于传播此病，在早晚放牧露水草或小雨后的阴天放牧，羊更易感染。

【症状】

病羊表现为显著贫血，眼结膜苍白，下颌和下腹部水肿，被毛粗乱，消瘦（图2-1-2），精神委顿，严重的卧地不起，或下痢与便秘交替。急性型比较少见，以肥羔羊突然死亡为特征，死羊眼结膜苍白（图2-1-3），高度贫血。病程一般为2～4个月，陷于恶病质而死亡。不死亡者转为慢性，病程长达1年左右。

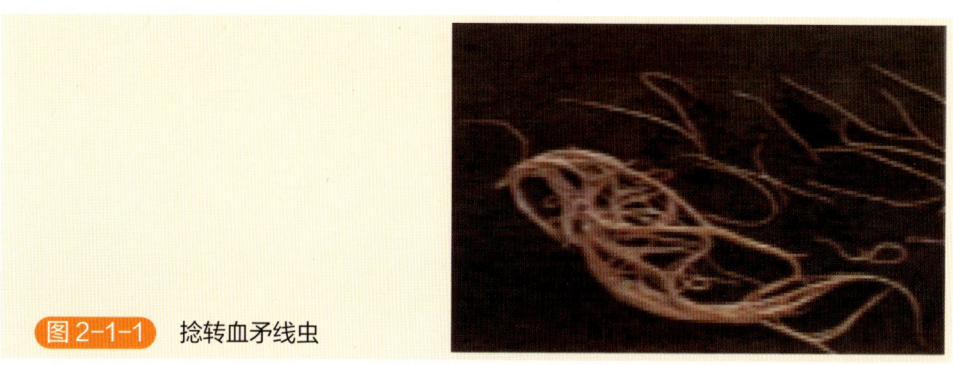

图2-1-1　捻转血矛线虫

图 2-1-2　病羊贫血、消瘦、下痢

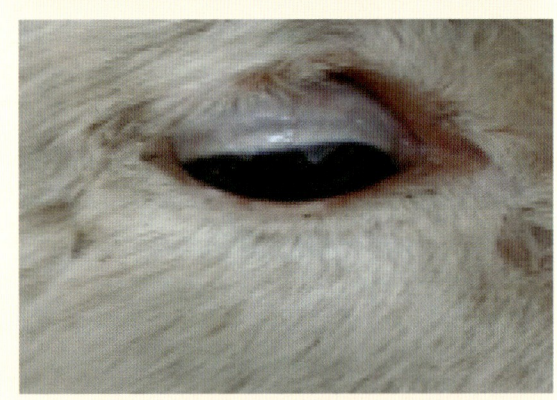

图 2-1-3　严重贫血，眼结膜苍白

图 2-1-4　捻转血矛线虫所致的皱胃出血

【病理变化】剖检可见胸腔及心包积液，皱胃黏膜水肿，有小创伤和溃疡（图 2-1-4），大量虫体绞结成一黏液状团块，小肠黏膜卡他性炎症。

【诊断】羊群中出现有上述症状的病羊时，便可怀疑本病。但确诊须经粪便检查虫卵，并进一步做粪便培养，检查具有明显特征的感染性幼虫。对流行羊群，可捕杀剖检病情严重的病羊，若皱胃内有大量红白相间的捻转血矛线虫，便可确诊。

【防治】

1. 预防

(1) 定期预防性驱虫,在春秋季各进行一次,冬季驱杀黏膜内休眠的幼虫,以消除春季排卵高潮,转换放牧场地时应进行驱虫。

(2) 不在低湿牧地放牧,夏季避免吃露水草。

(3) 注意饮水卫生,妥善处理粪便。

2. 治疗

(1) 丙硫苯咪唑,每千克体重 5～10 毫克,口服。

(2) 左旋咪唑每千克体重 6～8 毫克,口服。

(3) 噻苯达唑每千克体重 30～70 毫克,口服。

(4) 伊维菌素每千克体重 0.2 毫克,皮下注射。

二、肝片吸虫病

羊肝片吸虫病是由肝片吸虫寄生于肝脏胆管内,引起慢性或急性肝炎和胆管炎,同时伴发全身性中毒及营养障碍等症状的疾病。该病可导致羊大批死亡。慢性和隐性症状的患畜因消瘦而使体重和毛、乳产量显著下降,造成严重的损失。

【病原】肝片吸虫背腹扁平,呈树叶状。活时为棕红色,固定后为灰白色。大小为 (21～41) 毫米 ×(9～14) 毫米(图2-2-1)。虫卵呈卵圆形(图2-2-2),黄褐色。前端较窄,后端较钝,卵壳透明而较薄。虫卵大小为 (116～132) 微米 ×(66～82) 微米。

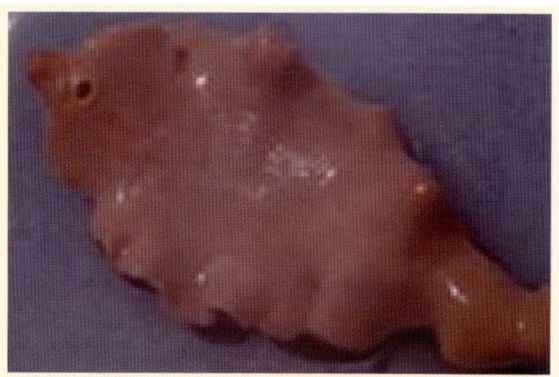

图2-2-1
肝片形吸虫的成虫形态

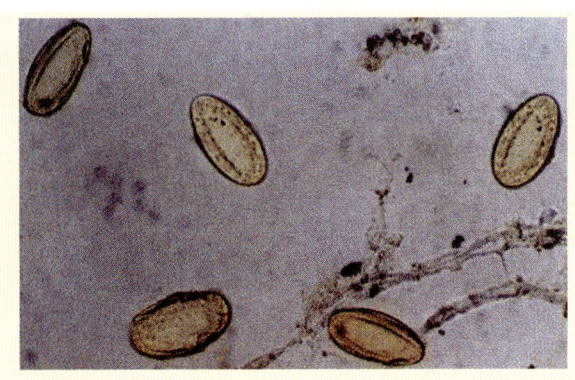

图 2-2-2　肝片形吸虫的虫卵形态

【流行特点】急性型症状多发生于夏末秋初，是因在短时间内遭受严重感染所致。慢性型症状较多见于患病羊耐过急性期或轻度感染后，在冬春转为慢性。

【症状】该病的症状表现因感染强度、家畜的抵抗力、年龄、饲养管理条件等不同而异，幼畜轻度感染即表现症状。急性型病羊，初期发热，衰弱，易疲劳，离群落后；叩诊肝区半浊音界扩大，压痛明显；很快出现贫血、黏膜苍白等症状（图 2-2-3）、红细胞及血红素显著降低；严重者在几天内死亡。慢性型病羊，主要表现消瘦（图 2-2-4），贫血，黏膜苍白，食欲不振，异嗜，被毛粗乱无光泽，且易脱落，步行缓慢；眼睑、颌下、胸下、腹下出现水肿（图 2-2-5）；便秘与下痢交替发生。病情逐渐恶化，最后可因极度衰竭死亡。

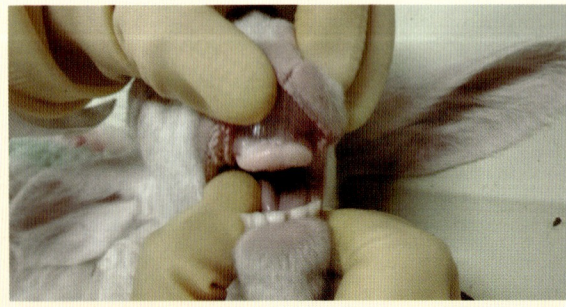

图 2-2-3　口腔黏膜苍白

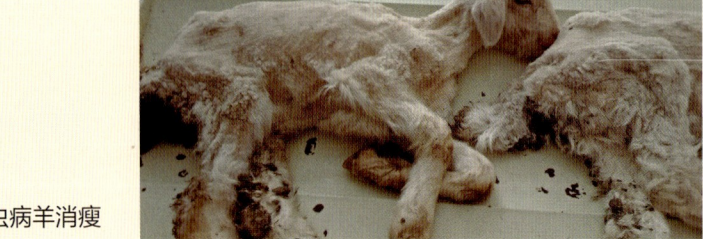

图 2-2-4　肝片吸虫病羊消瘦

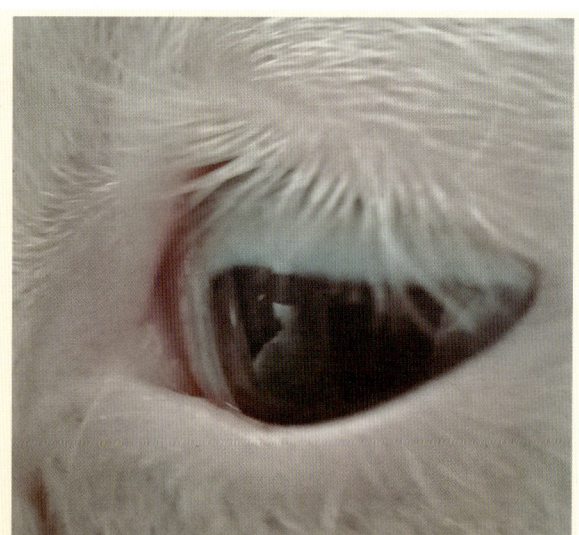

图 2-2-5　眼结膜苍白、水肿

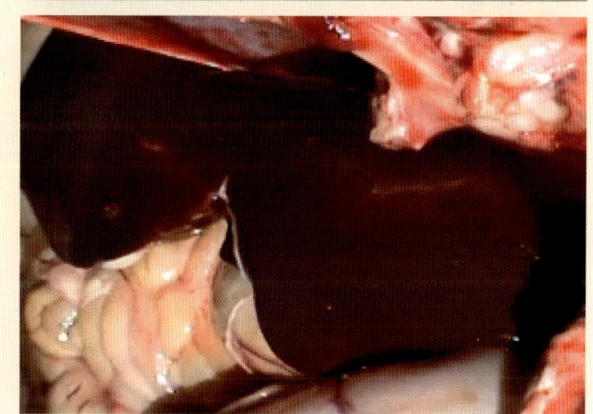

图 2-2-6　肝脏肿大

【病理变化】病理变化主要呈现在肝脏，其变化程度与感染虫体的数量及病程长短有关。在大量感染、急性死亡的病例中，可见急性肝炎和大出血后的贫血现象，肝肿大（图 2-2-6），包膜有纤维沉积（图 2-2-7），有 2～5 毫米长的暗红色虫道，虫道内有凝固的血液和少量幼虫。腹腔中有血红色的液体，有腹膜炎病变。

慢性病例主要呈现慢性增生性肝炎，在肝组织被破坏的部位呈现淡白色索状瘢痕，肝实质萎缩，褪色，变硬，边缘钝圆。胆管肥厚，呈绳索样突出于肝表面；胆管内因有磷酸钙和磷酸镁等盐类的沉积而使内膜粗糙，刀切时有沙沙声；胆管内有虫体和污浊稠厚的液体（图 2-2-8）。胸腹腔及心包内都蓄积着透明的液体。

【诊断】简单有效的方法是水洗沉淀法，即由直肠取粪 5～10 克，加入

10～20倍清水混匀后用纱布或40～60目筛子过滤；滤液经静置或离心沉淀，倒去上层浑浊液体并再加入清水混匀沉淀，反复进行2～3次，直至上层液体清亮为止，最后倒去上层液体，吸取沉淀物，用显微镜观察有无虫卵。

对急性病例，因虫体未发育成熟，粪便检查无虫卵时，必须结合病理剖检，在肝脏和胆管中查找是否有大量童虫存在。

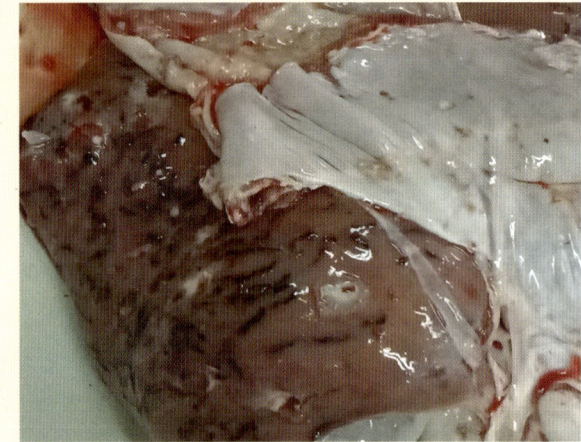

图 2-2-7　幼虫所致的纤维素性肝被膜炎

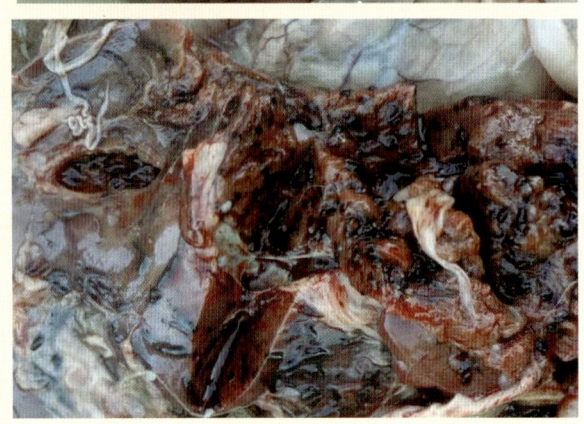

图 2-2-8　虫体寄生于肝胆管内

此外，应用免疫诊断法，如沉淀反应、补体结合反应、酶联免疫吸附实验、对流电泳和间接血凝等，亦可取得较好的诊断效果。

【防治】

1. 预防

防治该病，必须采取综合性防治措施，才能取得较好的成效。

（1）定期驱虫　驱虫是预防和治疗的重要方法之一。驱虫的次数和时间必须与当地的具体情况及条件相结合。每年如进行1次驱虫，可在秋末冬初进行；如进行2次驱虫，另一次驱虫可在翌年的春季进行。

（2）粪便处理　及时对畜舍内的粪便进行堆积发酵，以便利用生物热杀死虫卵。

（3）饮水及饲草卫生　尽可能避免在沼泽、低洼地区放牧，以免感染囊蚴。饮水最好用自来水、井水或流动的河水，并保持水源清洁卫生。有条件的地区可采用轮牧方式，以减少病原的感染机会。

（4）消灭中间宿主　肝片吸虫的中间宿主椎实螺生活在低洼阴湿的地区。消灭中间宿主可结合水土改造，以破坏螺蛳的生活条件。流行地区应用药物灭螺时，可选用1∶5000的硫酸铜溶液或2.5毫克/千克的血防67对椎实螺进行浸杀或喷杀。

2. 治疗

驱除肝片吸虫的药物，常用的有下列几种。

（1）丙硫咪唑（抗蠕敏）　为广谱驱虫药，对驱除肝片吸虫成虫有良效；剂量为每千克体重5～15毫克，口服。

（2）硝氯粉（拜耳9015）　驱成虫有高效；剂量按每千克体重4～5毫克，口服。

（3）五氯柳胺　驱成虫有高效；剂量按每千克体重15毫克，口服。

（4）碘醚柳胺　驱除成虫和6～12周的未成熟肝片吸虫都有效，剂量按每千克体重7.5毫克，口服。

（5）双酰胺氧醚　对1～6周龄肝片吸虫幼虫有高效，但随虫龄的增长，药效也随之降低。用于治疗急性肝片吸虫病；剂量按每千克体重7.5毫克，口服。

（6）硫双二氯酚（别丁）　对驱除成虫有效，使用后有较强的泻下作用；剂量为每千克体重80～100毫克，口服。

（7）四氯化碳　驱除成虫效果显著，但有一定副作用；剂量按成年羊每只2毫升，6～12月龄羊1毫升，与液状石蜡以1∶4比例混合灌服；也可按同等剂量以1∶1比例与液状石蜡混合后，肌注。

三、莫尼茨绦虫病

羊莫尼茨绦虫病是由莫尼茨绦虫寄生于羊的小肠引起的一种寄生虫病。羔羊感染轻则影响生长发育，重则致死。

【病原】在我国常见的莫尼茨绦虫病原为扩展莫尼茨绦虫和贝氏莫尼茨绦虫。扩展莫尼茨绦虫和贝氏莫尼茨绦虫在外观上颇为相似，头节小，近似球形，上有4个吸盘，无顶突和小钩。体节宽而短，成节内有两套生殖器官，每侧一套，生殖孔开口于节片的两侧。扩展莫尼茨绦虫长可达10米，宽1.6厘米，呈乳白色,虫卵近似三角形;贝氏莫尼茨绦虫呈黄白色,长可达4米,宽为2.6厘米,虫卵为四角形。虫卵内有特殊的梨形器,器内含六钩蚴,卵的直径为56～67微米。

【流行特点】寄生在羊小肠内的成虫不断随粪便排出含有大量虫卵的孕卵节片(图2-3-1),向外界散布的虫卵被土壤螨吞食后,在其体内经26～30天发育为似囊尾蚴。土壤螨在黄昏或黎明时从草皮及腐烂植物下爬出来活动,附着在饲草或地面上(图2-3-2)。当羊吃草或舔土时,吞食了含似囊尾蚴的土壤螨即被感染。似囊尾蚴进入消化道后吸附在羊的小肠黏膜上,经40～50天发育为成虫。成虫生存期约2～6个月,此后由肠内自行排出。2～5月龄的羔羊最易受感染,成年羊的感染率很低。春夏多雨季节易感。

【症状】轻度感染时不表现症状,重度感染时可见大量虫体结成团阻塞肠道,且由于虫体吸收大量营养,产生毒素,临床表现为食欲减退,口渴,下痢,有时便秘,粪中有孕卵节片,贫血,淋巴结肿大,黏膜苍白,体重减轻,渐而表现弓背,极度沮丧,反应迟钝,最后卧地不起,抽搐,头向后仰或作咀嚼运动,口周围有许多泡沫,衰竭而亡。

图2-3-1 莫尼茨绦虫的孕节部分

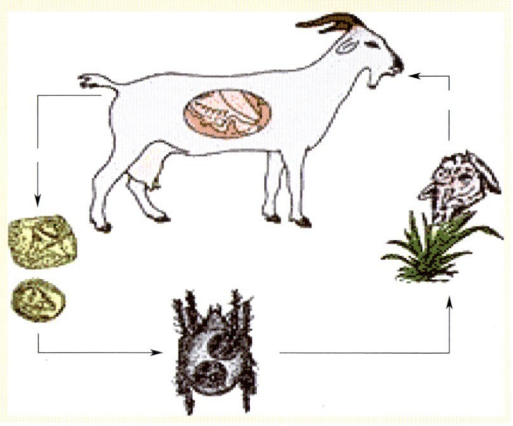

图2-3-2 莫尼茨绦虫的生活史

【病理变化】尸检时可见小肠中有数量不等的长 1 米以上的带状虫体（图 2-3-3），其寄生处有卡他性炎症。胸腔、腹腔、心囊有不甚透明或浑浊的液体。肠系膜、肠黏膜、淋巴结和肾脏发生增生性变性过程。脑内有时可见出血性浸润和出血，并可见肠黏膜和心内膜出血及心肌变性。

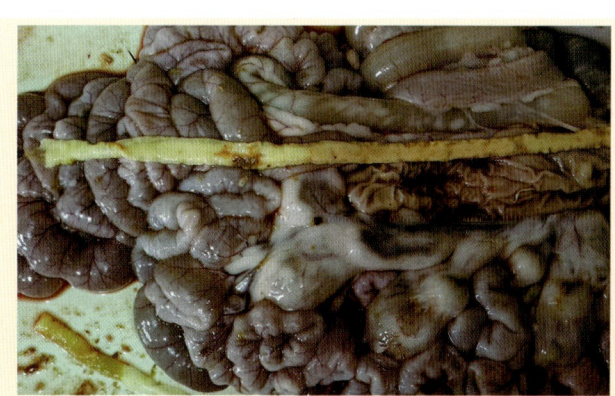

图 2-3-3 小肠内发现带状虫体

【防治】

1. 预防

（1）在多雨潮湿季节，应尽量少喂生长在洼地、沟边或常被羊粪污染的饲草。避免在雨后、清晨或傍晚放牧，使羊减少食入土壤螨的机会。

（2）根据本病的流行特点，适时对羊群进行驱虫，必要时进行二次驱虫。驱虫时每只每次可用 1% 硫酸铜溶液 15～100 毫升或砷酸铅 0.5 克灌服。

（3）驱虫后的粪便应集中发酵处理，以免污染草场。

（4）放牧的草地 3 年左右翻耕 1 次，以杀灭地螨。

2. 治疗

（1）硫双二氯酚，按每千克体重 75～100 毫克，配成悬浮液一次灌服。

（2）氯硝柳胺（灭绦灵），按每千克体重 50～75 毫克，羔羊每只最低剂量 1 克，配成悬浮液一次灌服。

（3）吡喹酮，按每千克体重 10～20 毫克，一次灌服。

（4）1% 硫酸铜溶液，1～3 月龄每只 15～25 毫升，3～6 月龄 30～40 毫升，6 月龄以上 45～60 毫升，配制时用蒸馏水或事先煮沸过的雨水，且不可用金属器具盛装，现配现用，灌药前 12～24 小时停止饮水。

（5）苯硫咪唑，按每千克体重 5～10 毫克，配成悬浮液一次灌服。

四、泰勒焦虫病

泰勒焦虫病是由泰勒焦虫引起的疾病。虫体进入羊体内后,先侵入网状内皮系统的细胞(淋巴细胞、组织细胞、成红细胞)中,形成石榴体,其后进入红细胞内寄生,从而破坏红细胞,引起各种临床症状和病理变化。

【病原】羊泰勒焦虫病的病原体有两种,一种是山羊泰勒焦虫,另一种是绵羊泰勒焦虫,两种都可以感染山羊和绵羊。虫体形态多样,主要有圆环形、椭圆形、杆状、逗点形、圆点形、大头针样等形态,圆形和卵圆形多见,约占80%,圆形虫体的直径为0.6~2.0微米。一个红细胞内一般含有一个主体,有时可见2~3个(图2-4-1)。红细胞染虫率很高,最高可达90%以上。

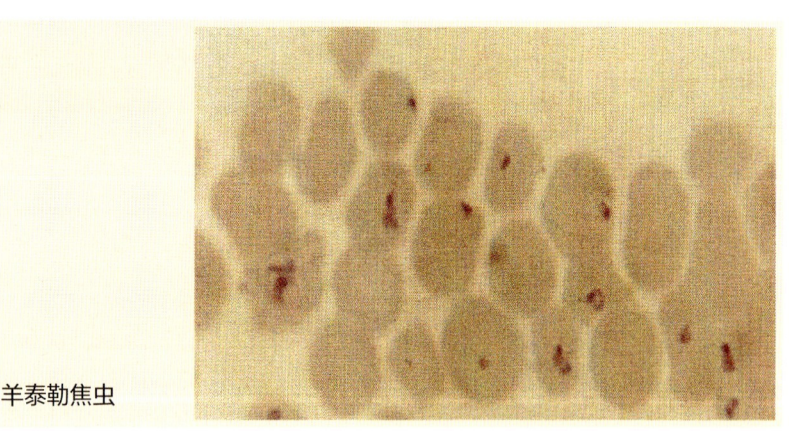

图2-4-1
红细胞内寄生的羊泰勒焦虫

【流行特点】羊泰勒焦虫病的传播媒介是长角血蜱。该病的发生有一定的季节性,一般在每年的4~5月份和9~10月份发病。羊泰勒焦虫主要危害当年羔羊,以2~6月龄的羔羊最多。该病发生后,引起羊只大批死亡,周岁以内的羔羊发病率和死亡率较高,2岁以上的成年羊几乎不发病。

【症状】患羊病初体温升高,达39~41℃,呈稽留热,心律不齐,呼吸加快,且呼吸困难,精神沉郁,食欲减退,有的腹泻,可视黏膜初期充血,继而出现贫血(图2-4-2),体表淋巴结肿大,尿发黄、浑浊或出现血尿,病程7~15天。

【病理变化】体表淋巴结肿大,肝、脾均明显肿大(图2-4-3),并有出血点,在肝小叶、淋巴结、脾、肾内有巨细胞结节形成。肾呈黄褐色,表面有淡黄色或灰白色结节和出血点(图2-4-4)。肺充血水肿(图2-4-5),心冠脂肪出血,血液稀薄,色淡,血凝不良。膀胱黏膜有散在出血点。皱胃黏膜肿胀。

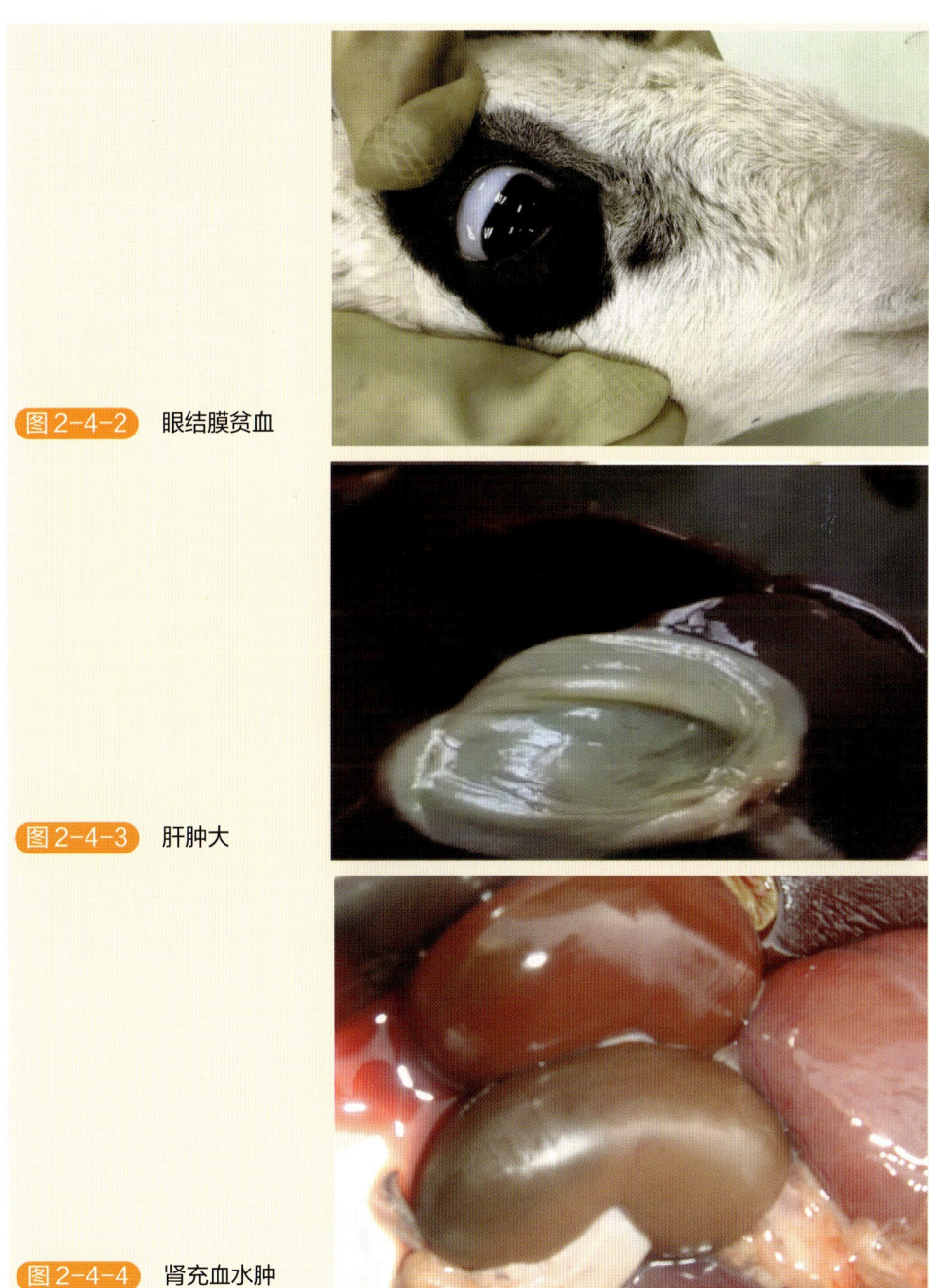

图 2-4-2 眼结膜贫血

图 2-4-3 肝肿大

图 2-4-4 肾充血水肿

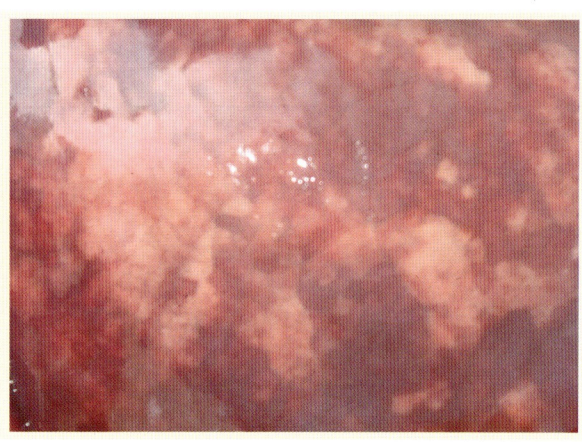

图 2-4-5 肺充血水肿

【诊断】根据流行病学、临床症状、病理变化作出初步诊断,根据镜检和药物试验确诊。采耳尖血抹片,用瑞氏或姬姆萨氏染色,高倍镜下可见红细胞数量减少,大小不均,有的变形呈海星状,红细胞内有圆形或扁形的深蓝色或蓝紫色的虫体,虫体的数量不一,有的多达十多个。

【防治】

1. 预防

本病的传播媒介是血蜱,药物灭蜱是切断传播途径、预防羊焦虫病发生的一种有效措施。

(1) 有蜱的地区应定期灭蜱,舍内 1 米以下的墙壁,要用杀虫药涂抹,杀灭残留蜱。

(2) 对动物体表的蜱要定期喷药或药浴。

(3) 避蜱放牧。在蜱大量繁殖活动的季节,可改放牧为舍饲,但要搞好圈舍周围环境的灭蜱工作。

2. 治疗

(1) 血虫净(三氮脒),每千克体重 7~10 毫克深部肌内注射,每天 2 次。

(2) 复方新胂凡纳明,每天 1 次。

五、羊螨病

羊螨病又称"疥癣病",是一种由螨虫寄生在羊皮肤表面而发生的一种慢性体外寄生虫病,具有高度的传染性,往往在短期内可引起羊群严重感染,危害十分严重。特征为具有强烈痒觉,脱毛并向四周扩延。

【病原】螨虫种类很多,有疥螨、痒螨等。疥螨对山羊危害严重,而痒螨最易感染绵羊。疥螨寄生于皮肤角质下,虫体在隧道内不断发育和繁殖。成虫体长0.2～0.5毫米,肉眼不易看见;呈圆形(图2-5-1),浅黄色,体表有大量的小刺;头端口器呈蹄铁形;虫体前部和后部各有2对粗短的足,后2对足不突出于体后缘之外,每对足上均有角质化的支条,无吸盘足的末端则有长刚毛。痒螨寄生在皮肤表面,虫体长0.5～0.9毫米,长圆形,肉眼可见。口器长,呈圆锥形。4对足细长,尤其前2对更为发达。

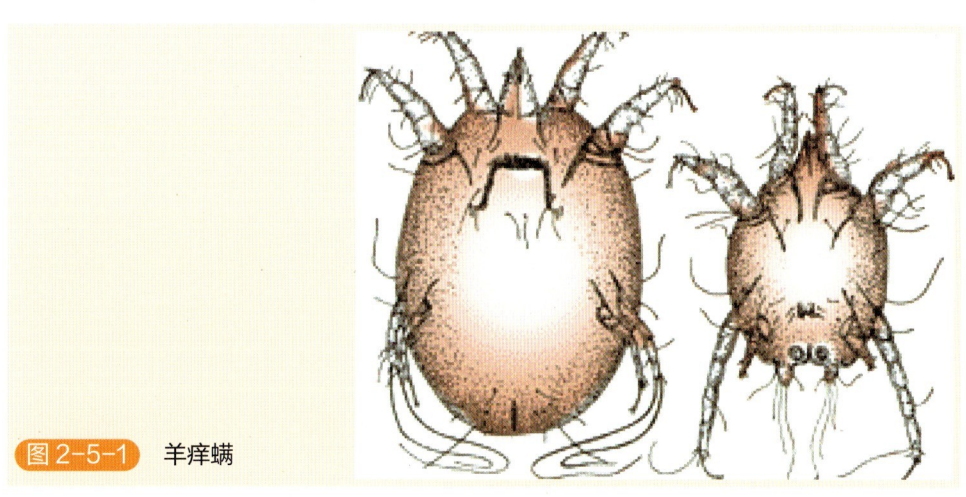

图2-5-1 羊痒螨

【流行特点】主要发生于冬季和秋末春初。发病时,疥螨病一般始发于羊皮肤柔软且短毛的部位,如嘴唇、口角、鼻面、眼圈及耳根部,以后皮肤炎症逐渐向周围蔓延;痒螨病则起始于被毛稠密和温度、湿度比较恒定的皮肤部分,如绵羊多发生于背部、臀部及尾根部,以后才向体侧蔓延(图2-5-2)。

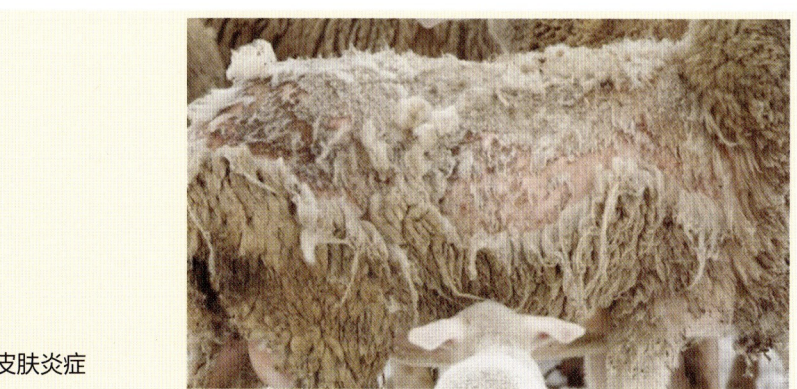

图2-5-2 羊螨病引起的皮肤炎症

第二章 寄生虫病

【症状】病初，虫体小刺、刚毛和分泌的毒素刺激神经末梢，引起剧痒，羊不断在圈墙、栏柱等处摩擦；随着病情的加重以及在阴雨天气、夜间、通风不好的圈舍，痒觉表现更为剧烈，继而皮肤出现丘疹、结节、水疱，甚至脓疮；以后形成痂皮和龟裂（图2-5-3）。特别是绵羊患疥螨病时，病变主要局限于羊的头部（图2-5-4），病变处如干涸的石灰。绵羊感染痒螨后，可见患部有大片被毛脱落（图2-5-5）。患羊因终日啃咬和摩擦患部，烦躁不安，影响正常的采食和休息，日渐消瘦，最终可极度衰竭而死亡。

图2-5-3
绵羊背部皮肤痒螨病病变

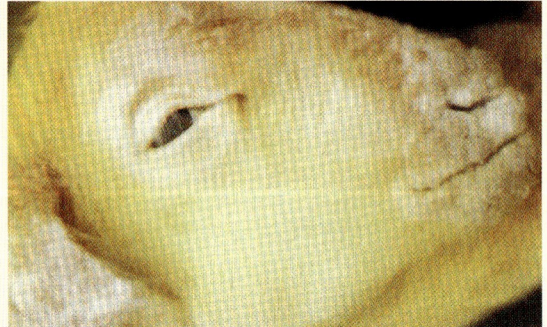

图2-5-4
绵羊唇、鼻与耳部的疥螨病病变

图2-5-5
绵羊感染痒螨后，患部大片被毛脱落

【诊断】根据羊的症状表现及疾病流行情况，对疑似病羊刮取皮肤组织查找病原，方法是将经火焰消毒的凸刃小刀，涂上 50% 甘油水溶液，在皮肤的患部与健康部交界处刮取皮屑，一直刮到皮肤轻微出血为止；将刮取的皮屑置入 10% 氢氧化钾或氢氧化钠溶液中煮沸，待大部分皮屑溶解后，经沉淀取其沉渣镜检。无条件的亦可将刮取物置于平皿内，将平皿在热水上稍微加温或在日光下照晒后，将平皿放在黑色背景上，用放大镜仔细观察是否有螨在皮屑间爬动。

【防治】

1. 预防

（1）每年定期对羊群进行药浴，可取得预防和治疗的双重效果。

（2）对新购入的羊应隔离检查，确定无疥螨寄生后再混群饲养。

（3）圈舍应经常保持干燥、通风，并定期清扫和消毒。

（4）对患病羊要及时隔离治疗，治疗期间可应用 0.1% 蝇毒磷乳剂对圈舍、用具等进行消毒，以防病原散布。

2. 治疗

（1）药浴疗法　适用于病羊数量多及气候温暖的季节。大规模药浴之前应对所选药物做小批安全试验。为了避免中毒，必须在晴天进行药浴，浴后将羊放在阴凉处，等药干以后再去放牧，药浴时间为 1～2 分钟，注意药浴浸泡羊头部前要让羊饮足水，以防误饮药液，通常进行两次，间隔 7 天。常用药物为 0.05% 的双甲脒水溶液、0.05% 的溴氰菊酯水乳剂。

（2）注射疗法　适用于各种情况的螨病治疗，效果良好。常用药物为阿维菌素，剂量为 0.2 毫克 / 千克体重，1 次皮下注射。

六、肺线虫病

羊肺线虫病也称肺丝虫病，是由线虫寄生于羊呼吸器官而引起的疾病。绵羊和山羊都可感染，各地区常有流行，往往会造成羊只的大量死亡。

【病原】网尾科的虫体较大，又叫大型肺线虫。大型肺线虫（图 2-6-1）中丝状网尾线虫是危害羊的主要寄生虫，为大型白色虫体，肠管呈黑色穿行于体内，口囊小而浅。雄虫长约 30 毫米。交合伞发达，交合刺呈靴形，黄褐色，为多孔结构。雌虫长 35～45 毫米，阴门位于虫体的中部。

原圆科的虫体较小，又叫小型肺线虫。小型肺线虫中缪勒属和原圆属线虫分布最广（图 2-6-2）。这类线虫虫体纤细，体长 12～28 毫米。小型肺线虫不同于大型肺线虫，在发育过程中需要中间宿主的参与。

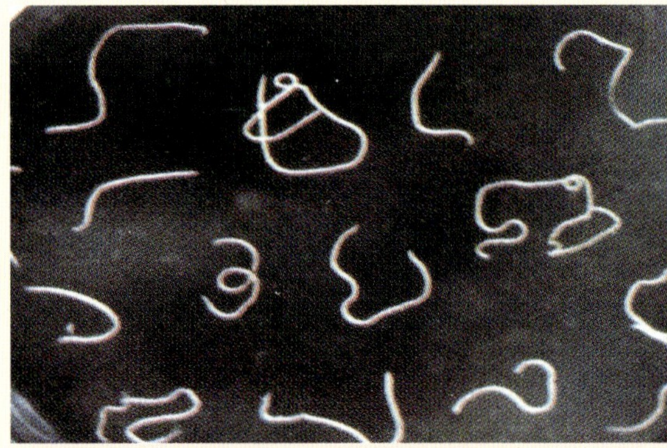

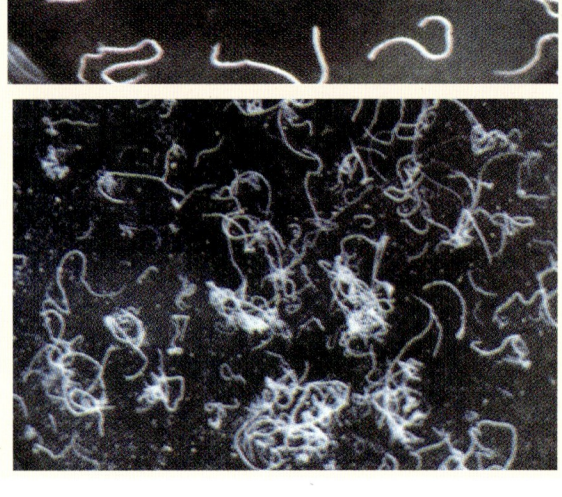

图 2-6-1
大型肺线虫的形态

图 2-6-2
小型肺线虫的形态

【症状】羊群遭受感染时,首先个别羊干咳,继而成群咳嗽,运动时和夜间更为明显,此时呼吸声亦明显粗重,如拉风箱。在频繁而痛苦的咳嗽时,常咳出含有成虫、幼虫及卵的黏液团块。咳嗽时伴发啰音和呼吸急促,鼻孔中排出黏稠分泌物,干涸后形成鼻痂,从而使呼吸更加困难。病羊常打喷嚏,逐渐消瘦,贫血,头、胸及四肢水肿,被毛粗乱。羔羊症状严重,死亡率高。羔羊轻度感染或成年羊感染时的症状表现较轻。小型肺线虫单独感染时,病情表现比较缓慢,只是在病情加剧或接近死亡时,才明显表现为呼吸困难、干咳或呈暴发性咳嗽。

【病理变化】主要表现在肺部,可见有不同程度的肺膨胀不全和肺气肿(图 2-6-3),肺表面隆起,呈灰白色,触摸时有坚硬感;支气管中有黏性或脓性混有血丝的分泌团块和肺线虫(图 2-6-4)。气管内分泌物增多,见有肺线虫(图 2-6-5)。

【诊断】可根据临床症状、检查幼虫和尸体剖检做出诊断。

【防治】

1. 预防

(1)改善饲养管理,提高羊的健康水平和抵抗力,可缩短虫体寄生时间。

(2)在本病流行区,每年春秋两季(春季在 2 月,秋季在 11 月为宜)进行两次以上定期驱虫,驱虫治疗期应将粪便进行生物热处理。

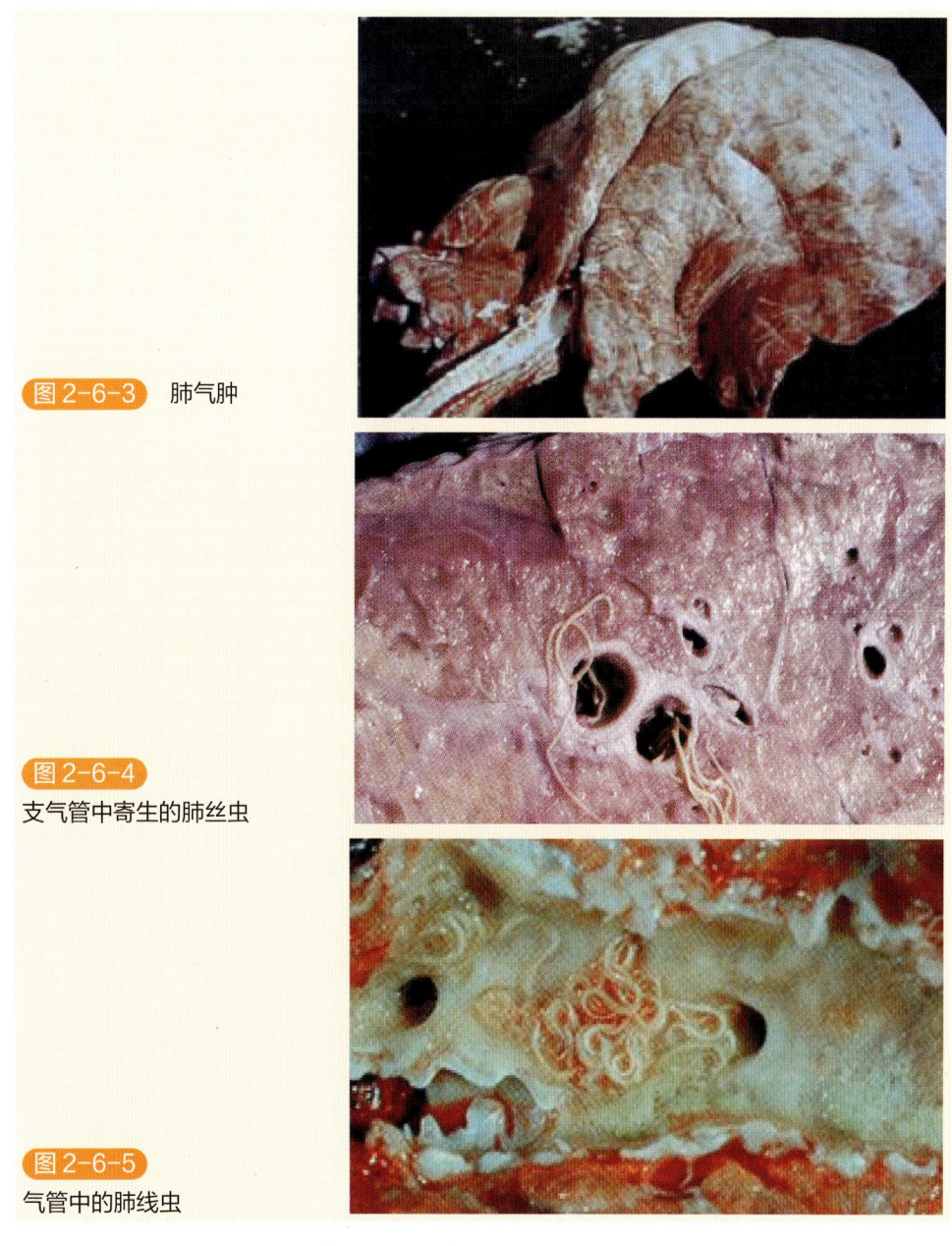

图 2-6-3 肺气肿

图 2-6-4 支气管中寄生的肺丝虫

图 2-6-5 气管中的肺线虫

(3)加强羔羊的培育,羔羊与成羊分群放牧,饮用流动水或井水;有条件的地区,可实行轮牧;避免在低洼沼泽地区放牧;冬季应予适当补饲。

2. 治疗

(1)驱虫净 每千克体重 10~20 毫克,灌服;肌内或皮下注射,按每千克体重 10～12 毫克。

（2）左旋咪唑　每千克体重 8 毫克，灌服；肌内或皮下注射，按每千克体重 5～6 毫克。

（3）丙硫苯咪唑　每千克体重 5～10 毫克，灌服。

（4）苯硫咪唑　每千克体重 5 毫克，灌服。

（5）氰乙酰肼（网尾素）　按每千克体重 17 毫克，灌服，每天 1 次，连用 3～5 天；或每千克体重 15 毫克，皮下或肌内注射。

（6）亚砜咪唑　按每千克体重 5 毫克，灌服。

（7）伊维菌素或阿维菌素　每千克体重 0.2 毫克，1 次口服或皮下注射。

七、羊球虫病

羊球虫病是由艾美耳科艾美耳属的球虫寄生于羊肠道所引起的一种原虫病，发病羊只呈现下痢、消瘦、贫血、发育不良等症状，严重者导致死亡，主要危害羔羊。

【病原】在我国危害较严重的球虫有浮氏艾美耳球虫、阿氏艾美耳球虫、错乱艾美耳球虫及雅氏艾美耳球虫。球虫的发育无需中间宿主，当羊吞食了具有感染性的卵囊（图 2-7-1）后，在肠道中子孢子逸出，在小肠内进行裂体生殖，产生裂殖子（图 2-7-2），裂殖子发育到一定阶段，形成大、小配子体，大、小配子体结合为卵囊，排出体外，在适宜的环境下形成孢子化的卵囊，即具有感染性。

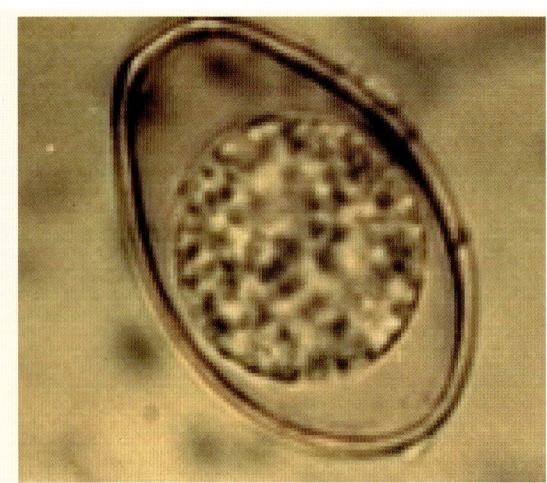

图 2-7-1
肠艾美耳球虫的卵囊

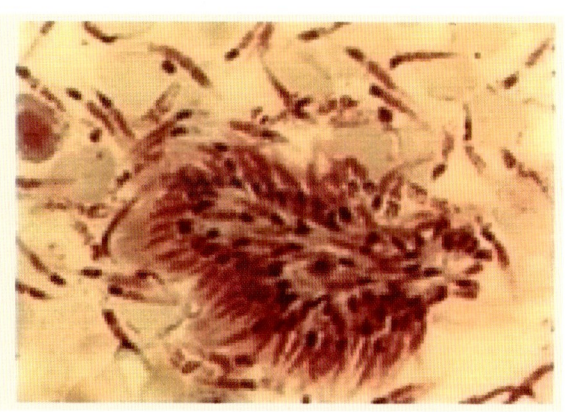

图 2-7-2
肠艾美耳球虫的裂殖子

【流行特点】各种品种的绵羊、山羊对球虫均有易感性,但山羊感染率高于绵羊;1岁以下的感染率高于1岁以上的。成年羊为带虫者,只感染不发病,2～6月龄的羔羊易发病,死亡率高。流行季节多为春、夏、秋三季,冬季气温低,不利于卵囊发育,很少发生感染。本病的传染源是病羊和带虫羊,卵囊随羊粪便排至外界,污染牧草、饲料、饮水、用具和环境,经消化道使健康羊感染。

【症状】病羊食欲不振,轻度感染者排软便,严重感染者病初体温升高,后下降,表现为急剧下痢,排恶臭的血便,继而贫血、消瘦、疝痛。羔羊如不及时治疗,死亡率较高。耐过羊可产生免疫力。

【病理变化】剖检病死羊,可见肠道出血,浆膜面有灰白色病灶(图2-7-3)。肠系膜淋巴结索状肿胀,切面湿润,苍白色或浅黄色(图2-7-4)。肠道黏膜上有淡白或黄色卵圆形结节(图2-7-5),从粟粒到豌豆大不等,十二指肠和回肠有卡他性炎症,呈点状或带状出血。肝脏表面有许多灰白色结节(图2-7-6)。

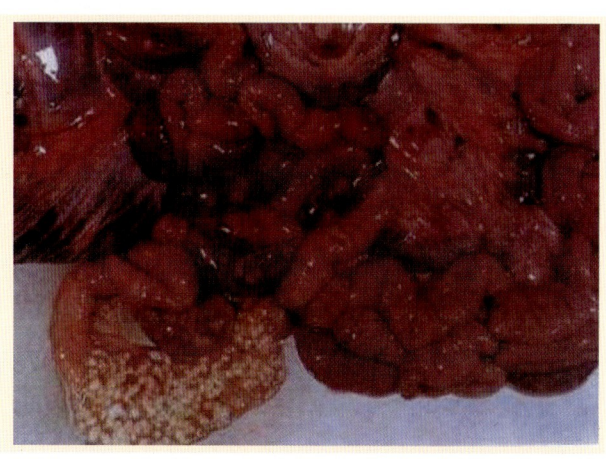

图 2-7-3
肠道出血,浆膜面灰白色病灶

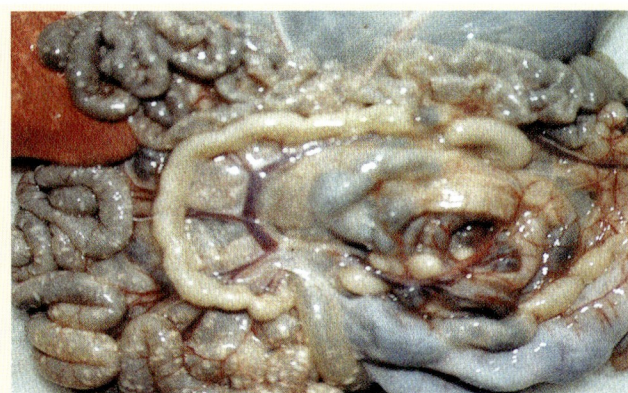

图 2-7-4
肠系膜淋巴结肿大

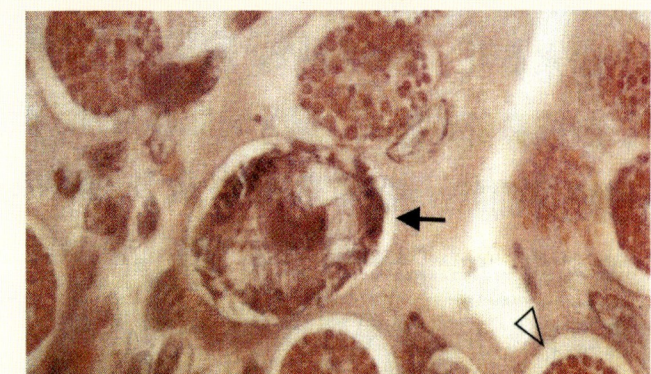

图 2-7-5
肠道黏膜上有卵圆形结节

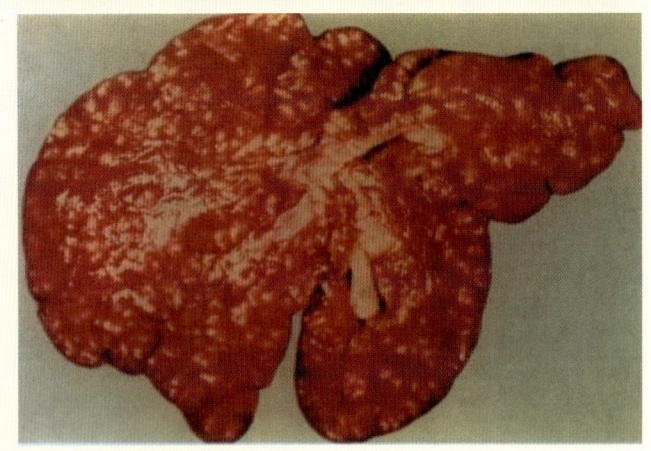

图 2-7-6
肝脏表面有许多灰白色结节

【防治】

1. 预防

（1）由于孢子化的卵囊对外界的抵抗力很强，一般对圈舍和用具使用

70～80℃ 3% 的热碱水消毒，必要时采用火焰消毒。

（2）成年羊和幼年羊分开饲养，改善饲养管理，增强机体抵抗力。

2. 治疗

（1）氯苯胍，按每天每千克体重 20 毫克，连服 7 天。

（2）氨丙啉，按每天每千克体重 145 毫克混饲，连喂 2～3 周。

（3）对急性病例用磺胺二甲氧嘧啶，按每天每千克体重 50～100 毫克，服用 4～5 天。

八、脑多头蚴病

羊脑多头蚴病又称脑包虫病，是脑多头蚴寄生于羊的脑或脊髓而引起一系列神经症状的严重寄生虫病。

【病原】脑多头蚴为乳白色半透明囊泡，圆形或卵圆形（图 2-8-1），豌豆大到鸡蛋大，囊壁上有聚集成簇的原头蚴 100～250 个。囊内充满液体。羊吞食多头带绦虫虫卵而感染，六钩蚴钻入肠黏膜，随血流到达脑、脊髓中，经 2～3 个月发育为多头蚴（图 2-8-2）。

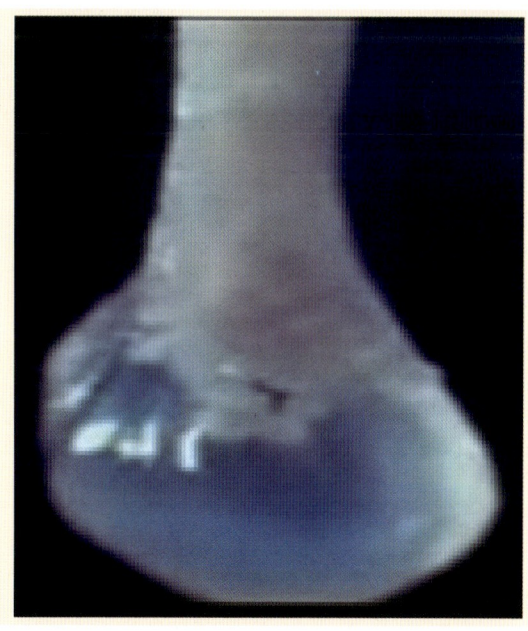

图 2-8-1　脑多头蚴

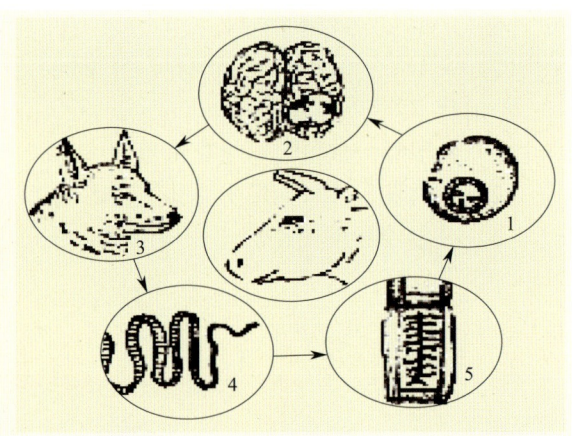

图 2-8-2　羊脑多头蚴的生活史

【流行特点】是牧区常见的一种羊寄生虫病。成虫寄生于犬、狼、狐、豺等肉食兽的小肠中，容易侵袭 1～2 岁的绵羊和山羊。该病多发于犬活动频繁的地方。一年四季都有感染可能。

【症状与病变】感染后 1～3 周呈现体温升高，类似脑炎或脑膜炎症状，严重者常引起死亡，耐过动物症状消失而呈健康状态。感染 2～7 个月出现典型症状，呈现异常运动和异常姿势。虫体寄生在一侧脑半球表面时（图 2-8-3），头倾向患侧，并以患侧为中心做圆圈运动，对侧眼失明。虫体寄生在脑前部时，头低垂抵于胸前或高举前肢步行或猛冲向前，遇障碍物后倒地或静立不动。虫体寄生在小脑时，知觉过敏，易惊恐，步态蹒跚，平衡失调，痉挛等。虫体寄生在腰部脊髓时，后躯及盆腔脏器麻痹，最后死于高度消瘦或重要神经中枢受损。前期有脑膜炎和脑炎病变，后期可见囊体位于脑部表面，或嵌入脑组织中。寄生部位的头骨变薄、松软，皮肤隆起。

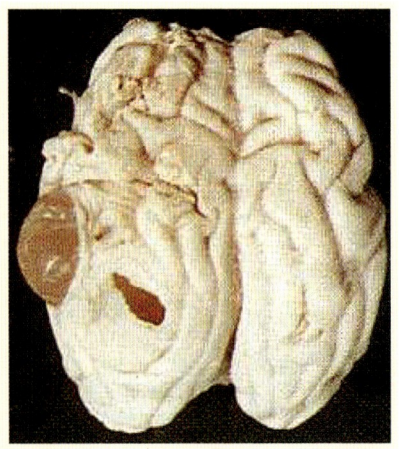

图 2-8-3　多头蚴寄生在一侧大脑半球

【诊断】在流行区,根据其特殊的症状、病史做出初步判断。剖检病畜检查虫体而确诊。

【防治】

1. 预防

预防本病应对牧羊犬定期驱虫,排出的犬粪和虫体应深埋。对野犬、狼等终末宿主应予以扑杀,防止犬吃到含脑多头蚴病牛、羊的脑和脊髓。

2. 治疗

早期采取药物治疗:

(1)吡喹酮,每千克体重50～70毫克,口服,连用3天,严重者加倍。

(2)丙硫咪唑,每千克体重30毫克,1次口服。

(3)中药可用雷丸、槟榔、南瓜子各15克,煎服,连用5～10天。

后期病情严重者:

(4)施行手术摘除,但脑后部及深部寄生者则较困难。

九、羊鼻蝇蛆病

羊鼻蝇蛆病是由羊鼻蝇的幼虫寄生在羊的鼻腔及附近腔窦内所引起的疾病。在我国西北、内蒙古、东北及华北等地区较为常见。羊鼻蝇主要危害绵羊,对山羊危害较轻。病羊表现为精神不安,体质消瘦,甚至死亡。

【病原】羊鼻蝇的成虫体长10～12毫米,淡灰色,形状似蜜蜂(图2-9-1)。第3期幼虫背面隆起,腹面扁平,长28～30毫米。

图2-9-1　羊鼻蝇的幼虫

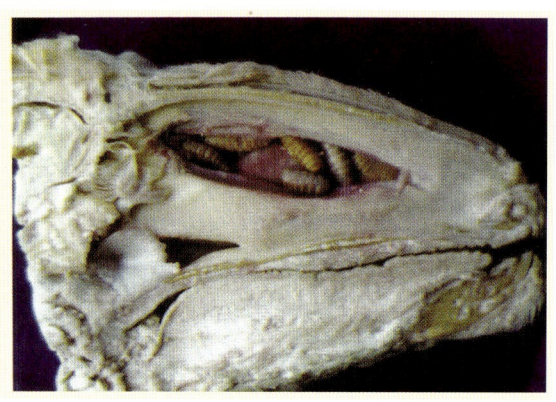

图 2-9-2　羊鼻蝇蛆的纵切面，大量鼻蝇蛆寄生

【流行特点】羊鼻蝇成虫多在春、夏、秋出现，尤以夏季为多。成虫在6、7月份开始接触羊群，雌虫在牧地、圈舍等处飞翔，钻入羊鼻孔内产幼虫。经3期幼虫阶段发育成熟后，幼虫从深部逐渐爬向鼻腔，当患羊打喷嚏时，幼虫被喷出，落于地面，钻入土中或羊粪堆内化为蛹，经1～2个月后成蝇。雌雄交配后，雌虫又侵袭羊群再产幼虫。

【症状】羊鼻蝇幼虫进入病羊鼻腔、额窦及颌窦后（图2-9-2），在其移行过程中，由于口前钩和体表小刺损伤黏膜引起鼻炎；流鼻液，初为浆液性，后为黏液性和脓性，有时混有血液（图2-9-3）；大量鼻液干涸在鼻孔周围形成硬痂，使羊呼吸困难。病羊表现不安，打喷嚏，时常摇头，摩鼻，眼睑浮肿，流泪，食欲减退，日渐消瘦。症状可因幼虫的发育期不同而持续数月。通常感染不久呈急性表现，以后逐渐好转，到幼虫寄生的末期，疾病表现更为剧烈。此外，当个别幼虫进入颅腔损伤了脑膜或因鼻窦发炎而波及脑膜时，可引起神经症状，表现为运动失调，旋转运动，头弯向一侧或发生麻痹；最后，病羊食欲废绝，因极度衰竭死亡。

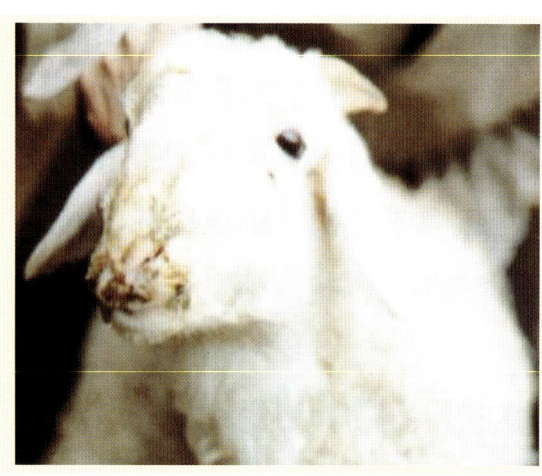

图 2-9-3　鼻蝇蛆的羊

【诊断】该病在羊生前诊断，可在早期用药液喷射鼻腔查找有无死亡的幼虫排出；死后剖检，如在鼻腔、鼻窦或额窦内发现羊鼻蝇幼虫，亦可确诊。

【防治】该病防治应以消灭第一期幼虫为主要措施。各地应根据不同气候条件和羊鼻蝇的发育情况，确定防治的时间，一般在每年11月份进行为宜。可选用下列药物：

1. 精制敌百虫

（1）口服　按每千克体重0.12克，配成2%溶液，灌服。

（2）肌内注射　取精制敌百虫60克、95%酒精31毫升，在瓷容器内加热后，加入31毫升蒸馏水，再加热至60～65℃，待药完全溶解后，加水至总量100毫升，经药棉过滤后即可注射；剂量为，羊体重10～20千克用0.5毫升，20～30千克用1毫升，30～40千克用1.5毫升，40～50千克用2毫升，50千克以上用2.5毫升。

2. 敌敌畏

（1）口服　每千克体重5毫克，每日1次，连用2天。

（2）烟雾法　常用于大面积防治，按室内空间每立方米用80%敌敌畏0.5～1毫升。吸雾时间应根据小群羊安全试验和驱虫效果而定，一般不超过1小时。

（3）气雾法　亦适合大群羊的防治，可用超低量电动喷雾器或气雾枪使药液雾化。药液的用量及吸雾时间与烟雾法相同。

（4）涂擦　用1%敌敌畏软膏，在成蝇飞翔季节涂擦良种羊的鼻孔周围，每5天1次，可杀死雌虫产下的幼虫。

十、血吸虫病

羊血吸虫病是血吸虫寄生在羊门静脉、肠系膜静脉和盆腔静脉内，引起贫血、腹泻、消瘦与营养障碍的一种疾病。

【病原】病原为分体属和东毕属吸虫，分体属在我国只有日本分体吸虫，虫体细长，雄虫呈乳白色，口吸盘在体前端，腹吸盘较大，具有粗而短的柄，体壁自腹吸盘后方至尾部两侧向腹面卷起形成抱雌沟，通常雌虫在沟内呈合抱状态。雌虫呈暗褐色，卵巢呈椭圆形，位于虫体中部偏后方两肠管合并处前方。虫卵呈短卵圆形，淡黄色。

【流行特点】血吸虫的中间宿主为椎实螺，该病多发于夏、秋季节。该病感染途径为血吸虫尾蚴钻入羊的皮肤，也可经吞食含有尾蚴的水、草而感染。

【症状】羊患本病多呈慢性经过，只有当突然感染大量尾蚴后，才急性发病。病羊表现体温升高，似流感症状，食欲减退，精神不振，呼吸迫促，有浆液性鼻液，下痢，消瘦等，常可造成大批死亡。一经耐过则转为慢性。轻度感染的羊，缺乏急性表现。慢性病例一般呈现黏膜苍白，下颌及腹下水肿，腹围增大，消化不良，软便或下痢。幼羊生长发育停滞，甚至死亡。母羊不发情、不孕或流产。

【病理变化】剖检可见尸体明显消瘦，贫血（图2-10-1），腹腔内常有大量腹水。感染数千条以上血吸虫的病例，其肠系膜及大网膜均有明显的胶样浸润，更严重的可以波及胃肠壁的浆膜层。小肠黏膜上可见有出血点或坏死灶。肠系膜淋巴结普遍表现水肿。肝组织出现程度不同的结缔组织化。肝脏质地变硬，肝脏表面低洼不平，有灰白色网状组织的凹陷纹理，并且散布着大小不等的灰白色坏死结节（图2-10-2）。肝脏在初期多表现为肿大，后期多表现为萎缩，被膜增厚，呈灰白色。

图2-10-1
尸体明显消瘦，贫血

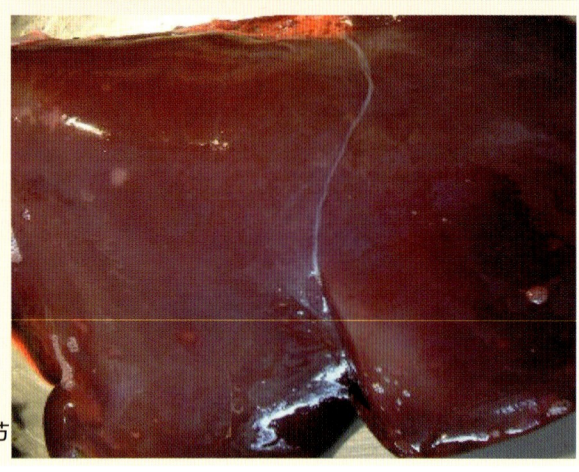

图2-10-2
肝脏表面散布着大小不等的坏死结节

【诊断】由于该虫产卵较少，在感染轻的情况下，从粪便中不易发现虫卵，死后可根据寄生数量及病理变化来确诊，在粪检时可采用粪便沉淀孵化法，根据粪中孵出的毛蚴进行生前诊断。

【防治】
1. 预防

在4～5月份和10～11月份定期驱虫，病羊要淘汰。结合水土改造工程或用灭螺药物杀灭中间宿主，阻断血吸虫的发育途径。疫区内粪便进行堆肥发酵，制造沼气，既可增加肥效，又可杀灭虫卵。选择无螺水源，实行专塘用水，以杜绝尾蚴的感染。

2. 治疗

（1）硝硫氰胺　按千克体重4毫克，配成2%～3%水悬液，颈静脉注射。

（2）吡喹酮　按每千克体重30～50毫克，1次口服。

（3）敌百虫　绵羊按每千克体重70～100毫克，山羊按每千克体重50～70毫克，灌服。

（4）六氯对二甲苯　按每千克体重200～300毫克，灌服。

十一、住肉孢子虫病

住肉孢子虫病是绵羊的一种慢性疾病，以心肌与骨骼肌中形成包囊为特征。所有品种和性别的绵羊均可发生本病，但在4～7岁的绵羊中感染更为广泛。

【病原】住肉孢子虫主要寄生在羊的心肌、食道和骨骼肌中（图2-11-1，图2-11-2），在肌肉内形成椭圆形包囊，成熟时含有数百个裂殖子，长达1厘米。

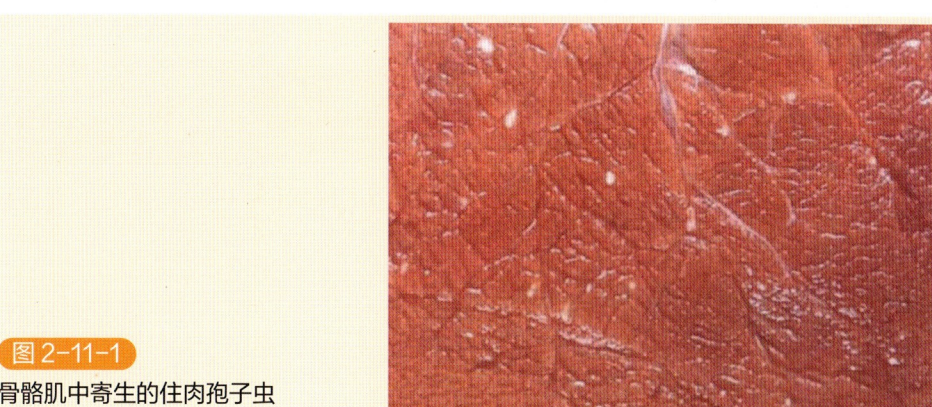

图2-11-1　骨骼肌中寄生的住肉孢子虫

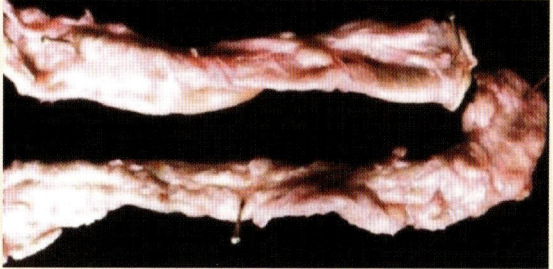

图2-11-2　食道外膜寄生的住肉孢子虫

【生活史】当犬和猫吃了绵羊和牛肌肉中的住肉孢子虫后。经 7～10 天住肉孢子虫的孢子囊从粪便中排出。当绵羊吃下犬、猫粪便中的孢子囊时,住肉孢子虫裂殖体和包囊便在羊的肌肉中形成。这说明住肉孢子虫是一种有 2 个宿主的寄生虫,它在草食动物肌肉中经历裂殖生殖、在肉食动物肠道中进行孢子生殖。

【症状】轻度感染不显症状。严重感染时,羊表现不安,无力,肌肉僵硬,食欲不振,发热,贫血,淋巴结肿大,腹泻,发育不良,有的跛行,后肢瘫痪,共济失调。母羊可引起流产。部分严重病羊可发生死亡。

【诊断】对屠宰绵羊与死亡绵羊尸检时,根据位于食道、腹部、膈肌和腰肌中的椭圆形、灰色、坚硬的包囊可以做出诊断。由包囊切片中或包囊横切抹片中裂殖子的鉴定可进一步确诊。

【防治】

1. 预防

肉食动物必须与草食动物及禽类分饲,并减少接触;加强环境卫生管理,不要用生肉饲喂动物,杀灭鼠类。

2. 治疗

目前尚无可杀灭虫体的有效药物。在生产中使用灭虫丁注射液,每千克体重 200 微克,肌内注射;其后,隔 5 天,再用吡喹酮,每千克体重 20 毫克,灌服,并补饲生长素添加剂,可使患羊康复。

十二、棘球蚴病

棘球蚴病也叫囊虫病或包虫病,俗称肝包虫病。所有哺乳动物都可受到棘球蚴的感染而发生棘球蚴病。绵羊和山羊都是中间宿主。本病是一种人兽共患的绦虫蚴病,它不仅危害畜牧业,而且对公共卫生有很大影响。本病可使幼羊发育缓慢,成年羊的毛、肉、奶产量减少,质量降低,因而造成严重的经济损失。

【病原】病原为棘球蚴。棘球蚴是犬细粒棘球绦虫的幼虫期。细粒棘球绦虫寄生在犬、狼及狐狸的小肠里,呈多种多样的囊泡状,囊内充满液体。棘球蚴寄生于绵羊及山羊的肝脏、肺脏以及其他器官,形态多种多样,大小不一。

【生活史】终末宿主犬、狼、狐狸把含有细粒棘球绦虫的孕卵节片和虫卵随粪便排出,污染牧草、牧地和水源。当羊只通过吃草、饮水吞下虫卵后,卵膜因胃酸作用被破坏,六钩蚴逸出,钻入肠黏膜血管,随血流到达全身各组织,逐渐生长发育成棘球蚴,最常见的寄生部位是肝脏和肺脏。如果终末宿主吃了含有棘球蚴的器官，经 2.5～3 个月棘球蚴便可在肠道宿主内发育成细粒棘球绦虫，并可生活 6 个月之久（图 2-12-1）。

【症状】严重感染时，病羊有长期慢性的呼吸困难和微弱的咳嗽。叩诊肺部，可以在不同部位发现局限性半浊音病灶；听诊病灶时，肺泡呼吸音特别微弱或完全没有。当肝脏受侵袭时，叩诊可发现浊音区扩大，触诊浊音区时，羊表现疼痛。当肝脏容积极度增加时，可观察到右侧腹部稍有膨大。绵羊严重感染时，营养不良，被毛逆立，容易脱落。有特殊的咳嗽，当咳嗽发作时，病羊躺倒在地。

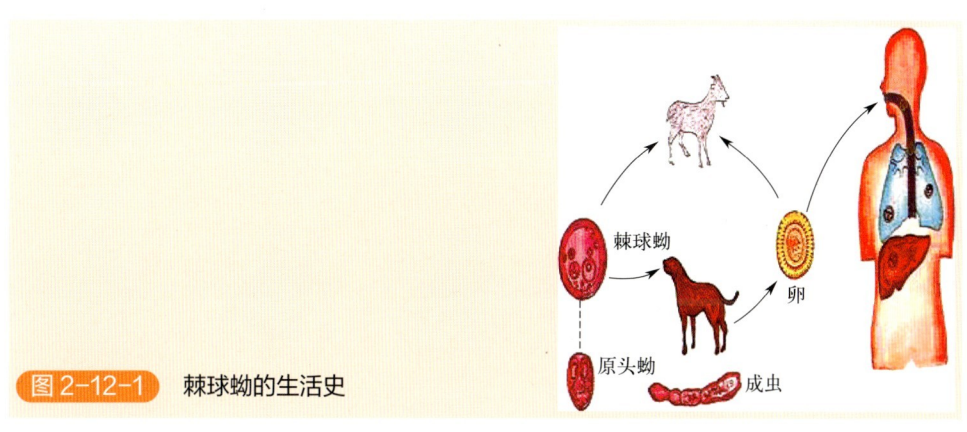

图 2-12-1　棘球蚴的生活史

【病理变化】可见肝肺表面凹凸不平，重量增大，表面有数量不等的棘球蚴囊泡突起（图 2-12-2）；肝脏实质中亦有数量不等、大小不一的棘球蚴囊泡（图 2-12-3）。棘球蚴内含有大量液体，除不育囊外，液体沉淀后，可见有大量包囊砂。有时棘球蚴发生钙化和化脓。有时在心（图 2-12-4）、脾、肾、脑、脊椎管、肌内、皮下亦可发现棘球蚴。

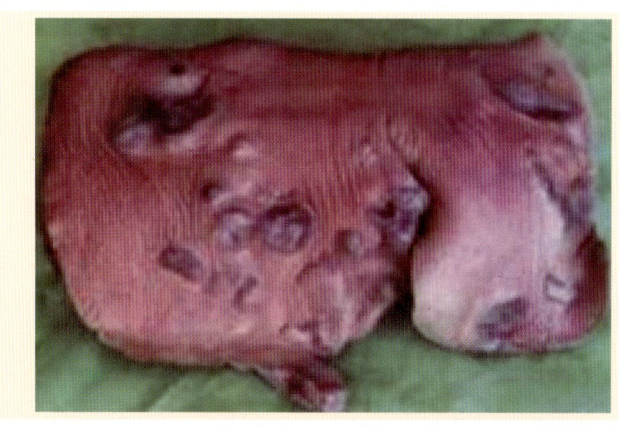

图 2-12-2
肝脏表面的棘球蚴

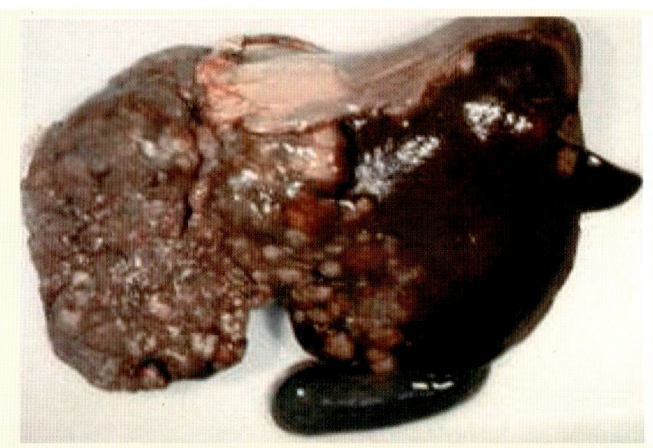

图 2-12-3
肝脏实质的棘球蚴

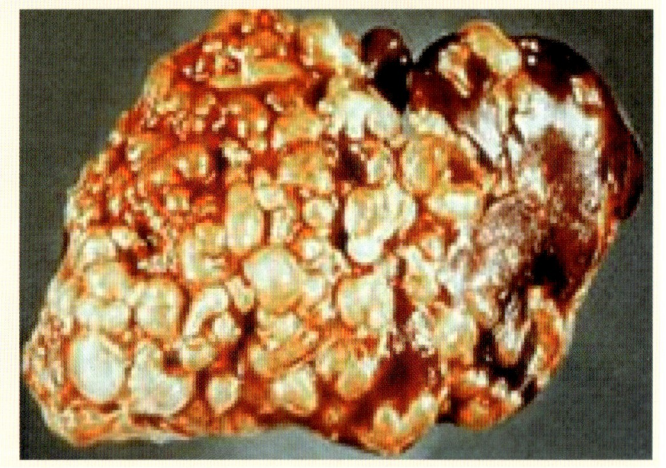

图 2-12-4
心脏的棘球蚴

【诊断】严重病例可依靠症状诊断，或用 X 光和超声检查进行确诊。但须注意不可与流行性肺炎相混淆。最好的方法是用皮内变态反应作生前诊断。

【防治】

1. 预防

（1）患棘球蚴病畜的脏器一律进行深埋或烧毁，以防被犬或其他肉食兽吃入。

（2）做好饲料、饮水及圈舍的清洁卫生工作，防止犬粪污染。

（3）驱除犬的绦虫，要求每个季度进行一次，驱虫药用氢溴酸槟榔碱时，剂量按每千克体重 1～4 毫克，绝食 12～18 小时后口服；也可选用吡喹酮，剂量按每千克体重 5～10 毫克，口服。服药后，犬应拴留 1 昼夜，并将所排出的粪便及垫草等全部烧毁或深埋处理，以防病原扩散传播。

2. 治疗

尚无有效疗法。

十三、细颈囊尾蚴病

细颈囊尾蚴病是寄生于犬、狼和狐狸等肉食动物小肠内的带科、泡状带绦虫的幼虫——细颈囊尾蚴，寄生在羊的腹膜、大网膜、肝脏与膈等处所引起的寄生虫病。

【病原】病原为细颈囊尾蚴，寄生于感染动物的肠系膜上，有时寄生于肝脏表面。寄生数目不等，有时可达数十个，一般为豌豆到鸡蛋大，白色，囊内充满透明液体，在囊泡上长有一个像高粱粒大的白色颗粒，就是向内凹陷的头节。其成虫为白色或淡黄色，长60～500厘米，宽1～5毫米，分为头节、颈节和体节。虫卵呈无色透明的圆形或椭圆形，薄而脆弱，大小为5～70微米，内有六钩蚴虫。

【流行特点】该寄生虫在世界上分布很广，凡养犬的地方，一般都会有牲畜感染细颈囊尾蚴。家畜感染细颈囊尾蚴，是由于感染有泡状带绦虫的犬、狼等动物的粪便中排出有绦虫的节片或虫卵，它们随着终末宿主的活动污染了牧场、饲料和饮水。细颈囊尾蚴对羔羊致病力强，往往由于六钩蚴虫移行至肝脏时，形成孔道导致急性肝炎。

【症状】本病主要危害幼龄羊，成年羊仅为带虫者。病羊的临床症状一般不甚明显，主要呈慢性经过，身体日渐消瘦，被毛逆立而无光泽，眼结膜及皮肤颜色日益变淡，在出牧过程中常常行动落后，平时往往舔食粪尿和其他污物，表现异嗜。病情严重时，患羊精神不振，采食和饮水减少，喜卧，生长发育缓慢，在寒冷季节和饲料单一而营养不足的情况下，容易发生死亡。

【病理变化】剖检病死羊，很容易在其腹腔的肝脏（图2-13-1）、大网膜（图2-13-2）、肠系膜（图2-13-3）、腹膜（图2-13-4）、横膈膜及骨盆腔脏器外等处发现呈"水铃铛"样的细颈囊尾蚴。该虫体呈乳白色囊泡状，在羊腹腔内寄生的数量不一，多者可达十几个或更多。虫体大小不等，常见其小者如豌豆大，大者如鸡蛋大。虫体寄生于羊浆膜组织表面上时，一般仅以小部分附于组织上，大部分囊泡游离而显现出一段细窄的颈部。病死的羊，皮下脂肪减少，肌肉颜色变淡，血液稀薄，在皮下或肌间往往出现胶样浸润。有的病羊肝脏稍肿大，肝脏表面往往有细小的出血点、小结节或灰白色的瘢痕。虫体寄生于肝脏表面时，附着部位的组织往往褪色与萎缩。

【诊断】在网膜、肠系膜和胃肠浆膜等腹腔浆膜上可见借助粗细不一的蒂悬挂着成熟的囊尾蚴囊泡。严重时，一只羊可见几十甚至上百个囊泡，成串地悬挂在腹腔浆膜上，并可见局限性腹膜炎。用细颈囊尾蚴液制成抗原做皮内试验，此法已经成为进行大面积普查和筛选的主要手段。终末宿主检查以粪便检查虫卵或孕卵节片为主。

图 2-13-1
肝脏上寄生的细颈囊尾蚴

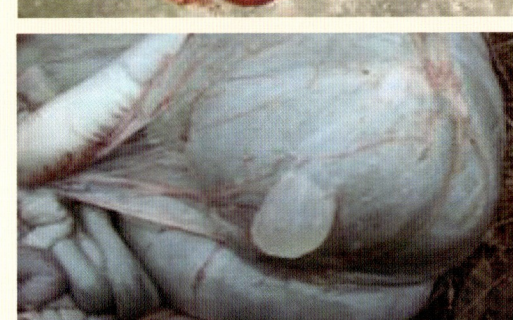

图 2-13-2
大网膜上寄生的细颈囊尾蚴

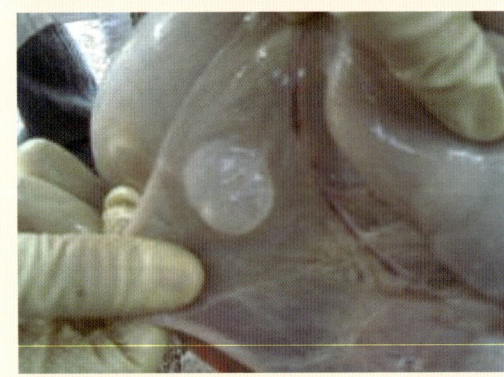

图 2-13-3
肠系膜上寄生的细颈囊尾蚴

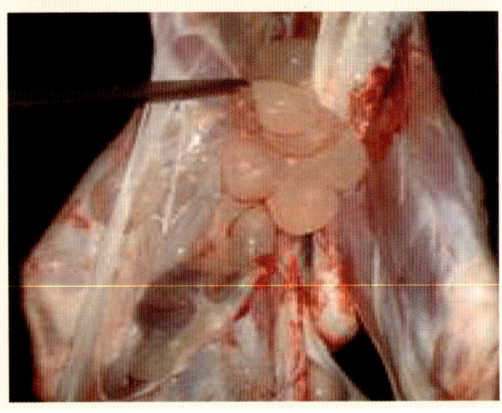

图 2-13-4
腹膜上寄生的细颈囊尾蚴

【防治】

1. 预防

犬进行定期检查和驱虫，可选用以下几种药物。

（1）氢溴酸槟榔碱　犬按 1 毫克 / 千克体重，停食 12～13 小时，以肠衣片经口给药。

（2）盐酸丁萘脒　按 25～50 毫克 / 千克体重，停食 3～4 小时，口服，用前不得将药捣碎或溶于水，否则会引起中毒。

（3）硫酸双氯酚　按 200 毫克 / 千克体重，1 次口服。

（4）丙硫咪唑　按 400 毫克 / 千克体重，1 次口服。

中间宿主的家畜屠宰后，应加强肉品卫生检验，检出细颈囊尾蚴及其寄生的内脏需进行无害化处理，不得随意丢弃或喂犬。

防止犬吞食细颈囊尾蚴，严禁其进入屠宰场，更不能将病畜内脏喂犬。

蝇在传播虫卵中起着重要作用，应采取可行方法灭蝇。

2. 治疗

（1）吡喹酮　以每千克体重 50 毫克内服，可杀死细颈囊尾蚴。

（2）用液体石蜡配成 10% 的溶液，分 2 次间隔 1 天肌内注射有良效。

十四、弓形体病

弓形体病是由龚地弓形虫引起的一种人兽共患寄生虫病，特征是流产、死胎和产出弱羔。

【病原】弓形虫属于孢子虫纲的原生动物，它是一种细胞内寄生虫，在巨噬细胞、各种内脏细胞和神经系统内繁殖。根据弓形虫发育的不同阶段，将虫体分为速殖子、包囊、裂殖体、配子体和卵囊 5 种类型。前两型在中间宿主体内发育，后三型在终末宿主猫体内发育。

【流行特点】本病的感染与季节有关，7～9 月检出的阳性率较 3～6 月为高。因为 7～9 月的气温较高，适合于弓形虫卵囊的孵化，增加了感染的可能性。

【症状及病理变化】大多数成年羊呈隐性感染，主要表现为妊娠羊于正常分娩前 4～6 周出现流产（图 2-14-1），流产时约一半的胎膜有病变，胎盘绒毛叶呈暗红色，中间有许多直径为 1～2 毫米的白色坏死灶。产出的死羔皮下水肿（图 2-14-2），体腔积液，肠内充血，尤其是小脑前部有广泛性非炎症性小坏死点，少数病例可出现神经症状和呼吸道症状。表现呼吸困难，咳嗽，流泪，流涎，流鼻液，走路摇摆，运动失调，视力障碍，体温升高。剖检可见淋巴结肿大，边缘有小结节。肺表面有散在出血点。

【诊断】可根据症状进行诊断。患羊便秘或下痢，严重者呈现出血性腹泻，精神高度沉郁，呼吸极度困难，呈现痉挛或麻痹、卧地不起等症状。

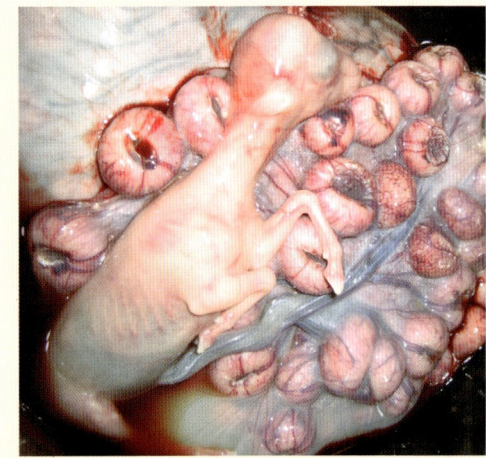

图 2-14-1　妊娠羊流产

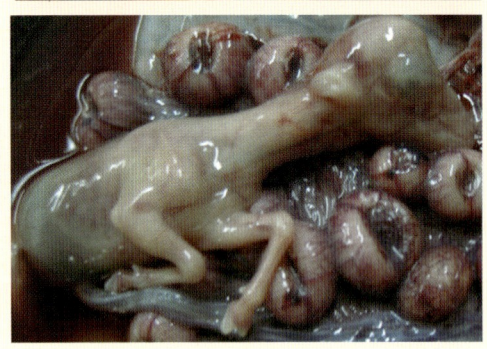

图 2-14-2　产出的死羔皮下水肿

【防治】

1. 预防

（1）应做好畜舍卫生工作，防止饮水、饲料、饲草被猫的排泄物污染。

（2）对羊的流产胎儿及其排泄物要进行无害化处理。

2. 治疗

（1）磺胺甲氧吡嗪注射液，按千克体重 50～60 毫克，肌内注射，每天 1 次，连用 4 天。

（2）磺胺嘧啶钠注射液，按千克体重 30～40 毫克，肌内注射，每天 1 次，连用 4 天。

（3）盐酸林可霉素，按千克体重 50～100 毫克，肌内注射，每天 1 次，连用 21 天。

第三章 内科病

一、口炎

羊的口炎是口腔黏膜表层和深层组织的炎症,临床上以流涎及口腔黏膜潮红、肿胀为特征。其病演变过程有单纯性局部炎症和继发性全身反应等,按其性质可分为卡他性口炎、水疱性口炎、溃疡性口炎、霉菌性口炎和继发性口炎。

【病因】

(1)卡他性口炎　卡他性口炎是一种单纯性口炎,为口腔黏膜表层的轻度炎症。由机械性、物理性、化学性、有毒物质以及传染性因素的刺激、侵害和影响所致。包括采食粗硬、有芒刺或刚毛的饲料(植物枝杈、秸秆),或者饲料中混有玻璃、铁丝等各种尖锐异物的直接损伤,或因灌服过热的药液,或采食冰冻饲料或霉败饲料,或误饮氨水,舔食强酸、强碱等。此外,还常继发于咽炎、唾液腺炎、前胃疾病、胃炎、肝炎以及某些维生素缺乏症。

(2)水疱性口炎　口腔黏膜上生成充满透明浆液水疱为特征的炎症。由于饲养不当,羊采食了带有锈病菌、黑穗病菌的饲料,发芽的马铃薯,以及细菌和病毒的感染。

(3)溃疡性口炎　是一种以口腔黏膜溃疡、坏死为特征的炎症。主要是口腔不洁,被细菌或病毒感染所致。

(4)霉菌性口炎　俗称山羊鹅口疮,是由白色念珠菌所致,其特征是口腔黏膜和舌面出现白色伪膜和溃疡,多发生于羔羊。

(5)继发性口炎　多发生于羊患口疮、口蹄疫、羊痘、过敏反应和羔羊营养不良等疾病。

【症状及病理变化】

(1)病羊采食、咀嚼缓慢甚至不敢咀嚼;只采食柔软饲料,拒绝粗硬饲料;流涎,口角附白色泡沫;口腔黏膜潮红、红肿、疼痛、口温增高等共同症状。细菌感染时有口臭、发热,颌下淋巴结急性肿大。

(2)卡他性口炎　表现口腔黏膜发红、充血、肿胀、疼痛,口温增高,特别是唇、齿龈、颊部、腭部黏膜肿胀明显(图3-1-1)。舌表面常有灰白色或灰黄色舌苔,流涎,口臭。

（3）水疱性口炎　在口唇和口腔黏膜散在有小米至黄豆大水疱（图3-1-2），破溃后出现鲜红色的糜烂面。

（4）溃疡性口炎　在口腔黏膜、舌及齿龈上有糜烂、坏死或溃疡面（图3-1-3），齿龈易出血，口内流出混有血液的恶臭唾液。口腔恶臭，体温升高，食欲废绝，衰弱，消瘦和下痢等。

（5）霉菌性口炎　其特征是在口腔黏膜上有柔软、稍隆起的斑点，表面被覆白色坚韧的假膜，其边缘发红，还表现下泻、黄疸等。

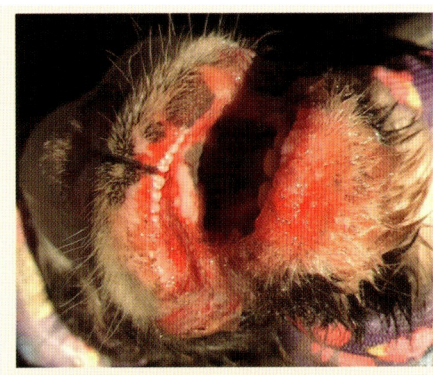

图 3-1-1　口腔黏膜潮红、糜烂

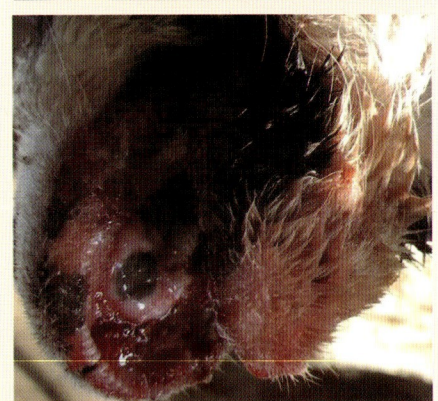

图 3-1-2　嘴唇上的水疱

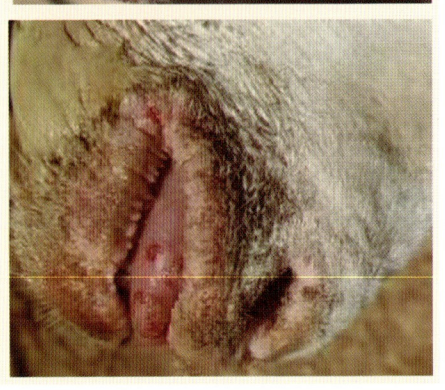

图 3-1-3　舌上的溃疡

【诊断】

原发性口炎，根据病史及口腔黏膜炎症变化，可做出诊断；继发性口炎还应做鉴别诊断。

【防治】

1. 预防

（1）加强管理，防止因口腔受伤而发生原发性口炎。

（2）提高羔羊饲料品质，饲喂富含维生素的柔软饲料；饲喂青嫩或柔软的青干草。

（3）饲槽宜用2%碱水刷洗消毒；服用刺激性或腐蚀性药物时，一定按要求使用。

（4）对传染病合并口腔炎症者，宜隔离消毒。

2. 治疗

（1）轻度口炎，可用0.1%雷佛奴尔液或0.1%高锰酸钾液冲洗；亦可用20%盐水冲洗。

（2）发生糜烂及渗出时，用2%明矾液冲洗。

（3）有溃疡时，用碘甘油（1∶9）或用蜂蜜涂擦。

（4）全身反应明显时，用青霉素40万～80万单位，链霉素100万单位，1次肌内注射，连用3～5日；亦可服用磺胺类药物。

（5）中药疗法，可口衔冰硼散、青黛散，每日1次。

二、食道阻塞

食道阻塞是羊食道内腔被食物或异物堵塞而发生的以咽下障碍为特征的疾病。

【病因】

该病主要由于过度饥饿的羊吞食了过大的块根饲料，未经充分咀嚼而吞咽，阻塞于食道某一段而引起。例如，吞进大块萝卜、西瓜皮、洋芋、玉米棒、包心菜根及落果等。亦见有误食塑料袋、地膜等异物造成食道阻塞的。继发性食道阻塞常见于食道麻痹、狭窄和扩张。

【症状及病理变化】

该病一般多突然发生。一旦阻塞，病羊采食停止，头颈伸直（图3-2-1），伴有吞咽和作呕动作；口腔流涎，骚动不安；或因异物吸入气管，引起咳嗽。当阻塞物发生在颈部食道时，局部突起，形成肿块，手触可感觉到异物形状（图3-2-2）；当发生在胸部食道时，病羊疼痛明显，并可继发瘤胃臌气。食道阻塞时，如有异物吸入气管可发生异物性气管炎和异物性肺炎。

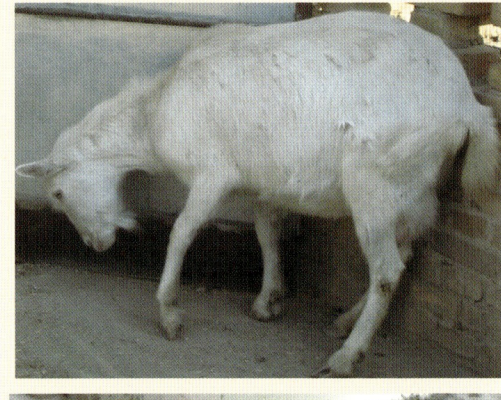

图 3-2-1
羊食道阻塞时头颈伸直

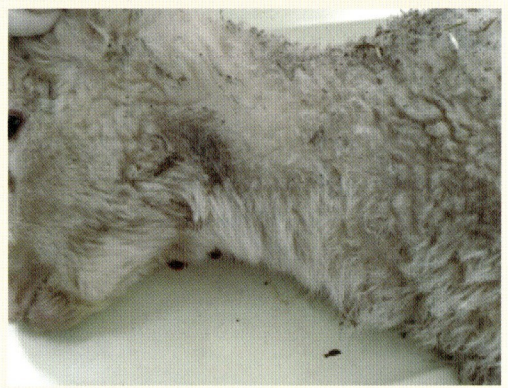

图 3-2-2
颈部阻塞时，局部突起

【诊断】

食道阻塞分完全阻塞和不完全阻塞，使用胃管探诊可确定阻塞的部位。完全阻塞，水和唾液不能下咽，从鼻孔、口腔流出，在阻塞物上方部位可积存液体，手触有波动感。不完全阻塞，液体可以通过食道，而食物不能下咽。

诊断时，应注意与咽炎、急性瘤胃臌气、口腔疾病相区别。

【防治】

1. 预防

（1）喂食主要应少给勤添，喂料时豆饼应捏碎，胡萝卜、马铃薯应切成小块喂，以防止发生梗死。

（2）防止羊偷食未加工的块根饲料；补喂家畜生长素制剂或饲料添加剂。

（3）清理牧场、厩舍周围的废弃杂物。

2. 治疗

（1）吸取法　阻塞物如为草料食团，可将羊保定好，送入胃管后用橡皮球吸取水注入胃管，在阻塞物上部或前部软化阻塞物，反复冲洗，边注入边吸出，反复操作，直至食道畅通。

（2）胃管探送法　阻塞物在近贲门部位时，可先将2%普鲁卡因溶液5毫升、石蜡油30毫升混合后，用胃管送至阻塞部位，待10分钟后，再用硬质胃管推送阻塞物进入瘤胃中。

（3）砸碎法　当阻塞物易碎、表面光滑并阻塞在颈部食道时，可在阻塞物两侧垫上软垫，将一侧固定，在另一侧用木槌或拳头砸（用力要均匀），使其破碎后咽入瘤胃。

治疗中若继发瘤胃臌气，可施行瘤胃放气术，以防病羊发生窒息。

三、瘤胃积食

羊瘤胃积食是指瘤胃充满饲料（图3-3-1，图3-3-2），超过了正常容积，致使胃体积增大，胃壁扩张，食糜滞留在瘤胃引起严重消化不良的疾病。该病临床特征为反刍、嗳气停止，瘤胃坚实，腹痛，瘤胃蠕动极弱或消失。

【病因】

多为饲养管理不当，采食过多富含粗纤维、不易消化的饲料，如豆秸、山芋藤、老苜蓿、花生蔓、紫云英、谷草、稻草、麦秸、甘薯蔓等，饮水不足，难以消化所致。过食麸皮、棉籽饼、酒糟、豆渣等，也能引起瘤胃积食。长期舍饲的羊，运动不足，当忽然变换为可口的饲料，常常造成采食过多，或者由放牧转舍饲，采食难以消化的干固饲料而发病。当环境卫生不良、过于肥胖、中毒等导致应激反应，也能引起瘤胃积食。前胃弛缓、瓣胃阻塞、创伤性网胃炎、腹膜炎、皱胃炎、皱胃阻塞等也可导致瘤胃积食的发生。

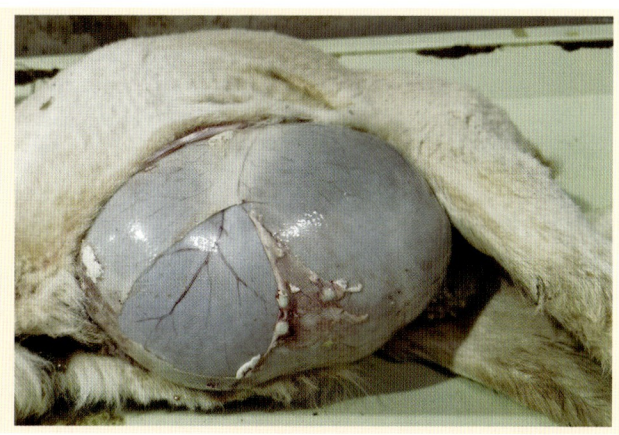

图3-3-1　瘤胃膨胀

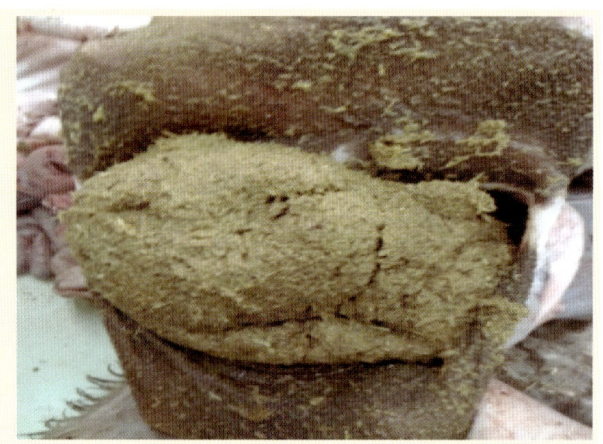

图 3-3-2　胃内积食

【症状及病理变化】

病羊在发病初期,食欲、反刍、嗳气减少或停止;鼻镜干燥,排粪困难;病情严重时,患羊呻吟咩叫,腹痛不安,摇尾,弓背,回头顾腹(图 3-3-3);呼吸急促,脉搏加快,结膜发绀;听诊瘤胃蠕动音减弱、消失;触诊瘤胃胀满、硬实(图 3-3-4)。后期由于过食造成胃中食物腐败发酵,导致酸中毒和胃炎(图 3-3-5),精神极度沉郁,全身症状加剧,四肢颤抖,常卧地不起,呈昏迷状态。

【诊断】

根据其发生原因,过食后发病,左侧瘤胃上部饱满,腹痛,瘤胃内容物充满而硬实,食欲、反刍停止等特征,可以确诊。

图 3-3-3　病羊回头顾腹

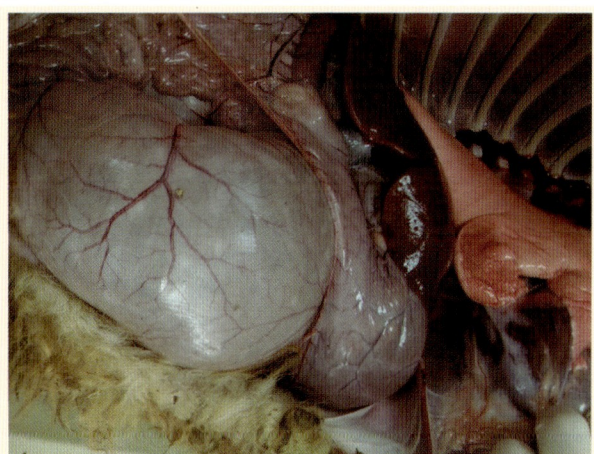

图 3-3-4　瘤胃胀满、硬实

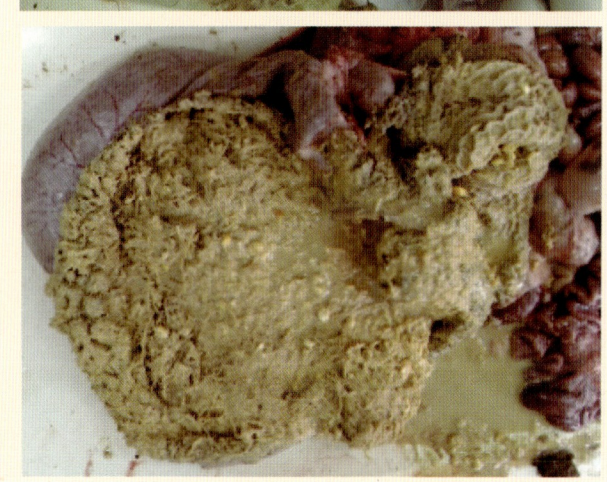

图 3-3-5　瘤胃酸中毒

【防治】

1. 预防

（1）加强饲养管理。如饲草、饲料过于粗硬，要经过加工再喂，并注意预防羊贪食与暴食。要加强运动。

（2）对病羊加强护理，停喂草料，待积去胀消、反刍恢复后，喂给少量易于消化的青干草，逐步增量；反刍正常后，方可恢复正常饲喂。治疗期间给予温盐水饮用。

2. 治疗

应消导下泻，止酵防腐，纠正酸中毒，健胃补液。

（1）消导下泻　石蜡油 100 毫升、硫酸镁 50 克、芳香氨酊 10 毫升，加水 500 毫升，1 次灌服。

（2）兴奋瘤胃，促进反刍　用促反刍注射液 50～100 毫升、10% 氯化钠 30～60 毫升，一次静脉注射。维生素 B_1 10～20 毫升、胃复安 2～4 毫升、甲基硫酸新斯的明1~2毫克,一次肌内注射。也可按摩瘤胃,或用去皮臭椿树根(或木棍)横衔嘴里,并适当牵遛,有促进反刍之功效。

(3)止酵助消化　食母生50片、吗丁啉2片、复方维生素B 50片,一次灌服。

(4)纠正酸中毒　5%的碳酸氢钠100毫升,5%的葡萄糖200毫升,1次静脉注射。

(5)强心补液　5%的葡萄糖200~500毫升,10%安钠咖5毫升或10%樟脑磺酸钠4毫升,静脉注射。呼吸系统和血液循环系统衰竭时,用尼可刹米注射液2毫升,肌内注射。

(6)中药治疗　选用健胃散、大承气汤灌服。

(7)手术治疗　药物治疗无效时,迅速进行瘤胃切开术,取出内容物。

四、前胃弛缓

羊前胃弛缓是前胃兴奋性和收缩力量降低,瘤胃内容物运转迟滞,菌群失调,产生大量发酵和腐败物质,引起消化障碍,导致全身功能紊乱的疾病。临床特征为正常的食欲,反刍、嗳气紊乱,胃蠕动减弱或停止,可继发酸中毒。本病在冬末、春初饲料缺乏时最为常见。

【病因】

原发性前胃弛缓,也称之为单纯性消化不良。由于不良的饲养管理,饲料品种单一,长期大量饲喂秸秆、麸皮等过硬难以消化的饲料;长期过多给予精料和柔软饲料,以及饲喂霉变、冰冻、缺乏矿物质和维生素类饲料,导致消化机能下降,均可引起本病的发生。继发性前胃弛缓,常继发于瘤胃积食、瘤胃臌气、胃肠炎和其他多种内科、产科和某些寄生虫病。

【症状及病理变化】

急性前胃弛缓表现食欲废绝,反刍停止,鼻镜干燥,经常空口磨牙,嗳气发臭,眼球凹陷(图3-4-1),瘤胃蠕动减弱或停止,瘤胃内容物腐败发酵(图3-4-2),产生多量气体,左腹增大(图3-4-3),叩触不坚实。常发生便秘,排泄物色黑而硬;泌乳量显著减少或完全停止。体温、脉搏无变化。病羊站立时低头伸颈,背拱起,常磨牙。胀气显著时,呈现呼吸困难。慢性前胃弛缓表现病畜精神沉郁,倦怠无力,喜卧地(图3-4-4);被毛粗乱,体温、呼吸、脉搏无变化,食欲、饮水减少,异嗜,反刍缓慢;瘤胃蠕动力量减弱,次数减少,腹部呈间歇性臌气,触诊前胃时,感到坚硬,有时呈现疼痛反应。

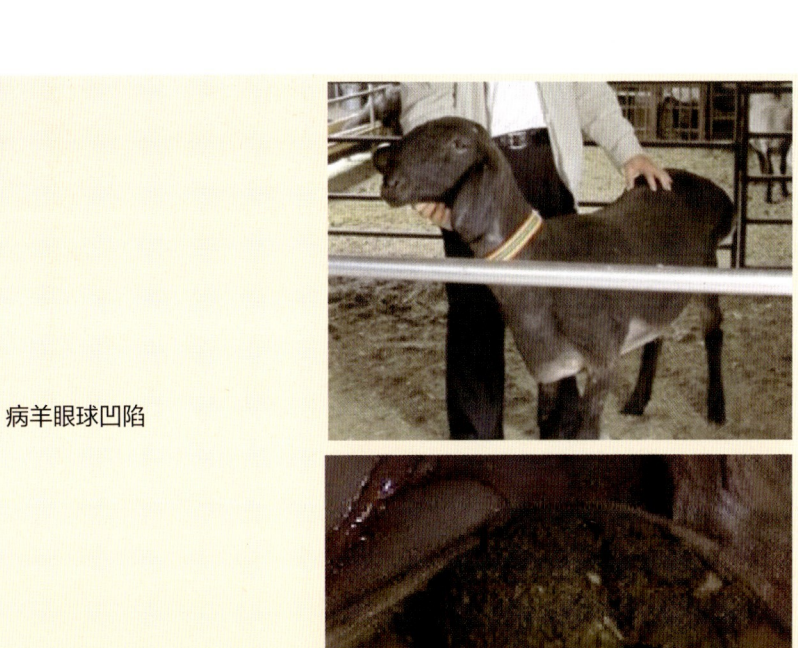

图 3-4-1　病羊眼球凹陷

图 3-4-2　瘤胃内容物腐败发酵

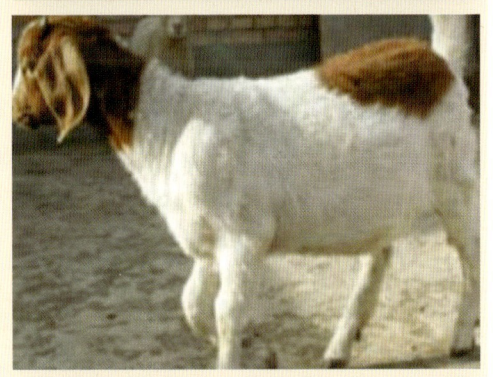

图 3-4-3　病羊左腹增大

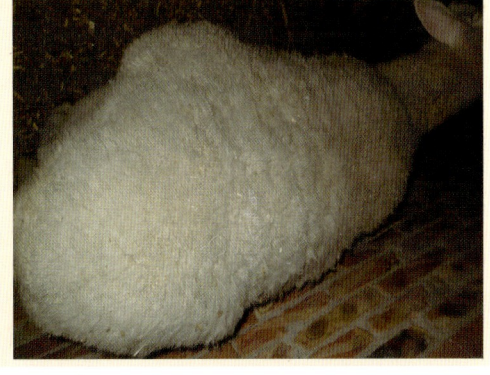

图 3-4-4　倦怠无力，喜卧地

第三章　内科病

【诊断】

根据病史结合其病因和特殊的症状等做出判断。检测瘤胃内容物性状变化,可作为诊疗之依据。瘤胃液 pH 值降至 5.5 以下,纤毛虫数量减少、活力降低,纤维素消化试验时间延长,瘤胃液沉淀活性试验时间延长。

【防治】

1. 预防

改善饲养管理,合理调配饲料,防止长期饲喂过硬、难消化或单一的饲料,不可突然变换饲料或任意加料,不喂霉败、冰冻等质量不良的饲料,应给予充足的饮水并创造条件供给温水,防止过劳或运动不足,保持畜舍干燥清洁,通风保暖防止各种应激因素的影响,提高舍饲羊的健康水平,及时治疗继发本病的其他疾病。

2. 治疗

(1) 消除病因,缓泻、止酵,兴奋瘤胃的蠕动,采用饥饿疗法,先禁食 1～2 天,每天人工按摩瘤胃数次,每次 10～20 分钟,并给予少量易消化的多汁饲料。

(2) 当瘤胃内容物过多时,可投服缓泻剂,内服硫酸镁 20～30 克或石蜡油 100～200 毫升。

(3) 为加强胃肠蠕动,恢复胃肠功能,可用瘤胃兴奋剂。病初用 10% 氯化钠溶液 20～50 毫升,静脉注射;还可内服吐酒石 0.2～0.5 克、番木鳖酊 1～3 毫升,或用 2% 毛果芸香碱 1 毫升皮下注射等前胃兴奋剂。

(4) 为防止酸中毒,可加服碳酸氢钠 10～15 克。后期可选用各种健胃剂,如灌服人工盐 20～30 克或用大蒜酊 20 毫升、龙胆末 10 克、豆蔻酊 10 毫升,加水适量 1 次内服,以便尽快促进食欲的恢复。

(5) 中医疗法的主要治疗原则是健脾消食、导滞和胃。

五、瘤胃臌气

是因采食大量易于发酵产气的饲料,在瘤胃内被微生物发酵,产生大量气体,致使瘤胃体积迅速增大而发生膨胀。临床上以腹围明显增大、左肷部异常突起、呼吸困难、嗳气障碍为特征。常发生于春、夏季,绵羊和山羊均可患病,放牧羊更易发生。本病根据臌气内容物的情况可分为泡沫性臌气和非泡沫性臌气(自由气体性臌气)。按病因可分为原发性瘤胃臌气和继发性瘤胃臌气。

【病因】

1. 原发性瘤胃臌气

主要是所食牧草中含有生泡沫性物质,如皂苷、果胶、半纤维素,特别是可溶性叶蛋白，使瘤胃发酵气体生成大量稳定的泡沫并与瘤胃内容物混合在一起，不能通过嗳气被排出，导致瘤胃臌胀。此外，采食较多粉碎过细的谷物饲料，可引起瘤胃pH下降，适合于带荚膜的细菌生长时，细菌可产生稳定泡沫的细胞外多糖黏液，以及唾液分泌机能不全，也在原发性瘤胃臌气中起重要作用。在这些因素的配合下，臌气可一触即发。在实践中，本病多见于下列情况：

（1）吃了大量容易发酵的饲料，最危险的是各种蝶形花科植物，如车轴草、苜蓿及其他豆科植物，尤其是在开花以前。初春放牧于青草茂盛的牧场，或多食萎干青草，粉碎过细的精料，发霉腐败的马铃薯、红萝卜及山芋类都容易发病。

（2）吃了雨后水草或露水未干的青草、冰冻饲料或稻秆，尤其是在夏季雨后清晨放牧时，易患此病。

2. 继发性瘤胃臌气

主要是由于前胃机能减弱，嗳气机能障碍。多见于前胃弛缓、食道阻塞、腹膜炎、羊肠梗阻、羊创伤性网胃炎等。

【症状】

本病发生快，最快于采食后15分钟发病，病羊站立不动（图3-5-1），背拱起，随后不安，腹痛，回头顾腹（图3-5-2）。不久腹部迅速胀大，左肷部异常突起，触诊瘤胃壁紧张，叩之如鼓。由于第一胃向胸腔挤压，引起呼吸困难，病羊张口伸舌，表现非常痛苦。呼吸困难的原因除由于胃内气体积蓄之外，同时也因为第一胃能够迅速吸收二氧化碳及一氧化碳。

膨胀严重时，病羊的结膜及其他可视黏膜呈紫红色，不吃、不反刍，脉搏快而弱，间有嗳气或食物反流现象；有时直肠垂脱。此时病羊十分窘迫，站立不稳，最后倒卧地上，痉挛而死。病程常在1小时左右。

图3-5-1 病羊呆立不动

图 3-5-2　病羊回头观腹

【病理变化】尸体腹部膨大，瘤胃臌胀（图 3-5-3），瘤胃壁非常紧张，有时瘤胃或横隔膜破裂。胃内有大量气体或泡沫状物质。肺或静脉瘀血，心包及浆膜（胸膜）上有小点状及线状充血，很像窒息病变。

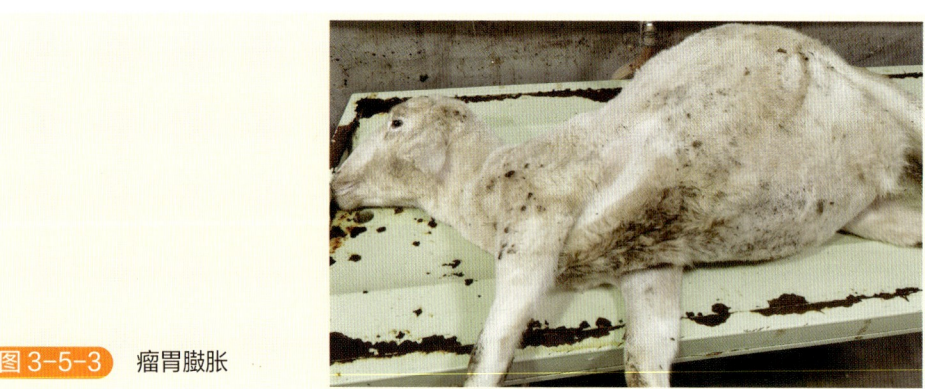

图 3-5-3　瘤胃臌胀

【防治】

1. 预防

此病大都与放牧不小心和饲养不当有关，因此为了预防臌气，必须做到以下几点：

（1）春初放牧时，每日应限定时间，有危险的植物不能让羊任意饱食；一般在生长良好的苜蓿地放牧时，不可超过 20 分钟。第一次放牧时，时间更要尽量缩短（不可超过 10 分钟），以后逐渐增加，即不会发生大问题。

（2）放牧青嫩的豆科草以前，应先喂些富含纤维质的干草。

（3）在饲喂新饲料或变换放牧场时，应该严加看管，以便及早发现症状。

（4）帮助放牧人员掌握简单的治疗方法，放牧时带上木棒、套管针（或大针头、小刀）或药物，以适应急需，因为急性臌胀往往可以在30分钟内引起死亡。

（5）不要喂霉烂的饲料，也不要喂大量容易发酵的饲料。雨后及早晨露水未干前不要放牧。

2. 治疗

排气减压，制止发酵，除去胃内有害内容物为该病的治疗原则。根据气胀的程度不同采用不同的疗法。

（1）轻度气胀，可强迫喂给食盐颗粒25克左右，或者灌给植物油100毫升左右。也可以用酒、醋各50毫升，加温水适量灌服。

（2）剧烈气胀，可将羊的前腿提起，放在高处，给口内放以树枝或木棒，使口张开，同时有规律地按压左肋腹部，以排出胃内气体。然后采用以下方法，防止继续发酵。

① 甲醛溶液或来苏儿2.0～5.0毫升，加水200～300毫升，一次灌服。

② 松节油或鱼石脂5毫升，或薄荷油3毫升，石蜡油80～100毫升，加水适量灌服，若半小时后效果不显著，可再灌服一次。

③ 从口中插入橡皮管，放出气体，同时由此管灌入油类60～90毫升。

④ 灌服氧化镁：氧化镁是最容易中和酸类并吸收二氧化碳的药物，对治疗臌气的效果很好。其剂量根据羊的大小而定；一般小羊用4～6克，大羊为8～12克。

⑤ 植物油（或石蜡油）100毫升，芳香亚醑10毫升，松节油（或鱼石脂）5毫升，酒精30毫升，一次灌服。或二甲基硅油0.5～1毫升，或2%聚合甲基硅香油25毫升，加水稀释，一次灌服。

（3）若病势非常严重，应迅速施行瘤胃穿刺术。方法是使羊站立，一人抓定头颈部，另一人按以下步骤进行绵羊瘤胃穿刺术。

① 部位：穿刺术只能在左肷部进行，不需要作局部麻醉。由髂骨外角向最后肋骨引出一水平线，此线的中央即为刺入的位置。或者是从左肷部膨胀最高处刺入（图3-5-4）。

图3-5-4　瘤胃穿刺部位

② 准备：刺入之前先将术部剪毛（图3-5-5），涂以碘酒（图3-5-6），用小刀在皮肤上划个十字形小口，然后刺入套管针。如果套针的尖端非常锐利，即不需要切开皮肤。

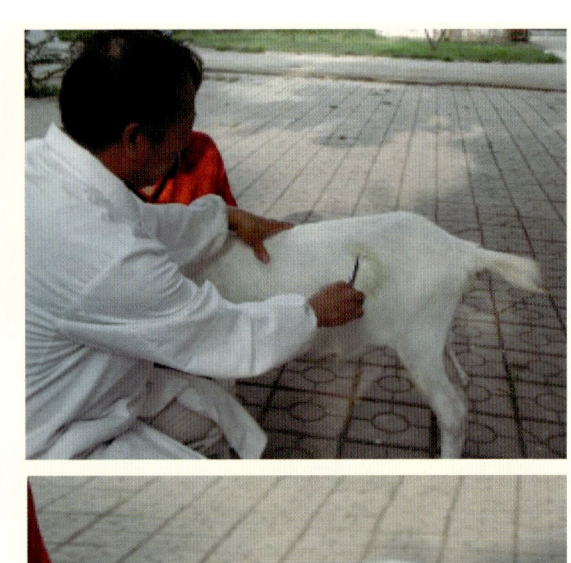

图3-5-5　穿刺部位剪毛

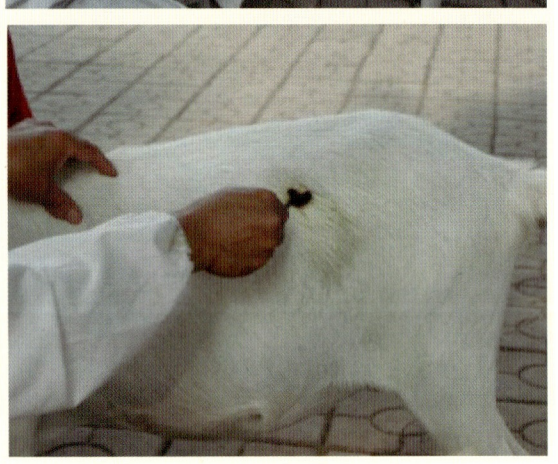

图3-5-6　穿刺部位消毒

③ 方向：将套管针（或大号针头）由后上方向下方朝向对侧（右侧）肘部刺入（图3-5-7），直到感觉针尖没有抵抗力时为止，方为依次穿透了皮肤、疏松结缔组织、腹黄膜、腹内外斜肌、腹横肌、腹横筋膜、腹膜壁层和瘤胃壁。

④ 放气：抽出套针，让气体跑出。在放气过程中，应该用手指不时遮盖套管的外孔，慢慢地间歇性地放出气体，以免放气太快引起脑贫血。泡沫性臌气时，放气比较困难，应即时注入食用油50～100毫升，杀灭泡沫（图3-5-8），使气体容易放出，很快消胀。如果套管被食块堵塞，必须插入探针或套针疏通管腔。

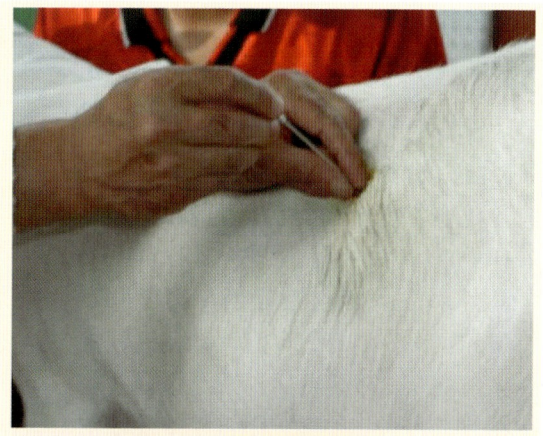

图 3-5-7 穿刺方法

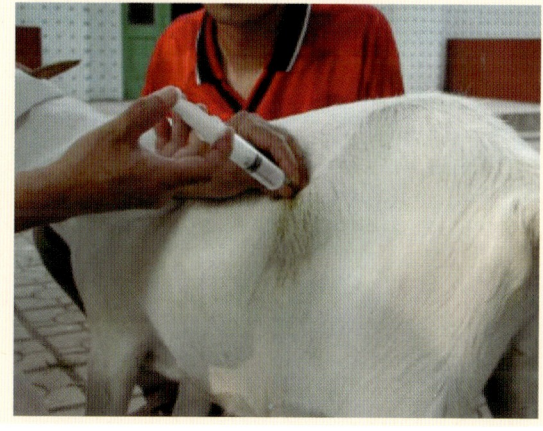

图 3-5-8 瘤胃注射制酵剂

⑤ 预防再发：当臌胀消失，气体已经停止大量排出时，必须通过套管向瘤胃腔内注入 5% 的克辽林溶液 10～20 毫升，或者注入 0.5%～1% 甲醛溶液 30 毫升左右。不应将套管停留的时间太长，以免发生危险；同时如果已将制酵剂注入瘤胃腔，停留套管是多余的。

⑥ 拔出套管：先将套针插入套管，然后将套针和套管一起慢慢拔出，使创口易于收缩。

⑦ 最后用碘酒涂搽伤口，再用棉花纱布遮盖，抹以火棉胶，将伤口封盖起来。如果当时没有套管针或针头，也可以用小刀子从左肷刺入放气。在遵守无菌规则及上述操作技术的情况下，瘤胃穿刺术是简单而安全的手术，在必要时不可踌躇不定而耽误治疗。

在气体消除以后，应减少饲料喂量，只给少量清洁的干草，3 天内不要给青饲料。必要时可用健胃剂及瘤胃兴奋药。

六、瓣胃阻塞

瓣胃阻塞又称瓣胃秘结,在中兽医称为"百叶干",是由于羊瓣胃收缩力量减弱,食物排出不充分,通过瓣胃的食糜积聚,充满于瓣叶之间,水分被吸收,内容物变干而致病。其临床特征为瓣胃容积增大、坚硬,腹部胀满,不排粪便。

【病因】本病主要是由于饲喂过多秕糠、粗纤维饲料,饮水不足所引起;或饲料和饮水中混有过多泥沙,使泥沙混入食糜,沉积于瓣胃瓣叶之间而发病。饲料突然更换、质量低劣,缺乏蛋白质、维生素以及微量元素,饲养不正规,缺乏运动等都可引起发病。瓣胃阻塞还可继发于前胃弛缓、瘤胃积食、皱胃阻塞和皱胃与腹膜粘连等疾病。

【症状】初期与前胃弛缓症状相似,瘤胃蠕动减弱,瓣胃蠕动消失,可继发瘤胃臌气和瘤胃积食。排粪干少,色泽暗黑,后期排粪停止。触压病羊右侧第7~9肋间、肩关节水平线,羊表现痛苦不安,有时可以在右肋骨弓下摸到阻塞的瓣胃(图3-6-1)。叩诊瓣胃,浊音区扩大。常可继发瘤胃臌气和瘤胃积食。排粪干少,色泽暗黑,后期排粪停止。用穿刺针进行瓣胃穿刺有阻力,感觉不到瓣胃的收缩运动。直肠检查,直肠空虚、有黏液,并有少量暗褐色粪块附着于直肠壁。随着病情发展,瓣胃小叶发炎(图3-6-2)或坏死,常可继发败血症,可见病羊体温升高,呼吸和脉搏加快,全身衰弱,卧地不起,最后死亡。

【病理变化】剖检瓣胃,内容物充满、坚硬,其容积增大1~3倍,瓣胃内积有大量未消化食物,瓣叶间内容物干涸,形同纸板(图3-6-3),可捻成粉末状。瓣叶上皮脱落,有溃疡、坏死灶或穿孔。此外,肝脏、脾脏、心脏、肾脏及腹膜等,具有不同程度的炎性病理变化。

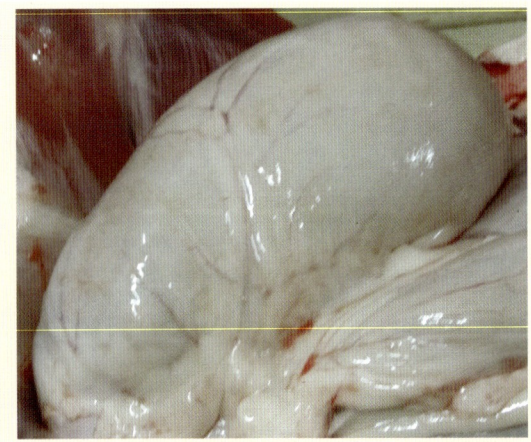

图 3-6-1　阻塞的瓣胃

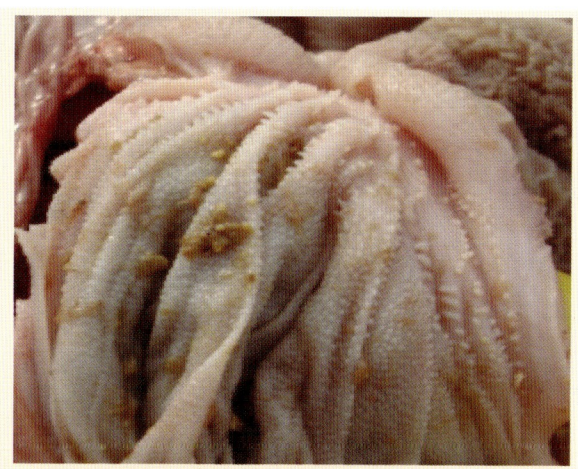

图 3-6-2　瓣胃小叶发炎

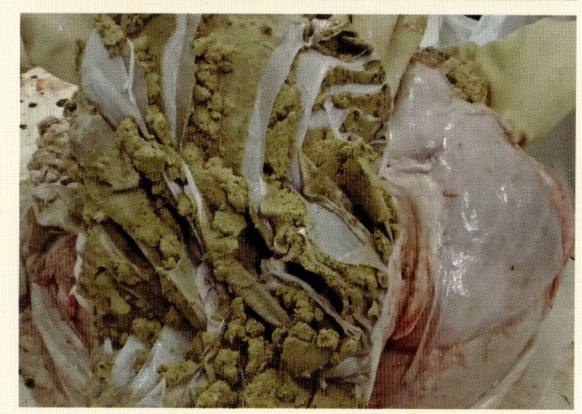

图 3-6-3
瓣胃内未消化的内容物

【诊断】根据病史和临床表现，如病羊不排粪，瓣胃蠕动音低沉或消失，触诊瓣胃区敏感、坚硬，叩诊瓣胃区扩大，结合瓣胃穿刺等，即可确诊。

【防治】

1. 预防

加强饲养管理，注意饲料、饲草质量，避免给羊过多饲喂秕糠和坚韧的粗纤维饲料，搞好营养平衡，给予营养丰富的饲料，注意补充矿物质饲料，防止导致前胃弛缓的各种不良因素。注意运动和饮水，增进消化机能，防止本病的发生。

2. 治疗

（1）病的初期可用硫酸钠或硫酸镁 80～100 克，加水 1500～2000 毫升，一次内服；或石蜡油 500～1000 毫升，一次内服。同时静脉注射促反刍注射液 200～300 毫升，增强前胃神经兴奋性，促进前胃内容物的运转与排出。

（2）对顽固性瓣胃阻塞，可用瓣胃注射疗法。具体方法是：于右侧第九肋间隙和肩关节水平线交界处，选用 12 号 7 厘米长针头，向对侧肩关节方向刺入约

4厘米深,刺入后可先注入20毫升生理盐水,感到有较大压力并有草渣流出时,表明已刺入瓣胃,然后注入25%硫酸镁溶液30～40毫升、石蜡油100毫升(交替注入瓣胃),于第二日再重复注射1次。瓣胃注射后,可用10%氯化钙10毫升、10%氯化钠50～100毫升、5%葡萄糖生理盐水150～300毫升,混合,1次静脉注射。待瓣胃松软后,皮下注射0.1%氨甲酰胆碱0.2～0.3毫升,兴奋胃肠运动机能,促进积聚物排出。

(3)中药治疗 大黄9克、枳壳6克、二丑9克、玉片3克、当归12克、白芍2.5克、番泻叶6克、千金子3克、山枝2克,煎水一次内服。

七、创伤性网胃炎

本病是由于异物刺伤网胃壁而发生的一种疾病。特征为急性前胃弛缓,胸壁疼痛,间歇性臌气,白细胞总数增加及白细胞核左移等。

【病因】在饲养管理不当、饲料加工过于粗放、调理饲料不经心的情况下,常发本病;随意舍饲和放牧,家畜采食了金属尖锐异物(铁钉、铁丝、针等)落入网胃导致本病(图3-7-1)。

图3-7-1 尖锐异物刺伤网胃壁

【症状】本病从吞入异物到发病,快的1～4天,慢则几周。一般发病缓慢,初期无明显变化,日久则表现精神不振,食欲反刍减少,瘤胃蠕动减弱或停止,并常出现反刍性臌气。病情较重时患羊行动小心,常有拱背、呻吟等疼痛表现。触诊网胃部,发生疼痛并抵抗,腹肌紧缩。患羊站立时,肘关节张开,起立时先起前肢。体温一般正常,但有时升高。

当发生创伤性心包炎时，病羊全身症状加重，体温升高，心跳明显加快，颈静脉怒张，颌下、胸前水肿。叩诊心区扩大，有疼痛感。听诊心音减弱，混浊不清，常出现摩擦音及拍水音。剖检网胃与膈肌、腹膜粘连，网胃穿孔（图3-7-2），网胃内发现金属异物（图3-7-3）。病后期常导致腹膜粘连，心包化脓，心外膜大量纤维素附着（图3-7-4），心肌变性（图3-7-5），脓毒败血症。

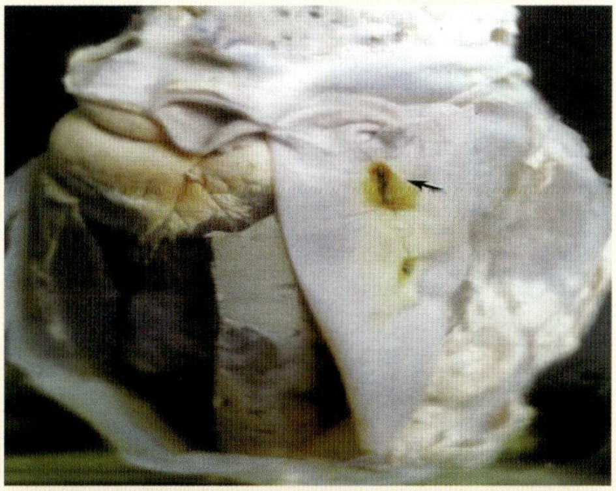

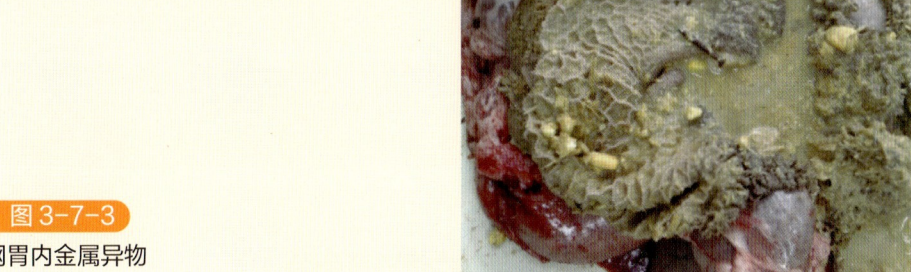

图3-7-2
尖锐异物刺穿网胃壁和心包

图3-7-3
网胃内金属异物

图3-7-4
心外膜表面纤维素覆盖

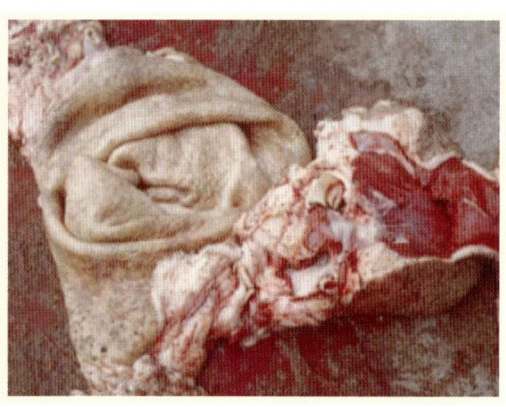

图 3-7-5　心肌变性

【诊断】根据病史和临床表现,即可确诊。

【防治】

1. 预防

本病的常见病因是食入金属异物,因此减少异物进入网胃是有效的预防方法。除了注意草料的储藏和加强管理外,还可以采取以下方法:在铡草机的饲草过板上放置一磁力足够强的磁铁,以减少金属异物进入饲料和胃。

2. 治疗

早期确诊后,用硫酸镁(钠)40～100克、石蜡油100～200毫升或植物油100～200毫升,内服。重症病羊,可在用药后8～10小时,再用2%盐酸毛果芸香碱、新斯的明等,以提高疗效。也可采用瘤胃切开术,从网胃中取出异物,同时采用抗生素和磺胺类药物等对症治疗;如病已到晚期,并累及心包和其他器官,应将病羊淘汰。

八、肠变位

肠变位是肠管的位置发生改变,同时伴发机械性肠腔闭塞,肠壁的血液循环也受到严重破坏,引起剧烈的腹痛。本病发病率很低,但死亡率高。

肠变位通常包括肠套叠、肠扭转、肠缠结及肠嵌闭四种。肠套叠是某一部分肠管套叠在邻部肠腔内,多见于小肠。肠扭转是肠管沿自身的纵轴或以肠系膜基部为轴的扭转而引起肠腔闭塞,易发生于空肠,特别是接近回肠的空肠。肠缠结又名肠缠结或肠绞窄,为肠管缠绕其他腹腔脏器等所致的肠变位性疾病,使得肠系膜较窄,腹腔闭塞,常见于空肠。肠嵌闭又名肠嵌顿或疝气,为肠管的一段陷于先天孔或后天的病理孔中,致肠管发生闭塞不通,如腹股沟孔、肠系膜破裂孔、网膜孔等。其中以肠套叠较为常见(图 3-8-1)。

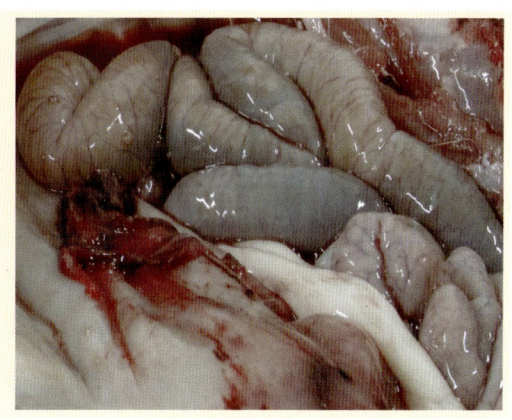

图 3-8-1　肠套叠

【病因】

（1）羊只的强烈运动、猛烈跳跃或过分努责，使肠内压增高、肠管剧烈移动而造成。

（2）当长时间饥饿而突然大量进食（特别是刺激性食物时），由于肠管长时间的空虚弛缓，前段肠管受食物刺激，急剧向后蠕动，而与其相连的后一段肠管则仍处于空虚弛缓状态，因此容易发生前段肠管被套入后段肠腔中而发生肠套叠。

（3）冰冻霜打、腐败发霉以及刺激性过强的饲料，使肠道受到严重的刺激，导致肠管蠕动异常，引起发病。

（4）此外还可继发于肠痉挛、肠炎、肠麻痹、肠便秘等内科病及某些寄生虫病。

【症状】病常突然发生，呈持续性严重腹痛症状，出现许多不自然姿势，如摇尾、踢腹、起卧、犬坐、后肢弯曲或前肢下跪，有时两前肢屈曲而横卧。病羊精神极度痛苦，目光凝视（图3-8-2），全身不时发抖，磨牙，呻吟。食欲废绝，结膜充血，呼吸迫促，脉搏弱而快。体温一般正常，如并发肠炎及肠坏死时，体温可升高。病初频频排粪，后期停止。腹围常常增大。肠蠕动音微弱，以后完全消失。病的后期由于肠管麻痹，虽腹痛缓解，而全身症状恶化，预后多不良。病程可由数小时到数天，重症时 3～4 小时即可死亡。

图 3-8-2　病羊精神痛苦、目光凝视

【防治】

1. 预防

针对病因，加强饲养管理。

2. 治疗

原则是镇痛和恢复肠道的正常位置。应尽快确诊，进行手术整复。这里仅简述肠套叠的手术疗法（图3-8-3）。肠套叠一旦发生，就会引起急性肠梗阻，后果非常严重。

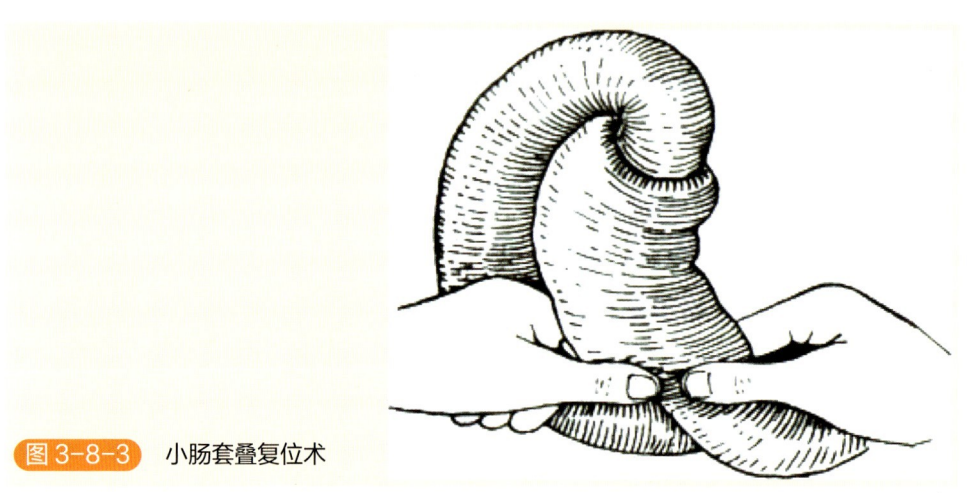

图 3-8-3　小肠套叠复位术

最有效的疗法，为施行开腹整复术，而且必须争取时间及早进行。手术步骤如下。

1. 术前准备

除做好一般器材的消毒外，应备好0.5%普鲁卡因、青霉素、硫化钠、甘油、磺胺噻唑软膏、磺胺脒及水合氯醛。

2. 手术过程

（1）保定　将羊前后肢分别绑在一起，使左侧向下放倒，由二人固定。

（2）将右胺部的毛剪到最短程度，再于该部涂以硫化钠与甘油（2∶8）之配合剂，使毛完全脱光。

（3）内服水合氯醛8～10克，然后用3%来苏水和70%酒精对术部进行清洗消毒。

（4）用0.5%普鲁卡因对术部进行局部麻醉。然后切开长约15厘米的切口，沿腹肌伸入右手，通过盲肠底摸寻坚硬的患部。

（5）取出患部，检查其颜色，如呈暗紫色，有腐烂趋势者，表示为患病部位，此时，应用外科刀切开患部的两端，并用灭菌肠线进行肠管断端缝合，然后给缝合部位涂以磺胺噻唑软膏，以防粘连与发炎，最后轻轻放回原位。如果病变部位颜色稍红，无腐烂趋势者，可用两手拇指和食指推压使套叠复位。

（6）把腹膜和肌肉分别进行连续缝合，皮肤行结节缝合，并用脱脂棉和纱布包扎伤口。

3. 术后处理

（1）将羊放在安静清洁而干燥的隔离室，给予适量的温水与流食。

（2）避免给予泻剂及任何可以增强肠蠕动的药品，以防肠管断裂与粘连。

（3）第2～3天有的羊体温略升，精神萎靡，食欲不振，此为肠炎表现，可给予消炎收敛制酵剂。

（4）第3天可开始给予青草，但应避免给多蛋白饲料。

九、支气管炎

支气管炎是支气管黏膜表层或深层的炎症，常以重剧咳嗽及呼吸困难为特征，多发生于冬春两季。根据病程可分为急性和慢性两种。

【病因】急性支气管炎的原因主要是受寒感冒，支气管黏膜下的血管收缩（图3-9-1），黏膜缺血而防御机能降低，为感染创造了适合的条件；吸入含有刺激性的物质，如氨、二氧化硫、霉菌孢子、尘埃、烟及有毒的气体；液体或饲料的误咽，都是原发性支气管炎的原因。本病也可继发于喉、气管、肺的疾病或某些传染病（口蹄疫、羊痘等）与寄生虫病（肺丝虫）。

慢性支气管炎常因急性支气管炎的病因未能及时除去延续而来，或继发于全身及其他器官疾病。

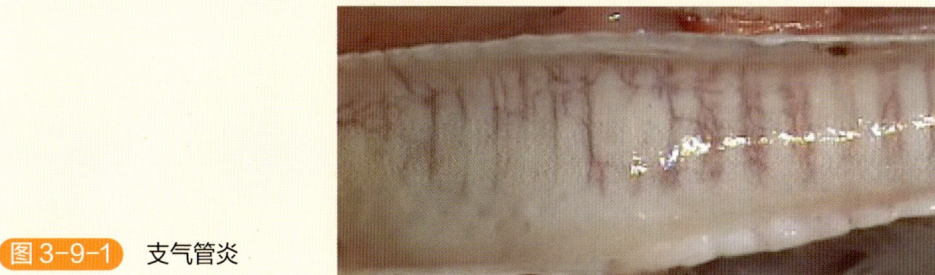

图3-9-1　支气管炎

【症状及病理变化】急性支气管炎症的主要症状是咳嗽（图3-9-2）。病初呈干、短并带疼痛的咳嗽。以后变为湿性长咳，痛感减轻，有时咳出痰液，同时鼻腔或口腔排出黏性或脓性分泌物。胸部听诊可听到啰音。体温一般正常，有时升高 0.5～1℃，全身症状较轻。若炎症侵害范围扩大到细支气管，则呈现弥漫性支气管炎的特征。全身症状重剧，体温升高 1～2℃，呼吸急速，呈呼气性呼吸困难，可视黏膜发绀，有弱痛咳。听诊肺区可见到小水泡样湿啰音，肺泡呼吸音增强、尖锐。胸部叩诊呈代偿性肺区扩大，肺界后移至倒数 1～2 肋间。剖检可见支气管黏膜充血、出血，含有大量带血液的分泌物（图3-9-3）。

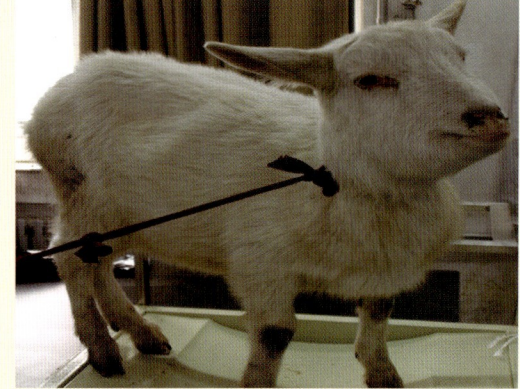

图 3-9-2　病羊咳嗽

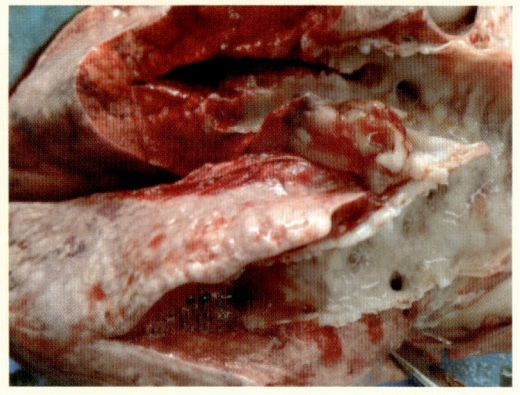

图 3-9-3
支气管出血，含有带血液的分泌物

慢性支气管炎也是以咳嗽、流鼻、气管敏感和肺部啰音为特征。体温正常，无全身变化。由于病期拖长和反复发作，病羊日渐消瘦和贫血，直至极度衰竭而死亡。

【诊断】根据病史和临床表现，即可确诊。

【防治】

1. 预防

首先要加强饲养管理，排除致病因素。给病羊以多汁和营养丰富的饲料和清洁的饮水。圈舍要宽敞、清洁、通风透光、无贼风侵袭，防止受寒感冒。

2. 治疗

（1）止咳祛痰　祛痰可口服氯化铵 1～2 克、吐酒石 0.2～0.5 克、碳酸铵

2～3 克。其他如吐根酊、远志酊、复方甘草合剂、杏仁水等均可应用。止喘可肌内注射 3% 盐酸麻黄素 1～2 毫升。慢性气管炎常用下列处方：盐酸氯丙嗪 0.1 克，盐酸异丙嗪 0.1 克，人工盐 20 克，复方甘草合剂 10 毫升，一次灌服，1 日 1 次，连用 1～2 次。

（2）解热镇痛　可用解热镇痛剂，如柴胡注射液或复方氨基比林 10 毫升，肌内注射，每日 2 次，连用 3 天。

（3）控制感染，以抗生素及磺胺类药物为主。可用 10% 磺胺嘧啶钠 10～20 毫升肌内注射，也可内服磺胺嘧啶 0.1 克/千克体重（首次加倍），每天 2～3 次。肌内注射青霉素 20 万～40 万单位或链霉素 0.5 克，每日 2～3 次。直至体温下降为止。

（4）中药治疗，可根据病情，选用下列处方。杷叶散：主用于镇咳，杷叶 6 克、知母 6 克、贝母 6 克、冬花 8 克、桑皮 8 克、阿胶 6 克、杏仁 7 克、桔梗 10 克、葶苈子 5 克、百合 8 克、百部 6 克、生草 4 克，煎汤，候温灌服。紫苏散：止咳祛痰，紫苏、荆芥、前胡、防风、茯苓、桔梗、生姜各 10～20 克，麻黄 5～7 克、甘草 6 克，煎汤，候温灌服。

十、肺炎

肺炎是肺小叶和肺间质的炎症，临床上以弛张热型、叩诊呈点状浊音区、听诊啰音和捻发音为特征。绵羊与山羊均可患肺炎，以在绵羊引起的损失较大，尤其是羔羊。

【病因】

（1）因感冒而引起　如圈舍湿潮，空气污浊，而兼有贼风，即容易引起鼻卡他及支气管卡他，如果护理不周，即可发展成为肺炎。

（2）气候剧烈变化　如放牧时忽遇风雨，或剪毛后遇到冷湿天气。严寒季节和多雨天气更易发生。

（3）羊抵抗力下降　在绵羊并未见到病原菌存在，但当抵抗力减弱时，许多细菌即可乘机而起，发生病原菌的作用。

（4）异物入肺　吸入异物或灌药入肺，都可引起异物性肺炎（机械性肺炎）。灌药入肺的现象多由于灌药过快，或者由于羊头抬得过高，同时羊只挣扎反抗。例如对臌胀病灌服药物时，由于羊呼吸困难，最容易挣扎而发生问题。

（5）肺寄生虫引起　如肺丝虫的机械作用或造成营养不良而发生肺炎。

（6）可为其他疾病（如出血性败血病、假结核等）的继发病　往往因病中长期偏卧一侧，引起一侧肺的充血，而发生肺炎。一旦继发肺炎，致死率常比原发疾病高。

【症状】症状因病因的性质而异,其发展速度大多很慢,但在小羊偶尔也有急性的。病初,精神迟钝,食欲减退,体温升高达 40～42℃,呈弛张热型,寒战,呼吸加快。心悸亢进,脉搏细弱而快,眼、鼻黏膜变红,初期疼痛干咳,后变为湿咳,鼻液初为浆液性,后为脓性鼻液(图3-10-1)。肺部听诊干啰音、湿啰音、捻发音,肺部叩诊呈点片状浊音区。以后呼吸愈见困难(图3-10-2),表现喘息,终至死亡。死亡常在1周左右,死亡率的高低不定。实验室检查,白细胞总数和嗜中性白细胞数增多,核左移。X线检查,肺纹理增多、变粗,肺野的中下部有云絮状阴影。

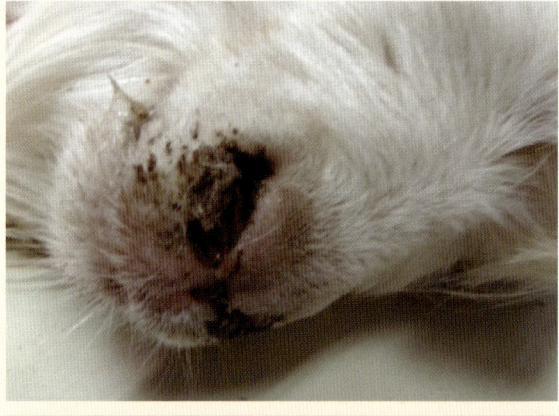

图 3-10-1 鼻孔流出脓性分泌物

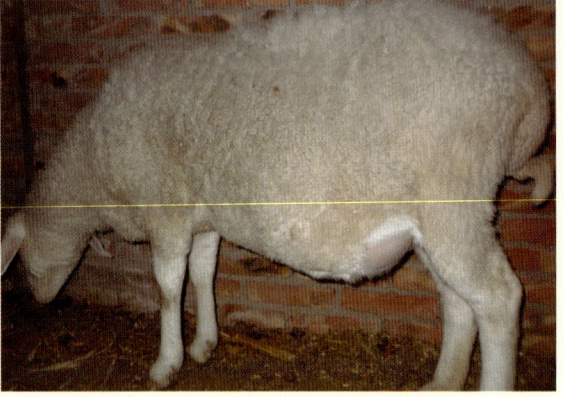

图 3-10-2 病羊呼吸困难

【病理变化】剖检时,病灶显著,可见喉部充血,气管与支气管发炎,内含白色或淡红色泡沫或脓液。肺出血、瘀血,肺叶表面有脓性分泌物(图3-10-3)。肺部硬而呈黑红色,摸起来很像肝脏。病灶有时限于一侧,有时可波及两侧。或为扩散性,或为局限性,严重时其他器官也发生病灶。胸膜可能附着在肺上,胸腔内常含有相当量的淡红色液体(图3-10-4)。在慢性进行性肺炎时,肺上常见有坚硬的灰色病灶。

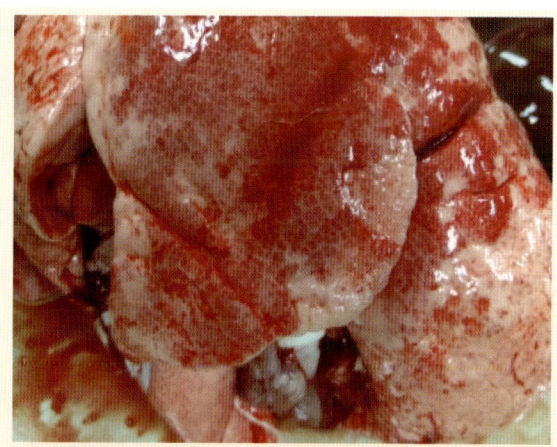

图 3-10-3
肺出血、瘀血，表面有脓性分泌物

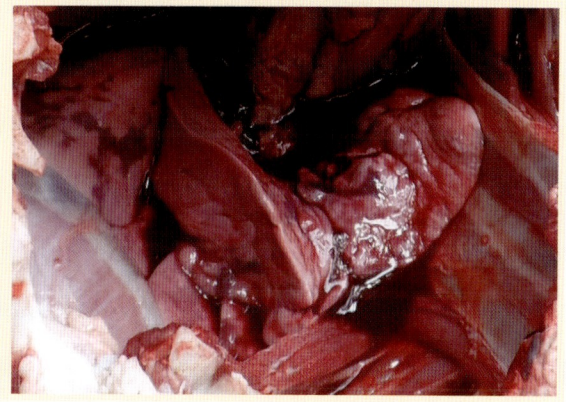

图 3-10-4
胸膜附着在肺上，胸腔内含有大量的淡红色液体

【诊断】根据体温升高，弛张热型，咳嗽，流鼻涕，呼吸困难，肺部听诊干啰音、湿啰音、捻发音，肺部叩诊呈点片状浊音区等症状可做出诊断，确诊必须依据实验室检查和X线检查。

【防治】

1. 预防

（1）加强饲养管理，这是最根本的预防措施。为此应供给富含蛋白质、矿物质、维生素的饲料；注意圈舍卫生，不要过热、过冷、过于潮湿，通气要好。在下午较晚时不要洗浴，因没有晒干机会。剪毛后若遇天气变冷，应迅速把羊赶到室内，必要时还应给室内生火。

（2）远道运回的羊只，不要急于喂给精料，应多喂青饲料或青贮料。

（3）对呼吸系统的其他疾病要及时发现，抓紧治疗。

（4）为了预防异物性肺炎，灌药时务必小心，不可使羊嘴的高度超过额部，同时灌入要缓慢。一遇到咳嗽，应立刻停止。最好是使用胃管灌药，但要注意不可将胃管插入气管内。

（5）由传染病或寄生虫病引起的肺炎，应集中力量治疗原发病。

2. 治疗

（1）首先要加强护理，该病发生后，及早把羊放在清洁、温暖、通风良好但无贼风的羊舍内，保持安静，喂给容易消化的饲料，经常供应清水。

（2）采用抗生素或磺胺类药物治疗，病情严重时可以两类药物同时应用。即在肌内注射青霉素或链霉素的同时，内服或静脉注射磺胺类药物。采用四环素或卡那霉素，则疗效更为满意。

① 四环素50万单位，糖盐水100毫升溶解，一次静脉注射，每日2次，连用3～4天。

② 卡那霉素100万单位，一次肌内注射，每日2次，连用3～4天。

（3）对症治疗　根据羊只的不同表现，采用相应的对症疗法。例如当体温升高时，可肌内注射安乃近2毫升或内服阿司匹林1克，每日2～3次。当发现干咳、有浓稠鼻涕时，可给予氯化铵2克，分2～3次，1日服完。还可以按下列处方给药：磺胺嘧啶6克、小苏打6克、氯化铵3克、远志末6克、甘草末6克，混合均匀，分为3次灌服，1日用完。当呼吸十分困难时，可用氧气腹腔注射。此法简便而安全，能够提高治愈率。剂量按100毫升/千克体重计算。注射以后，可使病羊体温下降，食欲等情况有所改善。虽然在注射后第一昼夜呼吸频率加快（41～47次/分），呼吸深度有所增加，但经过2～3天后可以恢复正常。为了强心和增强肺循环，可反复注射樟脑油或樟脑水。如有便秘，可灌服油类或盐类泻剂。

十一、鼻炎

鼻炎是鼻黏膜的炎症，以鼻黏膜充血、肿胀，流鼻液为特征（图3-11-1）。

【病因】由于寒冷、异物及不良气体的刺激和细菌感染引起。

【症状】病初流水样、透明鼻液，有时打喷嚏。以后发展为流脓性鼻液，打喷嚏（图3-11-2），呼吸困难，有时张嘴呼吸。病羊不安，摇头，低头奔跑以鼻端靠近地面或蹭地，或将头藏在其他羊只腹下。

【治疗】

（1）先用2%～4%硼酸或1%明矾溶液冲洗鼻腔，然后涂抹磺胺软膏或红霉素软膏。

（2）丁胺卡那霉素4毫升，麻黄素注射液2毫升，生理盐水4毫升，配成滴鼻液，每次2～3滴，每日3～4次。

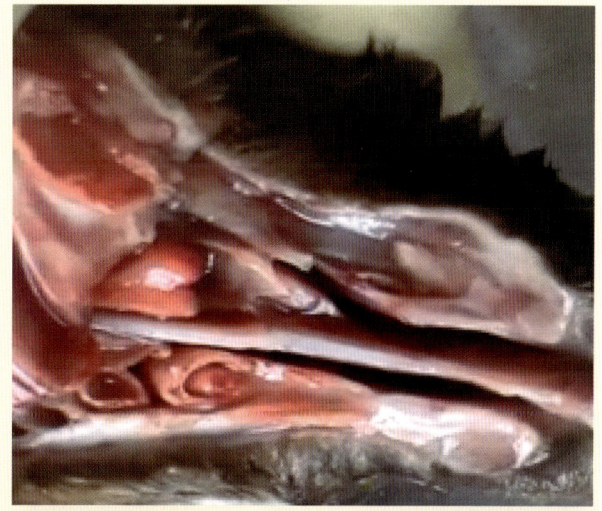

图 3-11-1
鼻黏膜充血、肿胀

图 3-11-2
病羊流鼻液，打喷嚏

（3）鼻黏膜肿胀严重时，用丁卡因 0.1 克、0.1% 肾上腺素注射液 1 毫升、蒸馏水 20 毫升，配成滴鼻液，每天 2～3 次。

（4）苍耳子 30 克、苏叶 30 克、辛夷 25 克、菊花 25 克、栀子 20 克、白芷 15 克、薄荷 15 克、黄芩 15 克。用法：共研细末，开水冲调，一次灌服。

十二、中暑

羊中暑症是日射病、热射病的统称。日射病是因羊的头部被日光直射，引起脑及脑膜充血的急性病变；热射病是因天气潮湿闷热，机体产热大于散热，使体内积热而引起中枢神经系统紊乱的疾病。

【病因】一是夏季天气炎热，日照强烈，阳光直晒头部引起的日射病；二是由于外界温度过高，羊舍内潮湿、闷热、拥挤、狭小，或车船运动时通风不良，热在体内蓄积所致的热射病。

【症状】病羊初期表现精神极度沉郁，食欲减退或废绝，步态不稳（图3-12-1），摇晃不定，心跳亢进。脉搏快速而弱，呼吸次数增多，呼吸困难，体温升高，可视黏膜潮红（图3-12-2），肌肉震颤，全身出汗；有的在发病后出现兴奋状态。后期常因虚脱而卧地不起，或突然倒地不动，呈昏迷状态（图3-12-3）。最后因心脏麻痹发生死亡。

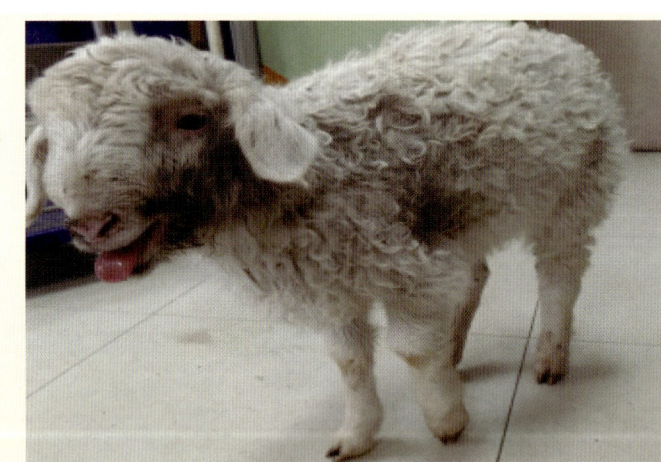

图 3-12-1
步态不稳，张口呼吸

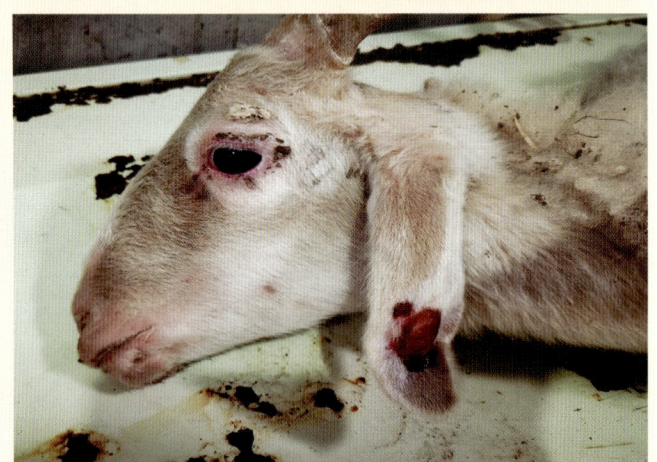

图 3-12-2
眼结膜潮红

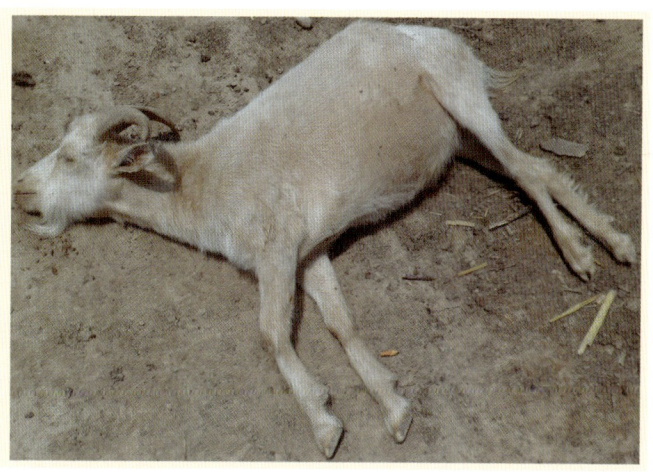

图 3-12-3
病羊卧地不起，呈昏迷状态

【诊断】根据病史和临床表现，即可确诊。

【防治】

1. 预防

夏季天气炎热，要做好羊舍的防暑降温工作，严禁中午放牧，午间休息时到阴凉处或树阴下，还要保证充足的饮水。

2. 治疗

发现病羊立即将羊移到通风良好的阴凉处，用凉水浇头及全身，或用凉水灌肠。当病羊昏迷不醒时，可于颈脉放血，放血量视病羊大小及身体状况而定，一般放血 80～100 毫升，放血后进行补液，静脉注射氯化钠注射液 500～1000 毫升；病羊心脏衰弱或严重水肿时，应静脉注射 10% 安钠咖 4 毫升。

十三、尿道结石

体腔中存在有石样结块时称为结石。尿结石又称尿石病，是指尿路（肾盂、膀胱、输尿管及尿道等）中盐类结晶凝结成大小不一、数量不等的沙石状凝结物，刺激尿路黏膜而引起的出血性炎症和尿路阻塞性疾病。临床上以腹痛、排尿障碍和血尿为特征。结石发生于膀胱及尿道的，称为膀胱结石及尿道结石。公羊及阉羊容易发生，母羊很少见。

【病因】结石形成一般与以下因素有关：

（1）与尿道的解剖构造有关系　公母羊的尿道在解剖上有很大差别。例如公羊及阉羊的尿道是位于阴茎中间的一条很细长的管子，而且有"S"状弯曲及尿道突，结石很容易停留在细长的尿道中，尤其是更容易被阻挡在"S"状弯曲部或尿道突内。母羊的尿道很短，膀胱中的结石很容易通过尿道排出体外。

（2）与饲料中的营养不全和矿物质不平衡有密切关系，例如：

① 饮水中含有大量盐类。

② 喂给大量棉籽粉、亚麻仁籽粉、麸皮及其他富磷饲料。

③ 缺乏维生素 A 时容易形成结石。

④ 在年轻种公羊配种过度而且吃食盐过多时，容易发病。

（3）感染因素　肾和尿路感染发炎时，炎性产物、脱落的上皮细胞及积聚的细菌，可成为尿石形成的核心物质。

（4）其他因素　甲状旁腺机能亢进，长期周期性尿液潴留，大量应用磺胺类药物等均可促进尿石的形成。

【症状】尿结石主要表现为刺激症状和阻塞症状。刺激症状：病羊表现排尿困难，频频作排尿姿势，叉腿，拱背，缩腹，举尾，阴户抽动，努责，嘶鸣，线状或点滴状排出混有脓汁和血凝块的红色尿液。当结石阻塞尿路时，病羊排出的尿流变细或无尿排出而发生尿潴留。因阻塞部位和阻塞程度不同，其临床症状也有一定差异。发病早期，病羊通常在肾脏中产生尿盐结晶体，接着进入膀胱做短暂停留，当大量开始积聚时就会形成尿结石，同时刺激肾盂和膀胱，引起炎症，甚至发生出血，之后如果输尿管和尿道发生阻塞，就会产生明显的疼痛感。结石位于肾盂时，轻者不显临床症状，严重者呈肾盂肾炎症状，有血尿。阻塞严重时，有肾盂积水，病羊肾区疼痛，运步强拘，步态紧张。当结石移行至输尿管并发生阻塞时，病羊腹痛剧烈。膀胱结石时，可出现疼痛性尿频，排尿时病羊呻吟，腹壁抽缩。尿道结石病羊尿道被尿结石部分或者完全阻塞。当尿道不完全阻塞时，病羊精神委顿、头抵墙壁（图3-13-1），排尿拱背努责，排尿时间延长，尿频，尿量减少，尿液呈滴状或线状流出，痛苦哞叫，尿中混有血液。当尿道完全被阻塞时，仅见排尿动作而不见尿液的排出，出现尿闭或肾性腹痛现象，病羊厌食，后肢屈曲叉开，拱背卷腹，频频举尾，屡作排尿动作但无尿排出。尿路探诊可触及尿石所在部位，尿道外部触诊，病羊有疼痛感。如果结石在龟头部阻塞，可在局部摸到硬结物。膀胱高度膨大、紧张，尿液充盈。若不及时治疗，闭尿时间过长，则可引起腹下和会阴部水肿（图3-13-2，图3-13-3），甚至引起膀胱、尿道破裂，发生尿毒症，最终死亡。

图 3-13-1
病羊精神委顿、头抵墙壁

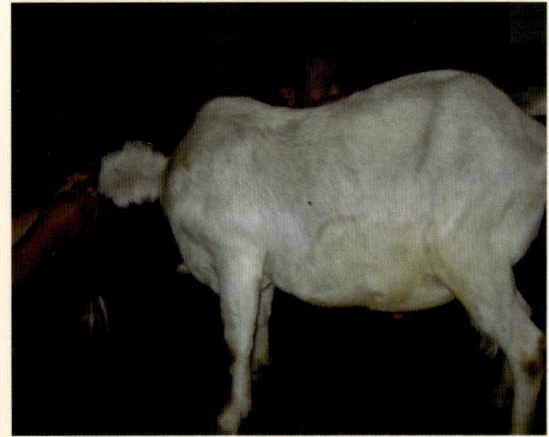

图 3-13-2
尿道结石引起腹下水肿

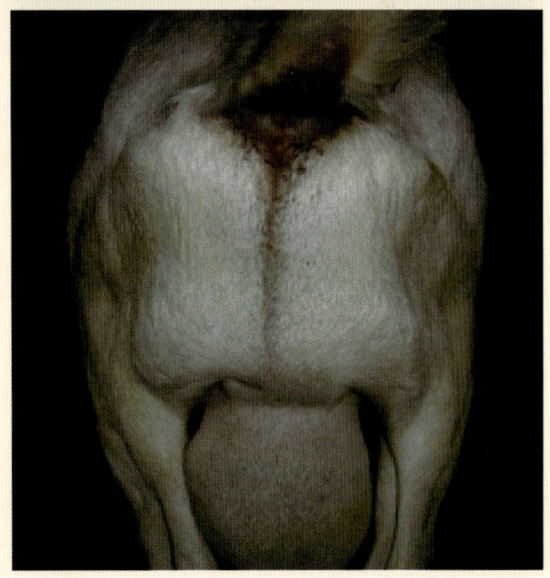

图 3-13-3
尿道结石引起会阴部水肿

【病理变化】 对病死羊进行解剖，肾盂结石时肾脏发生肿大，且切面多汁，肾盂充血、出血，可在肾盂内发现结石（图3-13-4）。输尿管结石时，可在输尿管内发现有乳白色且较坚硬的凝集物沉积，引起输尿管阻塞，致使肾盂扩张，可能只有一侧发生，也可能两侧同时发生。膀胱结石时，膀胱壁明显增厚，膀胱浆膜和黏膜充血、出血，呈紫红色（图3-13-5），往往会发生溃疡或者糜烂，膀胱内发现结石凝聚形成珊瑚状或者块状（图3-13-6），特别是膀胱颈口处更加明显，其大小不一，数量不等，有时附着黏膜上，用手指碾捏能够使其变成粉末。尿道结石时，膀胱高度充盈（图3-13-7），尿道起端及膀胱颈被结石堵塞，积聚许多黄豆粒到砂粒大的结石（图3-13-8），特别是在输尿管的"S"状弯曲部位非常明显。尿道黏膜有损伤、炎症、出血乃至溃疡。当尿道破裂时，其周围组织出血和坏死，并且皮下组织被尿液浸润。在膀胱破裂的病例中，腹腔充满尿液，肺脏表面暗红色，肝脏肿大、呈土黄色，心外膜弥散性出血（图3-13-9）。

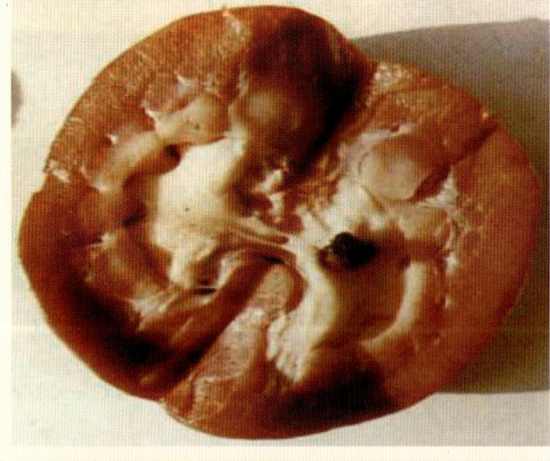

图 3-13-4 肾盂中的结石

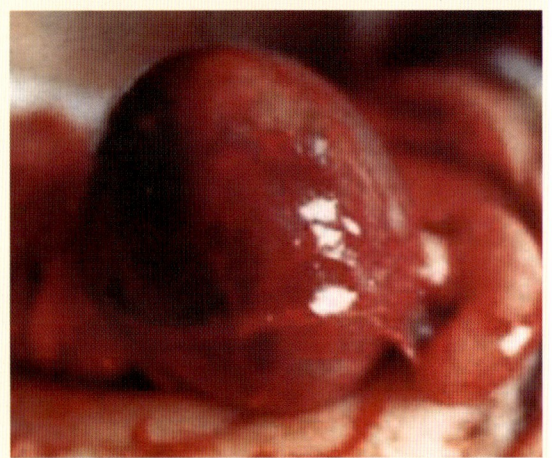

图 3-13-5 膀胱充血、出血

图 3-13-6
膀胱中的结石

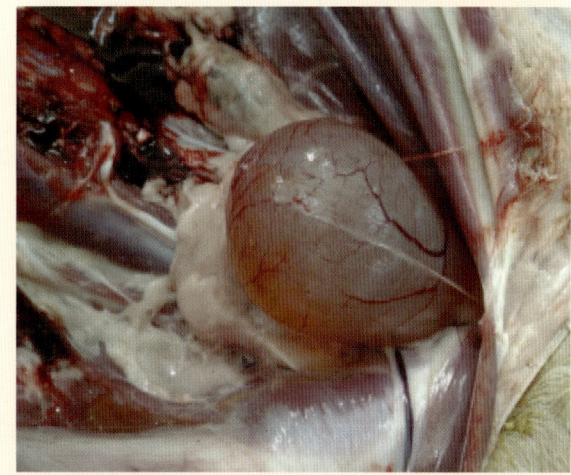

图 3-13-7
尿道结石膀胱高度充盈

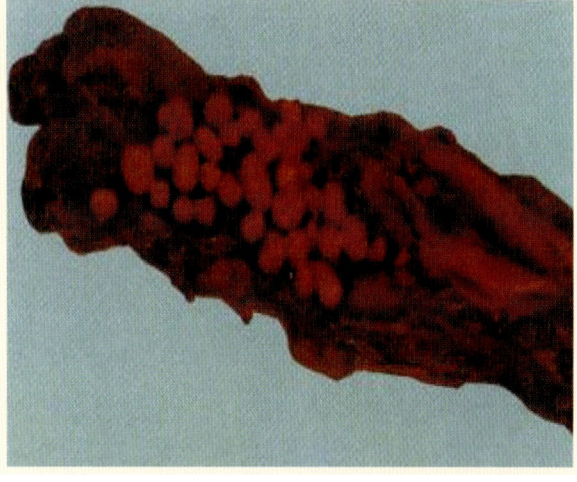

图 3-13-8
尿道内积聚许多黄豆粒和砂粒大的结石

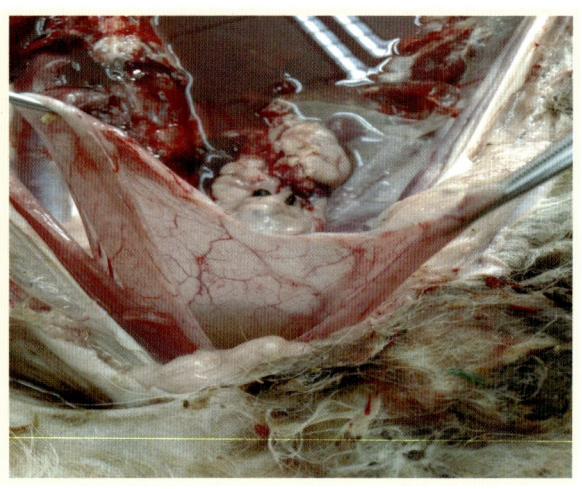

图 3-13-9
膀胱破裂引起败血症病变

【诊断】该病主要根据病史和临床症状进行诊断，还应注重饲料构成成分的调查，综合判断做出确诊。尿道探诊不仅可以确定尿道是否有结石，还可判明尿石部位。尿液显微镜检查，可见有变性细胞、红细胞、尿上皮细胞、脓细胞等，同时还可查明结石的种类。

【防治】

1. 预防

（1）对于舍饲的种公羊，可从饲养管理上进行预防，例如增强运动，供给足量的清洁饮水等。在饲料方面，应供给优质的干苜蓿，因其含有大量维生素A，同时能够供应钙质，以调整麸皮和颗粒饲料中含磷过多的缺点。但应注意的是，干苜蓿如果喂量过大，则钙量超过磷量，同样会造成矿物质的不平衡，而发生不良后果。如果没有苜蓿干草，应给精料中加入1%～2%的骨粉或碳酸钙。

（2）如果怀疑钙量过大，例如饮水中矿物质含量高，或饲料中含钙量大，可以供给谷类籽实进行校正，因为谷类籽实中钙少磷多。

（3）当改变饲料后还不能制止发病时，可以禁食几天，或给予谷类干草、谷类籽实和肉粉组成的日粮，也可以每日内服氯化铵10～15克，连服1周左右，使尿变为酸性。

（4）饮磁化水，水经磁化后溶解力增强，不仅能预防结石的形成，而且可使结石疏松而排出。

2. 治疗

治疗原则是消除结石，控制感染，对症治疗。

（1）立即改变饲养管理　主要是减去食盐及麸皮，单纯给予青草。给饲料中加入黄玉米或苜蓿。

（2）中药疗法　羊的结石与牛的完全不同，多不是大块，而是小颗粒，故采用以下中药处方,便可能溶解排出:桃仁 12 克、红花 6 克、归尾 12 克、赤芍 9 克、香附子 12 克、海金沙 15 克、金钱草 30 克、鸡内金 6 克、广香 9 克、滑石 12 克、木通 18 克、扁蓄 12 克,将以上各药碾细,共分 3 次,开水冲灌。每次用药时加水 500 毫升左右,以增加排尿。

(3)药物治疗　当病羊症状较轻时,可静脉注射利尿类药物和消炎药,如乌洛托品、青霉素、链霉素等,也可喂服 0.2 克双氢克尿噻。

(4)水冲洗　导尿管消毒,涂擦润滑剂,缓慢插入尿道或膀胱,注入消毒液体,反复冲洗。适用于粉末状或沙粒状尿石。

(5)尿道肌肉松弛剂　当尿结石严重时可肌内注射 2.5% 氯丙嗪溶液 2～4 毫升,或阿托品注射 3～6 毫克。

(6)手术治疗　当病羊尿道被完全阻塞或者使用药物治疗效果不理想时,可采取手术治疗。手术可选择两种方法,一种是在尿道内将结石压碎,另一种是将尿道切开取出结石。压碎法是指先用手指在尿道外固定结石,然后使用专门的钳子进行挤压。如果形成的结石不是很坚硬,且表面比较粗糙,比较容易成功。反之,如果形成的结石比较坚硬且表面平滑,存在损伤阴茎,并导致尿道发生穿孔的可能,压碎后如果能够流出尿液,结石也会随之排出。尿道切开是指在结石的远侧端或者越过结石进行切口,取出结石。也可用割去阴茎末端尿道突的方法,将结石取出(图 3-13-10)。

图 3-13-10　尿道取出的结石

第四章 外科病

一、创伤

1. 撕裂创

【病因】撕裂创或称裂创，是由钩、钉等物的钝性牵引所造成。

【症状】创形不整齐，组织发生撕裂或剥离，创缘呈现不正的锯齿状，创腔深浅不一，创壁和创底凹凸不平，并存在有创囊和组织碎片，创口很大，出血很少，羊只剧烈疼痛。有的皮肤呈瓣状撕裂，有的并发肌肉及腱的断裂，撕裂组织容易发生坏死或感染（图4-1-1）。

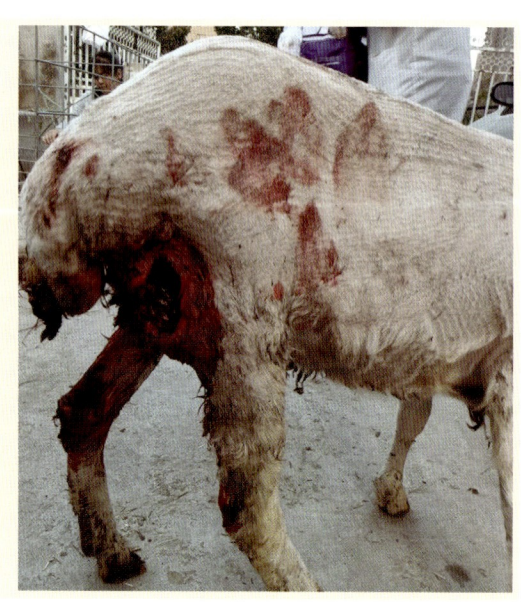

图4-1-1　撕裂创

【治疗】

（1）首先用灭菌纱布遮盖创面，剪除创围被毛。用冷生理盐水或消毒液洗涤创围和创面，用镊子除去创面上的毛发和凝血块，并用75%酒精棉球擦拭干净。

（2）创面撒以青霉素粉或1∶9碘仿磺胺粉；创围涂以凡士林，盖上脱脂棉或纱布。

（3）对严重的撕裂创，在清洗、消毒之后，应修正创缘、创壁，撒以抗菌药粉，进行缝合。若出现病羊体温升高、精神沉郁等全身症状时，应进行必要的全身性治疗。

（4）在炎热季节，应给创伤外部施用驱蝇防腐剂，以防止发生蝇蛆病。

2. 刺伤

【病因】刺伤一般是由于尖钉、尖桩或其他尖锐的东西刺入皮肤和肌肉而形成。

【症状】创口小，创道狭而长，常伴发深部组织内出血，或形成血肿。当致伤异物在创内折断而存留时，易形成化脓性窦道，或引起厌氧菌感染（图4-1-2）。发生于体腔部的刺创，往往形成透创，应特别注意。

【治疗】深部刺伤非常危险，决不可因为看到只是一个小孔而忽略其危害，随便对表面清洗擦干而了事，因为这种伤口很容易感染，甚至继发破伤风。应该在拔除异物之后，给伤口内注入0.1%高锰酸钾或3%双氧水进行彻底消毒，并向创道内灌注5%碘酊或抗生素液。

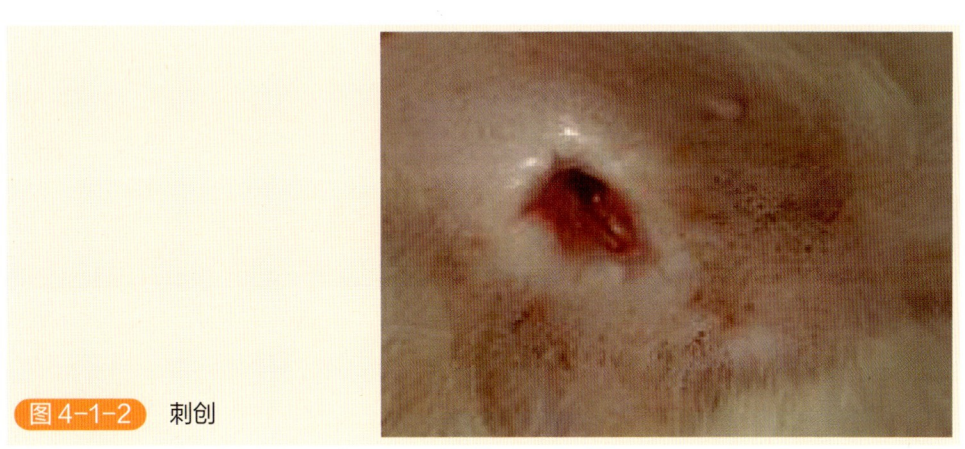

图4-1-2 刺创

3. 急性出血

【病因】多发生于意外的刺伤、摔伤、砸伤、车祸等，山羊常由于跳越带刺篱笆和冲击而引起。

【症状】可发现羊的体表有血液污染现象。严重者神志恍惚，脉搏细弱，呼吸浅表，可视黏膜苍白，血压和体温下降。

【急救】迅速查明出血部位，采取局部和全身止血措施，以防止发生出血性休克。止血后，根据具体情况采取相应处理。处理的难易与出血部位有关。

（1）如果发生在四肢，比较容易处理，应用止血带即可。如果出血严重，为了防止失血过多，应采用填塞止血法。止血带应用时间不能太长，应每隔15分钟左右放松一次再缠扎。如已止血，应进行消毒，撒上磺胺粉，并施用绷带。

（2）其他部位出血时，止血比较困难，原则是用灭菌纱布直接压迫止血。如果出血严重，可采取缝合措施，对小伤可用药棉填塞。

（3）出血严重的羊可选择生理盐水、林格液或其他血浆代用品，迅速扩充血容量，防止休克发生。

4. 电击

【病因】电击又称电休克，是由于羊与电线破损端接触，仪器或导线漏电以及雷击等导致。绵羊和山羊都有可能发生。

【症状】电击伤时，损伤部位表皮剥离、干燥和炭化。部分羊只被击伤后突然倒地，身体处于强直状态，可能发生呕吐、排便样全身痉挛动作，意识丧失，严重时完全麻痹，死于心室纤颤和呼吸中枢麻痹。个别情况下羊失去知觉，体表有烧焦的痕迹，经一定时间后恢复知觉，但留有神经后遗症。

【预防】一切用电设施应该放在羊放牧区以外，且位置要高。

【急救】

（1）在接触电击羊只之前，必须先切断电源。

（2）对幸存的羊应进行心脏按压刺激，并采用供氧疗法。给予利尿剂和支气管扩张剂，但禁用强心剂。

（3）苏醒后，对羊体保温，并采取对症治疗。

二、脓肿

脓肿是急性感染过程中，组织、器官或体腔内，因病变组织坏死、液化而出现的局限性脓液积聚，四周有一完整的脓壁。常见的致病菌为金黄色葡萄球菌。脓肿可原发于急性化脓性感染，或由远处原发感染源的致病菌经血流、淋巴管转移而来。脓肿包含由炎性组织坏死溶解形成的脓腔和由腔内渗出物、坏死组织、脓细胞、细菌等共同组成的脓液，及以肉芽组织增生为主的脓腔壁。脓肿由于其位置不同，可出现不同的临床表现。

【病因】由金黄色葡萄球菌或各种刺激性化学药品侵入组织或血管内所致。也有的是原发病灶转移而形成的转移性脓肿。

【症状】

1. 浅部

脓肿表现为局部红、肿、热、痛及压痛，继而出现波动感（图4-2-1）。脓肿成熟后可自溃排脓。

图 4-2-1 皮肤脓肿

2. 深部

脓肿为局部弥漫性肿胀，触诊时有疼痛反应并常有压痕，波动不明显，穿刺可抽出脓液。当较大的深在性脓肿未及时治疗时，会引起明显的全身症状，甚至引发败血症。

【诊断】

（1）可有急性化脓性感染病史。

（2）局部红肿疼痛且有波动感，穿刺有脓液。

（3）全身症状有发热、乏力等。

（4）白细胞计数增高。

（5）深部脓肿经 B 超检查可呈液性暗区。

【治疗】

（1）及时切开引流，切口应选在波动明显处，切口应够长，并选择低位，以利引流。深部脓肿，应先行穿刺定位，然后逐层切开。

（2）术后及时更换敷料。

（3）全身应选用抗菌消炎药物（如头孢唑啉钠）治疗。伤口长期不愈者，应查明原因。

三、休克

休克是一种以循环血液量锐减、微循环障碍为特征，从而导致组织缺氧和器官损害的综合征。它不是一种独立的疾病，而是神经、内分泌、循环、代谢等发生严重障碍时在临床上表现出的症候群。

【病因】失血与失液、烧伤、创伤、感染、过敏、急性心力衰竭、强烈的神经刺激。

【分类】临床上分为低血容量性休克、创伤性休克、中毒性休克、心源性休克、过敏性休克。

【症状】通常在发生休克的初期，主要表现兴奋状态，这是畜体内调动各种防御力量对机体的直接反应，也称之为休克代偿期。动物表现兴奋不安，血压无变化或稍高，脉搏快而充实，呼吸增加，皮温降低，黏膜发绀，无意识地排尿、排粪。这个过程短则几秒钟即能消失，长者不超过1小时，所以在临床上往往被忽视。

继兴奋之后，动物出现典型沉郁、食欲废绝、不思饮食，或对痛觉、视觉、听觉的刺激全无反应，脉搏细而间歇，呼吸浅表不规则，肌肉张力极度下降，反射微弱或消失，此时黏膜苍白，四肢厥冷，瞳孔散大，血压下降，体温降低，全身或局部颤抖，出汗，呆立不动，行走如醉，此时如不抢救，能导致死亡（图4-3-1）。

图 4-3-1　病羊休克

【诊断】根据临床表现，诊断并不困难。但必须了解，休克的治疗效果取决于早期诊断，待患畜已发展到明显阶段，再去抢救，则为时已晚。若能在休克前期或更早地实行预防或治疗，不但能提高治愈率，同时还可以减少经济上的损失。

【治疗】

（1）消除病因　要根据休克发生不同的原因，给予相应的处置。如为出血性休克，关键是止血，同时迅速地补充血容量。如为中毒性休克，要尽快消除感染原，对化脓灶、脓肿、蜂窝织炎要切开引流。

（2）补充血容量　在贫血和失血的病例，输全血是必要的。还要根据需要补给血浆、生理盐水或右旋糖酐等。

（3）改善心脏功能　中心静脉压高、血压低，为心功能不全的表示，采用提高心肌收缩力的药物，如异丙肾上腺素和多巴胺是应选药物。大剂量的皮质类固醇能促进心肌收缩，降低周围血管阻力，有改善微循环的作用，并有中和内毒素作用，较多用于中毒性休克。中心静脉压高，血压正常，心率正常，是容量血管过度收缩的结果，用氯丙嗪可解除小动脉和小静脉的收缩，纠正微循环障碍，改善组织缺氧，从而使休克好转，适用于中毒性休克、出血性休克。但要注意，使用血管扩张剂时，要同时扩充血容量。

（4）调节代谢障碍　轻度酸中毒给予生理盐水；中度酸中毒则须用碱性药物，如碳酸氢钠、乳酸钠等；严重酸中毒或肝受损伤时，不得使用乳酸钠。

外伤性休克常合并有感染，因此在休克前期或早期，一般常给予广谱抗生素。如果同时应用皮质激素，抗生素要加大用量。休克羊要加强管理，指定专人护理，使其保持安静，避免过冷与过热，保持通风良好，给予充分饮水。输液时液体温度应与动物体温相近。

四、风湿

本病是关节或肌肉的一种反复发作的疼痛性炎症。其特征为胶原纤维发生纤维素性样变性。

【病因】羊舍较长时期的潮湿、阴冷、空气污浊，或者羊只受到贼风侵袭、阴雨淋浇，都容易诱发本病，但真正原因还不完全清楚。目前一般认为与溶血性链球菌感染有关，也有人认为是由于饲料不适宜，使体内产酸过多，或者身体某一部分不能将废物排出，而引起发病。

【症状】有全身发生的，也有局部发生的。一般表现四肢僵硬，步态强拘，行动不便，或者呈十字形跛行（图4-4-1）。有时关节肿大，触诊温热、疼痛、肿胀、体温升高。急性病例常突然跌倒，不能起立。发生于颈部时，头偏向一侧，颈部不能自由运动。如为肌肉风湿，可摸到患部肌肉发硬。

【诊断】目前，风湿病尚缺乏特异性诊断方法，在临床上主要根据病史和临床表现加以诊断。在诊断时，应注意以下两个特点。

（1）患病部位并不局限于一处，常有游走性，而且多侵害后肢，故常有腰部发硬表现。

（2）跛行特点是步子短，步态僵硬。在开始行走时跛行显著，行走一段后跛行减轻，甚至消失。

图 4-4-1　病羊风湿

鉴别诊断：应注意与风湿病、脑脊髓丝状虫病、钙缺乏及破伤风相区别。

（1）风湿病　发病过程：先是跛行，只有急性者突然卧地不起。患肢特点：肌肉紧张发硬，有转移性，按压局部时有疼痛反应。体温：急性时升高。食欲：急性时食欲下降。

（2）脑脊髓丝状虫病　发病过程很突然，患肢特点：不紧张、不发硬、不转移，按压肌肉时无疼痛反应。体温：不升高。食欲：不受影响，只是如果时间长了，由于不活动，才逐渐下降。

（3）钙缺乏　发病过程：由不明显跛行到明显跛行，卧地时已很消瘦。患肢特点：不硬不紧张，有时可看到头腿变形，关节变大。体温：不升高。食欲：逐渐减少。

（4）破伤风　发病过程：发展快。患肢特点：四肢伸直，关节不能屈曲。体温：不升高。食欲：迅速减少到完全废绝，牙关紧闭。

此外，还要考虑季节性和地方性。例如脑脊髓丝状虫病的季节性很强，大部分都发生于 7～10 月间蚊子多的时候；风湿病多见于秋冬湿冷的情况下，无蚊子时同样可以发生；钙缺乏及破伤风均无明显的季节性。只要是饲料缺钙或钙、磷比例失调时间较长，即可发生钙缺乏病，而且常为地方性疾病（地下水位高，土壤缺钙）。

【治疗】本病在春秋多发，多因风、寒、湿的侵袭使肌肉、肌腱、关节等部位呈现疼痛。急性发作多突然发病，有的伴有体温升高，病羊卧多立少。羊风湿病的治疗要点是消除病因、加强护理、祛风除湿、解热镇痛、消除炎症。除应改善病羊的饲养管理以增强抗病能力外，还可采取以下方法：

（1）激素治疗　25% 醋酸泼尼松龙混悬液注射，每日 1 次，连用 3～5 天。

（2）穴位注射维生素疗法 可选两侧关元、腰中、肾棚等穴位，每个穴位注射维生素 B_{12} 5 毫克，每日 1 次，3 次为 1 个疗程，一般 1 个疗程即可痊愈。

（3）石蜡油热疗法 将石蜡油 250～1000 毫升装入热水袋内，放入 90℃ 热水盆中加热 15 分钟，把石蜡油袋绑在百会穴上，每次 2 小时，每日 1 次，直至痊愈。

（4）酒糟、醋麸灸法 将酒糟炒热，装入布袋或麻袋内，敷于患部，每日 1～2 次，或用醋炒麸皮（麸皮 3 千克、醋 1 千克充分拌匀），炒至烫手，装入麻袋内，热敷患部并将病羊置于温暖舍内。

（5）中药疗法 中兽医治疗风湿的方剂很多，如独活散、通经活络散、巴戟散、祛风除湿散、五虫四藤汤、乌地灵散等均有较好的效果。

治疗风湿症要根据实际情况就地选材、因地制宜确定治疗方案，在成本最低的情况下治愈本病，另外还有温针疗法、艾条燃灸法、针灸疗法、自家血疗法、静脉注射疗法、穴位药物注射方法等。

五、骨折

骨折常见于山羊，因为山羊比绵羊活泼，喜欢乱跳及狂奔。公羊较母羊多发。

【病因】骨折多由跌撞、打击、压挤、蹴踢等外力作用而引起。例如羊抵架时，羊腿被人用棍打断；羊放牧时遇惊奔跑，后肢夹入树枝之间；汽车运输时，车底板有洞，下车时羊后肢误入洞内往下跳等，均会造成骨折。

【症状】山羊骨折常发生于后肢，而且多为单纯的完全骨折。主要是因为这些部位缺乏肌肉层的保护。山羊后肢骨折的特征是：病羊突然倒卧不起，或者悬起断肢，其余三肢负担体重而呆立不动。病羊精神稍差，在刚发生之后由牧地赶回时，由于断肢不能负重而行走困难，故见口吐白沫、呼吸急促。但在休息 10 余分钟后，即可好转。

骨折部分发生带痛的肿胀，且常伴发皮肤损伤，但出血极轻微。若为完全骨折，手摸断端有骨的碰磨之声，患肢像钟摆样摇摆。（图 4-5-1）

【治疗】羊骨折治疗原则是：正确整复，合理固定，加强护理，促使早愈。具体措施如下：

（1）清洗消毒 用消毒液洗净受伤部及创伤周围的皮肤，涂以碘酒，以防细菌感染。

（2）正确复位 整复骨折部分，使断端接合良好。

（3）合理固定 用硬纸剪成长条，宽度根据骨折部的粗细，在腿的四面（前、后、内、外）各放一条，然后用绷带紧紧缠住，以保护伤口及固定折断部分。在使用绷带前,应该在压力特别大的地方垫以棉花或麻屑。为了固定良好,可以给绷带外面涂以松木油,使其变硬。

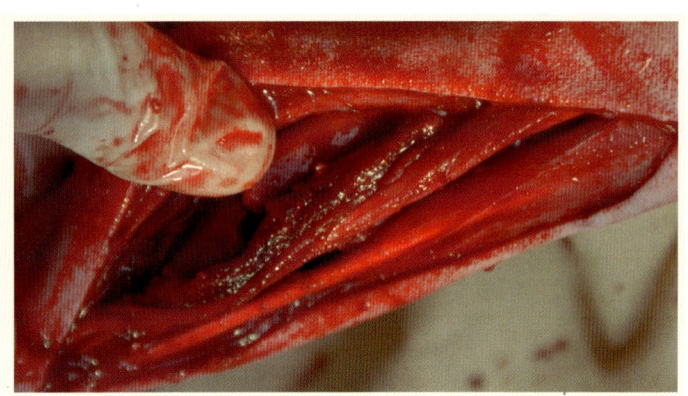

图4-5-1　病羊骨折

（4）加强护理　在治疗初期,应将羊关在舍内,不让过多活动,或者只允许在运动场里走动,绝对不可放牧。待病肢可以着地时,让其在羊舍周围逍遥活动,促使及早恢复正常行动。

除了整复、固定和加强护理外,还必须正确处理局部与整体的关系,做到外治与内治相结合,以加速骨折愈合。例如可以内服中药接骨散或静脉注射氯化钙溶液。接骨散的处方是：血竭60克、乳香30克、没药30克、川断30克、煅自然铜30克、当归15克、土鳖60克、南星15克、红花15克、川牛膝30克,共为细末,分为3次,开水冲灌,每日1次。每次加白酒30毫升。

如果是脱臼,找准部位,按正常方位,用力推、拉、压的整复法,一次整复还原,即可手到病除。

六、眼病

羊眼病一年四季均可发生,以夏、秋季最易感染和流行,且传染很快,多呈地方性流行。各种羊均可发病,发病率高达90%～100%,但病死率很低。

【症状】羊眼病发生后,病羊表现为眼睑肿胀、有脓性分泌物、流眼泪、怕见光。初发病时,可见角膜混浊,呈灰白色半透明状或乳白色不透明状（图4-6-1）。这种症状一般先从角膜的边缘开始,逐渐向眼睛的中央发展；最后可使羊的视力完全丧失。如果在羊眼病的流行季节予以预防或发病后及时治疗,羊眼病是可以控制和治愈的。

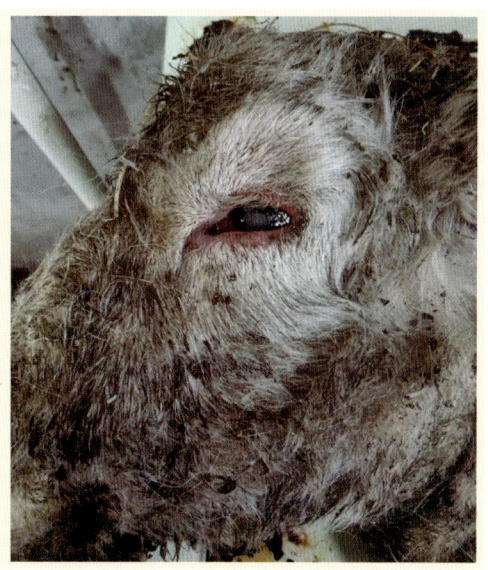

图 4-6-1　角膜炎和结膜炎

【治疗】

（1）先用 1%～2% 的硼酸水溶液冲洗眼部，待洗干净后涂搽四环素眼药膏。每日早、晚各 1 次，连用数日。

（2）用青霉素、链霉素各 100 万单位，加注射用水 20 毫升调制成清洗剂，冲洗眼部，每日 2～3 次。同时，肌内注射青霉素和链霉素各 80 万单位，每日 2 次，连用 3～4 天。

（3）内服中药"决明汤"　取石决明、草决明、没药、郁金、黄药子、白药子、黄连、大黄、黄芩、枝子、黄芪各 10 克，加适量清水共煎取汁后，再加适量清水煎 1 次，然后将 2 次药汁合在一起，每日分 2 次趁温热灌服。此汤每日用 1 剂，连用 3 剂即可治愈羊眼病。

七、蹄病

1. 羊蹄脓肿

本病是蹄壳真皮的一种非化脓性传染病。主要特征是蹄部肿烂，发生进行性坏死。引起蹄匣脱落。绵羊和山羊都可发生。一般都是继发于未及时治疗的腐蹄病，但也可以是原发性的，故作为另一种病对待，以便及时采取正确疗法。

【病原】通常为坏死梭形杆菌和化脓棒状杆菌。这些细菌可通过蹄壳的小裂缝进入蹄内。

【流行特点】在干燥环境下不发生传染，潮湿环境容易促进本病的扩散。例如长期把羊圈养在冷湿环境或潮湿发酵的褥草上，运动不足，蹄子不清洁以及蹄有损伤等等，都是蹄脓肿发生的有利因素。

【症状】主要表现为跛行，病羊蹄部有疼痛反应。

检查蹄部时，可发现蹄子上部（蹄冠）发热、肿胀而变软，发红或腐烂，有时伴有湿疹，病羊表现蹄部疼痛。一旦脓肿破裂，则疼痛减轻，如果不继续用抗生素治疗，脓肿容易复发。更严重时，蹄间腐烂，流出灰白色脓汁，恶臭，甚至蹄匣脱落。

检查病羊蹄部病理变化过程，发现最初是趾部充血，角质发生湿性表面坏死。几天以后，坏死扩延到蹄踵部及蹄壳真皮。到了后期，蹄壁下部出现一层灰色坏死组织，造成蹄壁脱离。

【预防】

（1）平时加强蹄子护理，不要把羊圈养在低湿环境及潮湿褥草上；保证充分运动；经常修剪蹄子，及时除去蹄间的夹杂物。

（2）对新引进的羊只，应进行检疫，先隔离一个时期，对蹄子检查并作必要的处理后，再放入羊群内。

（3）当羊群内发现本病时，应立刻隔离病羊，给其余羊只清洗蹄部并用1%～2%硫酸铜溶液浸浴1～2分钟，达到预防目的。对蹄子的浸浴，最好在药浴池内进行。

有条件时注射腐蹄病疫苗，效果更好。

【治疗】本病如不治疗，病期往往拉得很长。

（1）在有炎症和湿疹时，应用温浓盐水或浓醋加等量冷水洗浴，然后涂以碘酒。也可以用2%石炭酸浸浴，然后涂以松馏油。疼痛剧烈而严重跛行者，可用2%普鲁卡因10毫升、青霉素20万单位进行封闭治疗。如连续注射青霉素5天，每天6毫升（30万单位/毫升）效果更好。也可以用土霉素代替青霉素。

（2）患蹄由表面向内腐烂、坏死时，可先用清水洗去泥土，然后用温的10%硫酸铜浸洗，每日1次，每次2～3分钟，直到痊愈为止。如果用30%硫酸铜浸洗，每隔2～3天1次，连洗3次，疗效更好。也可以用10%甲醛溶液浸洗蹄子，每次10分钟以上。若以上方法见效很慢，可以小心除去蹄壳，涂布10%氯霉素甲醇溶液，包扎绷带，精心护理。

（3）遇到化脓情况时，可将病羊隔离到干燥处，用小刀切开患部，将脓液排除干净，然后用消毒液洗涤，吹入消炎粉，裹上绷带。每2～3天重复1次，直到痊愈为止。还可以局部使用青霉素水油乳剂或青霉素-凡士林软膏。

起初清洗伤口可用10%硫酸铜溶液，等坏死组织消除后改用0.1%高锰酸钾溶液，以免腐蚀新生的肉芽组织，影响痊愈。

2. 绵羊趾间皮肤炎

本病的特征是趾间发红而湿润，很像受烫后的伤面，故俗称"烫伤"。

【病因】通常有坏死梭形杆菌存在，但确实病原未完全清楚。

【症状】病羊趾间发红、发炎而疼痛（图4-7-1），严重时导致绵羊跛行。有时可使皮肤浸软，但无臭味和脓汁。如不及时治疗，可发展成腐蹄病或蹄脓肿。

图4-7-1　病羊趾间发炎

【防治】

1. 预防

消除促进发病的各种因素。加强蹄子护理，常常修蹄，避免用尖硬多荆棘的饲料，及时处理蹄子外伤；注重圈舍卫生，保持清洁干燥，羊群不可过度拥挤。

2. 治疗

可以喷洒广谱抗生素，如土霉素，或者用10%甲醛或10%硫酸铜进行蹄浴，然后迁移到清洁的草场。

3. 羊蹄叶炎

蹄叶炎是角质蹄壁下层和蹄底肉样血管组织的一种急性或慢性炎症，多发生于奶山羊，其发病率可高达10%以上。

【病因】急性蹄叶炎多发生于分娩时或突然变换饲料之后，或者伴发于肠毒血症、肺炎、乳腺炎、子宫炎或过敏反应等情况下。慢性蹄叶炎常发生于过食精料或肠毒血症轻度发作之后。春季的草含蛋白量高，也可能成为病因之一。

【症状】急性蹄叶炎通常于分娩后与子宫炎同时发生。病羊体温升高达41℃左右，强迫起立和行走时，表现极度痛苦，触摸蹄时有热感。这种蹄叶炎通常很少与肺炎或急性严重过敏反应同时发生。

在奶山羊更为常见的是慢性隐性发作的蹄叶炎。因此，只有在蹄子发育不正常和不愿行走时才能发现。由于病羊长期站立，常导致蹄子向上卷曲而变为"雪橇蹄"，或者由于病蹄一半负重，导致蹄底一侧显著增厚，而无法全面着地（图4-7-2）。由于病羊前蹄疼痛，常跪地休息和吃草，或者跪下作转圈运动。长期如此可造成前胸狭窄，食欲减少，病羊逐渐消瘦，产奶量大为降低，影响养殖效益。

图 4-7-2　病羊蹄叶炎

【防治】

1. 预防

（1）蹄叶炎是高产而管理粗放的奶羊群的大患。为了减少病羊发生蹄叶炎而带来的损失，必须重视精细化饲养管理。特别重要的是，要避免突然给予大量精料。

（2）定期修剪蹄子，使其正常应对体重和运动带来的负荷。

（3）有计划地定期接种肠毒血症菌苗。

2. 治疗

奶山羊的急性蹄叶炎往往难以治愈，须尽快采用综合疗法。

（1）采用对蹄子有益的温包法。用热酒糟、醋炒麸皮等温（40～50℃）包病蹄，每日 1～2 次，每次 2～3 小时，连用 5～7 天。

（2）抗组织胺疗法，注射苯海拉明 2～3 毫升，并结合静脉注射电解质，以利毒物的排出。

（3）当子宫有感染时，应给子宫内灌注 10 份等渗盐水和 1 份双氧水溶液，促使腐败物从子宫排出，然后灌注抗生素。

（4）对发生难产的羊，应及时使用缩宫素，帮助子宫复归。产后 24～36 小时胎衣不下者，可采取"胎衣不下"的疗法，促进胎衣排出。

（5）当因变换饲料、饲喂过多或营养过于丰富的粗饲料而引起山羊停食时，应内服硫酸钠 100～120 克或石蜡油 80～100 毫升，以帮助解除瘤胃酸中毒和排出毒物。

八、乳头状瘤

乳头状瘤是由皮肤或黏膜上皮转化而形成的一种良性肿瘤，常呈结节状或乳头状。

【病原】病原为乳头状瘤病毒。有多种因素有利于乳头状瘤的发生，包括皮肤缺乏色素、日光照射和年龄等。在日晒时间较长的情况下，缺乏色素的皮肤比有色素的皮肤容易发病。

【症状】乳头状瘤可发生于体表任何部位的皮肤，多见于头部、颈部、四肢、胸部和乳房呈结节状或乳头状，突出于皮肤表面（图4-8-1）。

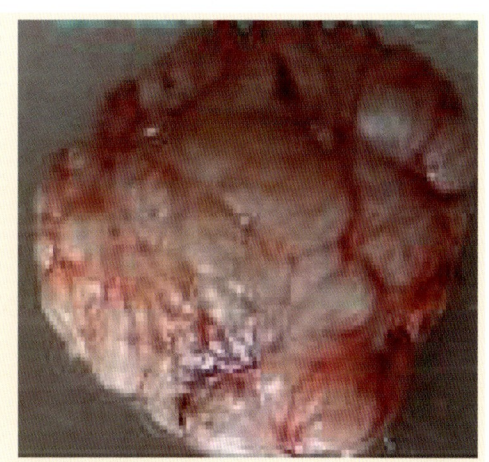

图4-8-1　乳头状瘤

【防治】较小的可用硫酸铜棒腐蚀或烧烙法除去。瘤体有蒂的，结扎蒂部，切断其血液供给，即可将其除去。亦可采用冷冻外科法或外科手术切除并烧烙止血。治疗乳头状瘤的根治性措施是手术，非手术不能彻底治愈。

九、淋巴肉瘤

淋巴肉瘤又称恶性淋巴瘤、淋巴组织增生病、白血病，是淋巴组织的一种不成熟的恶性肿瘤。

【症状及病变】淋巴肉瘤发生于淋巴结或其他器官的淋巴滤泡，并逐渐增生增大，突破胞膜，逐渐向肝脏、肺脏、肾脏（图4-9-1）、脾脏、心脏和子宫等组织器官转移、扩散，导致机体多种功能衰竭而死亡。

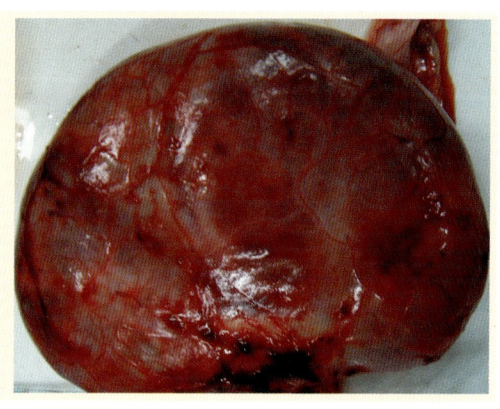

图 4-9-1　肾脏的淋巴肉瘤

临床上肉眼观察呈大小不等的结节或团块，质地致密，切面颜色灰红，如鱼肉样。淋巴结特别是肩前和股前淋巴结明显肿大，变形，质地坚实，切面出现大小不等的灰白色肿瘤结节或完全被肿瘤组织代替，有包膜，与周围界限清楚。转移、扩散到其他组织器官的淋巴肉瘤一般呈大小不一的结节状，小者如大米粒，大者如蚕豆，但在心脏、子宫除表面出现肿瘤结节以外，器官肿大，壁变肥厚。

【防治】尚无有效的预防措施。早期可尝试手术切除，但很难切除干净。病羊应尽早淘汰。

十、疝气

疝气是腹部的内脏从天然孔道或病理性破裂孔脱出至皮下或其他腔孔的一种疾病。常见的有脐疝和腹股沟阴囊疝。

【病因】其原因有先天性缺损（脐孔或腹股沟管开口过大）和病理性缺损（如腹肌破裂等），后者常因外力作用（斗殴、棍棒打击等），或腹压剧增（跳跃、分娩努责等）所引起。

【症状】脐疝常见于羔羊，多为先天性的脐孔闭合不全或腹壁发育有缺陷。在腹部下部的稍后方有一明显可见的呈半圆形的触之柔软、没有痛感且易压回的肿胀物，其中多为小肠及其肠系膜，其大小不等，小者如核桃大，大者可至拳头大。将内容物复整之后，可触摸到疝孔的状态（图 4-10-1）。

腹股沟阴囊疝（图 4-10-2）是腹股沟管先天性扩大，肠管下坠至阴囊内。一侧或两侧阴囊明显增大，大小不一，阴囊皮肤紧张发亮，捕捉或腹压增大时，症状加重。触诊阴囊柔软，无热、痛等炎性反应。提举两后肢并挤压增大的阴囊，常可使疝内容物还纳回腹腔中，肿胀的阴囊缩小到自然状态，但有些由于肠壁与囊壁发生粘连而不能还纳，严重时大小便不通或发生继发性臌气。

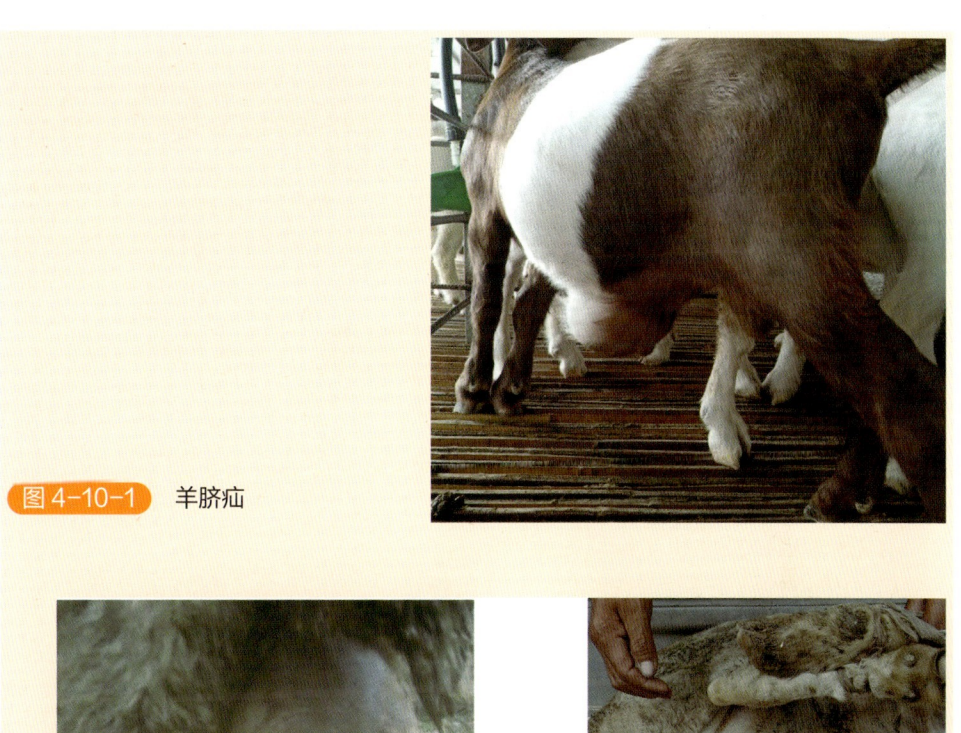

图 4-10-1 羊脐疝

图 4-10-2 羊腹股沟阴囊疝

【防治】脐疝和腹股沟阴囊疝，可以通过手术疗法将肠道送回腹腔内，如果肠壁与囊壁粘连，要小心将粘连处进行剥离，封闭疝孔，将多余的囊壁及皮肤做对称切除，缝合手术创口。

第五章　产科病

一、流产

羊流产是指母羊的妊娠过程受到破坏而中断，其表现为胚胎被吸收、早产或产出死胎。山羊发生流产较多，绵羊较少见。

【病因】分传染性和非传染性流产两大类。

（1）传染性流产病因　病原体有布氏杆菌、沙门氏菌、弯杆菌、鹦鹉衣原体等。

（2）非传染性流产病因　大致有以下几种。

① 饲养管理不当：如长期营养不足导致母羊瘦弱；饲喂冰冻饲料或冰水；饲料发霉或含毒物等。

② 机械性损伤：如踢伤或因饲养密度过大而造成互相挤压冲撞；公母羊同圈乱交配。

③ 胎儿及胎膜异常：胎儿畸形及胎儿器官发育异常；胎膜水肿，胎水过多或过少，胎盘出血或脐带捻转等可导致流产。

④ 母羊患病：如肝、肾、肺、胃肠疾病及神经性疾病等破坏了妊娠过程而引起流产。

【症状】突然发生流产者，产前一般无特征表现。发病缓慢者，表现精神不佳，食欲停止，腹痛起卧，努责咩叫，阴户流出羊水（图5-1-1），待胎儿排出后稍为安静。若在同一群中病因相同，则陆续出现流产，直至受害母羊流产完毕，方能稳定下来。外伤性致病结果，可使羊发生隐性流产，即胎儿不排出体外，会发生胎儿浸软分解、腐败分解或干尸化等结果。由于受外伤程度的不同，受伤的胎儿常因胎膜出血、剥离，于数小时或数天排出体外。

【防治】根据病因采取相应的防治，概括为以下几个方面：

（1）要确定是否为布氏杆菌引起的流产病，必须经细菌检验，发现阳性者均应及时隔离，以淘汰屠宰为宜，严禁与健康羊接触。对污染的用具和场地进行彻底消毒；对流产的胎儿、胎衣及其产道分泌物作深埋处理。对于菌检呈阴性者，可用布氏杆菌猪型2号弱毒苗或羊型5号弱毒苗进行免疫接种。

图 5-1-1　病羊流产

（2）经细菌检验确诊为弯杆菌引起的流产病，可用呋喃西林全群预防性治疗，每只 0.6～0.7 克，连服 3 天。

（3）预防衣原体性流产病，可用羊衣原体流产病油乳剂灭活苗，皮下注射 3 毫升/只，免疫期 7 个月。

（4）对于非传染性流产病，应以加强饲养管理为主，预防各种病因的发生。对有流产先兆的母羊，可用黄体酮注射液（含 15 毫克黄体酮），1 次肌内注射。如果胎儿死亡未排出，且子宫已开张时，可注射垂体后叶素 1～2 毫升。

二、产后败血症

母羊在分娩时由于机体抵抗力下降失去了自身的抗感染能力。难产、胎儿腐败、胎衣不下及助产不当等均可造成大量病原微生物的入侵和增殖，引起严重感染。若处理不及时，局部感染会波及全身，引发败血症和脓毒血症。

【病因】产后败血症是由于助产不当，母羊发生软产道损伤、子宫脱、胎衣不下、化脓性乳腺炎等未及时处理，受到细菌严重感染，加上母羊产后体质差，机体的防御机能弱，生殖道黏膜上淋巴管、血管扩张，使细菌很快进入血液，造成全身感染引发败血症。主要病原菌为溶血性链球菌、金黄色葡萄球菌、大肠杆菌及化脓性棒状杆菌等。

【症状】产后败血症体温上升至 40～41℃后持续不降，四肢末梢发凉；病羊卧地呈半昏迷状态（图 5-2-1）。食欲废绝，反刍停止，喜饮水；脉搏快速，呼吸浅快。随病程发展，患羊腹泻，粪中带血、腥臭，表现高度衰竭。急性病例可在 2～3 天内死亡。

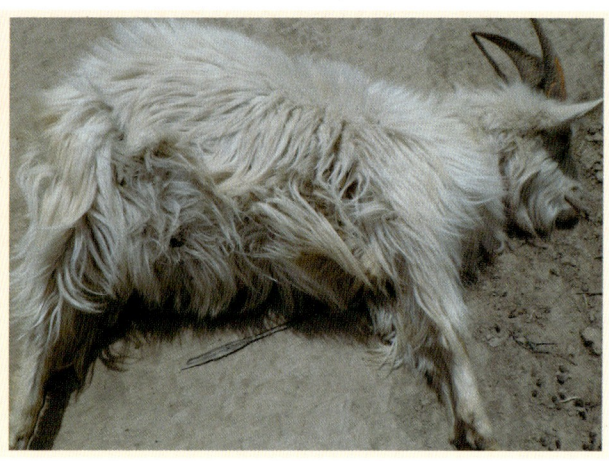

图 5-2-1　产后败血症

产后脓毒血症病情时好时坏，呈弛张热型。

【治疗】本病病程发展急剧，需及时治疗，消除病原和增强机体抵抗力。

（1）全身使用广谱抗生素和磺胺类药。

（2）大剂量补充水分和营养成分，纠正电解质失衡，防止酸中毒。

（3）肌内注射催产素，促进子宫内分泌物及分解产物的排出。

（4）体表局限性脓灶可行外科处理。

【防治】分娩期作好卫生清洁工作，严格消毒，防止感染。本病宜精心护理，喂以营养丰富易消化的饲料，充分饮水，加厚垫草，定时翻转羊体。

预防本病要对产房、产室严格消毒；助产人员和使用的器械要严格消毒，助产手术要在无菌的条件下进行；分娩过程中损伤产道时，要及时给予治疗，避免造成细菌感染。产后败血症病程急，发展迅速。产后要加强护理，注意观察，一旦发现病畜要先清除局部感染，涂布青霉素软膏。子宫内感染，要用子宫收缩剂排出子宫内的炎性产物，可肌内注射垂体后叶素 0.2～0.5 毫升，也可子宫内注入青、链霉素各 20 万单位，但禁止按摩和冲洗子宫，以防感染扩散。同时可肌内注射青霉素，每千克体重 1 万～1.5 万单位，静脉注射四环素，每千克体重 6～10 毫克，配合补液和使用维生素 C，每天 1 次。

三、难产

羊难产是指羊在分娩过程发生困难，不能将胎儿顺利地由阴道排出来。

【病因】母羊发育不全，提早配种，骨盆和产道狭窄，加之胎儿过大，不能顺利产出；营养失调，运动不足，体质虚弱，老龄或患有全身性疾病的母羊引起子宫及腹壁收缩微弱及努责无力，胎儿难以产出；胎位不正，双胎畸形胎，羊水胞破裂过早，都可使胎儿不能产出，成为难产。

【症状】难产多发生于超过预产期。孕羊发生阵痛，起卧不安，时有拱腰努责，回头顾腹，阴门肿胀，从阴门流出红黄色浆液，有时露出部分胎衣，有时可见胎儿蹄或头，但胎儿长时间不能产出（图5-3-1）。随难产时间的延长，妊娠母羊心率加快、精神沉郁、阵缩减弱。病程后期，阵缩消失，卧地不起，甚至昏迷。

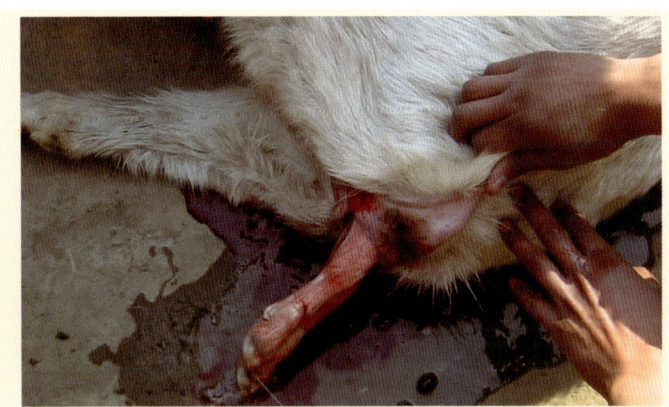

图5-3-1　羊难产

【防治】

1. 预防

（1）对于留作繁殖用的母羊，从小就要加强饲养管理，保证发育良好，体格健壮。

（2）怀孕期间，保持母羊体况良好，但不可过肥。为此应该分群饲养管理。

（3）对于接近预产期的母羊，应进行分群，特别照管。

① 准备好分娩场所，天气温暖时，可在露天生产，但必须备有羊棚，以防天气突然变化时应用。在大牧场，应备有较大、空气流通良好的产圈或产棚，除了干燥及排水良好外，还应装置分娩栏。每个分娩栏的大小约为1.5平方米，可排列成行，将临产羊和产后羊放于栏内，由经验丰富的饲养员护理。

② 清晨和傍晚，母羊分娩较多，应该有专人值班，特别注意接产。

（4）在分娩过程中，要尽量保持环境安静；接产人员不要高声喧哗，也不要让犬在羊群中惊扰。

（5）对于分娩的异常现象，要做到尽早发现，及时处理。当发现分娩时间拉长时，即应进行产道检查，根据反常情况进行助产。只要发现及时，母羊还有分娩力量，稍微加以帮助，即容易产出，可以防止发生严重的难产。

（6）产道检查方法

① 最好让母羊站立，呈前低后高姿势。但一般都不能站立，可以让羊躺卧一侧，将后躯垫高。

② 洗涤消毒外阴部和手臂。

③ 将手臂伸入产道，详细检查，确定难产的种类，以便采取相应的助产措施。

2. 治疗

羊发病后应及时采取助产方法进行治疗，越早效果越好。保定及消毒：一般使母羊侧卧保定。助产器械需浸泡消毒，术者、助手的手及母羊的外阴处，均要彻底清洗消毒。胎儿、胎位检查：将手伸入阴道内检查胎儿姿势及胎位是否正常，胎儿是否死亡。若胎儿有吸吮动作、心跳，或四肢有收缩活动，表示胎儿仍存活。助产方法：按不同的异常产位将其矫正，然后将胎儿拉出产道。多胎母羊，应将全部胎儿助产完毕，方可将母羊归群。对于阵缩及努责微弱者，可皮下注射垂体后叶素、麦角碱注射液1～2毫升。麦角制剂只限于子宫颈完全开张，胎势、胎位及胎向正常时方可使用。对于子宫颈扩张不全或子宫颈闭锁，胎儿不能产出，或骨骼变形，致使骨盆腔狭窄，胎儿不能正常通过产道者，可进行剖宫产或截胎术，以保护母羊安全。

四、胎衣不下

胎儿出生以后，绵羊排出胎衣的正常时间为3.5（2～6）小时，山羊为2.5（1～5）小时，如果在分娩后超过14小时胎衣仍不排出，即称为胎衣不下。此病在山羊和绵羊都可发生。

【病因】包括下列两大类：

（1）产后子宫收缩不足

① 子宫因多胎、胎水过多、胎儿过大以及持续排出胎儿而伸张过度。

② 饲料质量不好，尤其饲料中缺乏维生素、钙盐及其他矿物质时，而使子宫发生弛缓。

③ 怀孕期（尤其在怀孕后期）中缺乏运动或运动不足，往往会引起子宫弛缓，因而胎衣排出很缓慢。

④ 分娩时母羊肥胖，可使子宫复旧不全，因而发生胎衣不下。

⑤ 流产和其他能够降低子宫肌肉和全身张力的因素，都能使子宫收缩不足。

（2）胎儿胎盘和母体胎盘发生愈着，患布氏菌病的母羊常因此而发生胎衣不下，其原因有以下两种情况：

① 怀孕期中子宫内膜发炎，子宫黏膜肿胀，使绒毛固定在凹穴内，即使子

宫有足够的收缩力，也不容易让绒毛从凹穴内脱出来。

② 当胎膜发炎时，绒毛也同时肿胀，因而与子宫黏膜紧密粘连，即使子宫收缩，也不容易脱离。

【症状】胎衣可能全部不下，也可能是一部分不下。未脱下的胎衣经常垂吊在阴门外（图5-4-1）。病羊背部拱起，时常努责，有时由于努责剧烈可能引起子宫脱出。如果胎衣能在14小时以内全部排出，多半不会发生并发病。但若超过1天，则胎衣会发生腐败，尤其是气候炎热时腐败更快。从胎衣开始腐败起，即因腐败产物引起中毒，而使羊的精神不振，食欲降低，体温升高，呼吸加快，泌乳减少或停止，并从阴道中排出恶臭的分泌物。由于胎衣压迫阴道黏膜，可能使其发生坏死。此病往往并发败血病、破伤风或气肿疽，或者造成子宫或阴道的慢性炎症。如果羊只不死，一般在5～10天内全部胎衣发生腐烂而脱落。此病山羊比绵羊敏感。

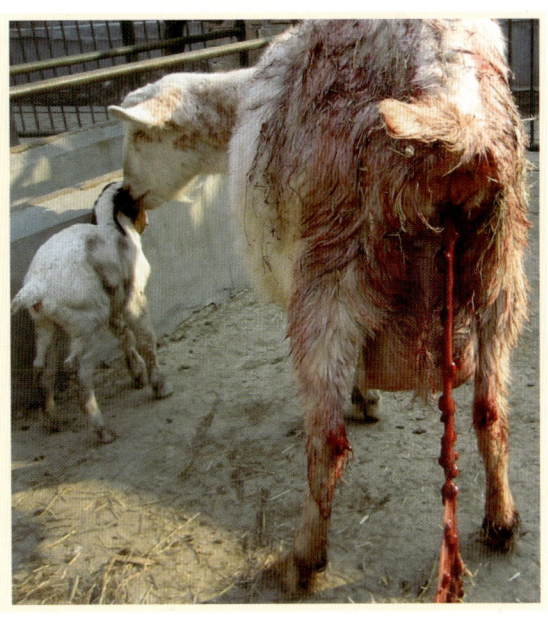

图5-4-1　胎衣不下

【防治】

1. 预防

预防方法主要是加强孕羊的饲养管理：饲料的配合应以不使孕羊过肥为原则，饲喂含钙及维生素丰富的饲料，每天必须保证适当的运动。

2. 治疗

在产后14小时内，可待其自行脱落。如果超过14小时，即须采取适当措施，因为这时胎衣已开始腐败，假若再滞留在子宫中，可以引起子宫黏膜严重发炎，导致暂时或永久不孕，有时甚至引起败血病。故当超过14小时时，应尽早采用以下方法进行治疗,绝不可强拉胎衣,以免扯断而将胎衣留在子宫内。

(1)手术剥离胎衣

① 先用消毒液洗净外阴部和胎衣,再用鞣酸酒精溶液冲洗和消毒术者手臂,并涂以消毒软膏,以免将病原菌带入子宫。如果手上有小伤口或擦伤,必须预先涂搽碘酊,粘上胶布。

② 用一只手握住胎衣,另一只手送入橡皮管,将高锰酸钾温溶液(1∶10000)注入子宫。

③ 手伸入子宫,将绒毛膜从母体子叶上剥离下来。剥离时,由近及远。先用中指和拇指捏挤子叶的蒂,然后设法剥离盖在子叶上的胎膜。为了便于剥离,事先可用手指捏挤子叶。剥离时应当小心,因为子叶受到损伤时可引起大出血,并为微生物的进入开放门户,甚至造成严重的全身症状。

(2)皮下注射催产素 羊的阴门和阴道较小,只有手小的人才能进行胎衣剥离。如果将手勉强伸入子宫,不但不易进行剥离操作,反而有损伤产道的危险,故当手难以伸入时,只有皮下注射催产素 2~3 单位(注射 1~3 次,间隔 8~12 小时)。如果配合用温的生理盐水冲洗子宫,收效更好。为了排出子宫中的液体,可以将羊的前肢提起。

(3)及时治疗败血症 如果胎衣长久停留,往往会发生严重的产后败血症。其特征是体温升高,食欲消失,反刍停止。脉搏细而快,呼吸快而浅;皮肤冰冷(尤其是耳朵、乳房和角根处)。喜卧下,对周围环境表现十分淡漠;从阴门流出污褐色恶臭的液体。遇到这种情况时,应该及早进行以下治疗。

① 肌内注射抗生素:青霉素 40 万单位,每 6~8 小时一次;链霉素 1 克,每 12 小时一次。

② 静脉注射四环素:将四环素 50 万单位,加入 5% 葡萄糖注射液 100 毫升中注射,每日 2 次。

③ 用 1% 冷食盐水冲洗子宫,排出盐水后给子宫注入青霉素 40 万单位及链霉素 1 克,每日 1 次,直至痊愈。

④ 10%~25% 葡萄糖注射液 300 毫升,40% 乌洛托品 10 毫升,静脉注射,每日 1~2 次,直至痊愈。

⑤ 结合临床表现,及时进行对症治疗,如给予健胃剂、缓泻剂、强心剂等。

五、子宫内膜炎

子宫内膜炎在绵羊和山羊都比牛少见得多。但在绵羊,有时由于某种病原微生物传染而发生，可能成为显著的流行病，严重影响母羊的繁殖性能，甚至会使其终身不孕。

【病因】

（1）常发生于流产前后，尤其是传染病引起的流产。这种子宫内膜炎容易相互传染，如不及时采取措施，正常分娩的羊也难免受到感染。

（2）分娩时期圈舍不清洁，或接产过程消毒不严，容易引起发病。

（3）为阴道脱出、子宫脱出、胎衣不下及阴道炎等疾病的继发症。

【症状】临床表现有急性和慢性子宫内膜炎两种情况。

（1）急性子宫内膜炎　病羊体温升高，食欲减少，反刍停止，精神萎靡，常从阴门流出污红色腥臭的排出物，阴门周围及尾部有干痂附着（图5-5-1）。由于炎性渗出物的刺激，同时可使阴道及阴道前庭发炎。有时由于病羊努责而发生阴道不全脱出。如为传染性子宫炎，则体温显著增高，病羊极度虚弱，泌乳停止，有时表现昏迷及血中毒现象，甚至造成死亡。

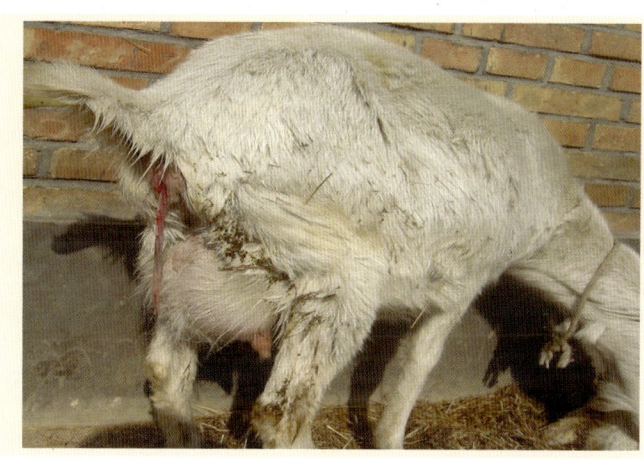

图5-5-1　子宫内膜炎

（2）慢性子宫内膜炎　多由急性转变而来，食欲稍差，阴门排出少量卡他性或脓性渗出物，发情不规律或停止发情，不易受胎。卡他性子宫内膜炎有时可以变为子宫积水，造成长期不孕，但外表没有排出液，不易确诊，只能根据有子宫卡他性炎症的病史进行推测。

【防治】

1. 预防

（1）加强饲养管理，防止发生流产、难产、胎衣不下和子宫脱出等疾病。

（2）预防和扑灭引起流产的传染性疾病。

（3）加强产羔季节接产、助产过程的卫生消毒工作，防止子宫受到感染。

（4）对子宫脱出、胎衣不下及阴道炎等疾病应及时治疗。

(5)母羊从进行配种、分娩时开始,要定期检查生殖器官状况。

2. 治疗

(1)严格隔离病羊,不可与分娩的羊同群喂管。

(2)加强护理,保持羊舍的温暖清洁,饲喂富有营养而带有轻泻性的饲料,经常供给清水。

(3)及时治疗急性子宫内膜炎,全身注射青霉素或链霉素,防止转为慢性子宫内膜炎。

(4)进行子宫冲洗及灌注,可用0.1%高锰酸钾100～200毫升、1%～2%小苏打、1%的盐水或含有0.05%的呋喃唑酮盐水冲洗子宫,每日1次或隔日1次。在子宫内有较多分泌物时,盐水浓度可提高到3%。促进炎性产物的排出,防止吸收中毒。并可刺激子宫内膜产生前列腺素,有利于子宫功能的恢复。如果子宫颈口关闭很紧,不能冲洗,可给子宫颈涂以2%碘酒,使它变得松弛。冲洗后灌注青霉素40万单位。

(5)子宫内给予抗菌药,由于子宫内膜炎的病原菌非常复杂,且多为混合感染,宜选用抗菌范围广的药物,如四环素、氯霉素、庆大霉素、卡那霉素、金霉素、呋喃类药物、诺氟沙星等。可将抗菌药物0.5～1克用少量生理盐水溶解,做成溶液或混悬液,用导管注入子宫,每日2次,也可每日向子宫内注入5%～10%的呋喃唑酮混悬液10～20毫升。

(6)激素疗法,可用前列腺素类似物,促进炎症产物的排出和子宫功能的恢复。在子宫内有积液时,可注射雌二醇2～4毫克,4～6小时后注射催产素10～20单位,促进炎症产物排出。配合应用抗生素治疗,可收到较好的疗效。

六、乳腺炎

乳腺炎多见于泌乳期的绵羊和山羊。其临床特征为:乳腺发生各种不同性质的炎症,乳房发热、红肿、疼痛,影响泌乳功能和产乳量。常见的有浆液性乳腺炎、卡他性乳腺炎、脓性乳腺炎和出血性乳腺炎。羊患乳腺炎后,往往影响奶质,严重时可引起组织坏死甚至造成羊只死亡。

【病因】本病主要由于环境卫生条件差、挤奶方法不妥、乳房过分充盈、创伤或产前饲食过多等原因,致使病原菌经乳头孔和创伤口进入乳房而引起,尤以干奶期和分娩期舍饲的高产及经产母羊多发。亦可由结核病、口蹄疫、子宫炎、羊痘、脓毒败血症等病症引起。

【症状】乳腺炎是泌乳母羊最为常见和危害最严重的疾病之一,尤其是对奶山羊。本病可分为临床型(显性)和隐性型乳腺炎,后者占多数,且不易诊断。

触摸乳房时羊只痛苦，挤奶困难，乳房以热、痛、肿为特征（图5-6-1），还可发现乳房里有硬结，奶变色或变质。鲜奶外感或许无异常，也可能呈水样（图5-6-2），有灰白色或深黄色，浓稠、絮状凝块或混有血液等。病初乳房肿胀，皮肤发紫，以后越发肿大，外观有许多小丘，直到化脓溃烂，乳腺组织破坏而丧失产奶能力。母羊行走时后腿呈跛行，食欲丧失，便秘，发高烧，有的患羊还伴有干酪性淋巴腺炎、关节炎、角膜炎或流产。

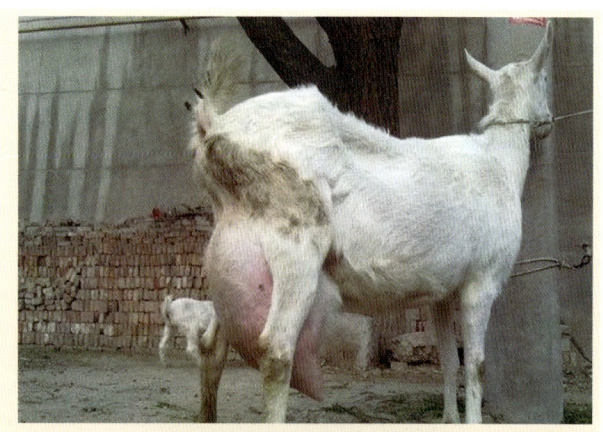

图5-6-1
病羊乳房肿胀、发红，疼痛感明显

图5-6-2
病羊乳房肿大、乳汁稀薄

【防治】注意挤乳卫生，扫除圈舍污物，在绵羊产羔季节应经常注意检查母羊乳房。

病初可用青霉素40万单位、0.5%普鲁卡因5毫升，溶解后用乳房导管注入乳孔内，然后轻揉乳房腺体部，使药液分布于乳房腺中。也可应用青霉素、普鲁卡因溶液行乳房基部封闭，或应用磺胺类药物抗菌消炎。为了促进炎性渗出物吸收和消散，除在炎症初期冷敷外，2～3天后可施热敷，用10%硫酸镁水溶液1000毫升，加热至45℃，每日外洗热敷1～2次，连用4次。中药治疗，急性者可用当归15克、生地6克、蒲公英30克、二花12克、连翘6克、川芎6克、瓜蒌6克、龙胆草24克、山栀6克、甘草10克，共研细末，开水调服，每日1剂，连用5日。亦可将上述中药煎水内服，同时应积极治疗继发病。

对脓性乳腺炎及开口于乳房深部的脓肿，宜向乳房脓腔内注入0.02%呋喃西林溶液，或用3%双氧水溶液，或用0.1%高锰酸钾溶液冲洗消毒脓腔，引流排脓。必要时应用四环素族药物静脉注射，以起到消炎和增强机体抗病能力的作用。

为使乳房保持清洁，可用0.1%新洁尔灭溶液经常擦洗乳头及其周围。

（1）由于本病多数为难以诊断的隐型乳腺炎，因此良好的卫生措施和挤奶方法及管理是防治本病的有效途径。

（2）给羊挤奶时，应用清洁温水和毛巾按摩乳房，挤出头几把奶检查有无异常。产奶量高的母羊每日应挤奶2次。

（3）挤奶后，尤其是在奶山羊分娩前后和干奶期，应用消毒液浸泡乳头。

（4）母羊应去角，经常修蹄，防止乳房创伤。

（5）在病羊初期，应减少精料和水的喂量，增加挤奶次数，病重的母羊应停止挤奶。

（6）药物治疗：引起本病的病原菌较多，应对症治疗。

全身治疗：

① 红霉素每千克体重2～4毫克；或螺旋霉素15毫克；或庆大霉素3～6毫克，肌内注射。

② 氯霉素25～50毫克；或磺胺和甲氧苄氨嘧啶50～100毫克，静脉注射。

③ 林可霉素10毫升；或泰乐霉素120毫克，肌内注射。

④ 口服磺胺类药物等。

局部治疗：生理盐水或0.05%～1%雷佛奴尔500～1000毫升经乳头注入冲洗乳房，连续数次，然后注入20万～40万单位青霉素或10万～25万单位土霉素，连续处理2～3天。同时辅以冷敷（炎症初期）和热敷（40～45℃）处理。

七、不孕症

羊体成熟后达到繁殖年龄或分娩后经过一定时间不能正常受胎者称为不孕

症。具体表现为：性周期不规则，即发情周期少于 14 天或超过 30 天以上仍缺乏发情的；经产母羊空怀天数超过 90 天；处女母羊配种 5 个以上发情期不能怀孕或空怀年龄超过 20.5 月龄，30 月龄后仍不能投产的。

【病因】造成不孕症的原因有的是由于卵细胞发育或排卵障碍造成；有的是因为精液质量太差，精子密度不够，有效精子数不够而造成的；有的则是精子与卵子的结合发生障碍，如输卵管炎、未适时输精、子宫炎等；有的是因受精卵附植发生障碍，如子宫发育不良、子宫内膜炎等造成。而造成上述病因主要有两个。

（1）人为因素，包括人工授精技术不良、未适时配种、配种消毒不严格，造成输精器械及子宫的污染等；近亲繁殖；精子污染；饲料管理差、饲料配合单一。

（2）繁殖器官与机能障碍因素，包括产羔子宫污染、子宫复位不全；传染病，如布氏杆菌病、结核病等；机体衰老或生理机能下降等。

在临床上根据不孕症的发生原因，一般可把不孕症分为以下几种类型：先天性不孕、老年性不孕、症状性不孕、营养性不孕、人为性不孕、气候性不孕和利用性不孕。

【诊断】
1. 问诊

（1）了解母羊乳产量及饲养管理等情况，特别是饲料的配合、各成分比例等。

（2）了解母羊过去的繁殖情况，如产后发情时间、产羔间隔期、产后情况。

（3）了解不孕母羊的家族史，可判断是否由遗传因素引起。

（4）了解母羊发病情况，尤其是生殖器官等疾病的情况。

（5）了解精液活力、精子质量等情况。

2. 临床检查

（1）母羊的外阴部检查：主要检查外生殖器官的大小、形状，阴部有无炎症，有无炎性分泌物流出。

（2）阴道检查：视诊和触诊，用开膣器打开阴道，触诊阴道软硬度，注意子宫颈的位置，观察阴道内有无脓液、血液及其他炎性分泌物。

3. 直肠检查

以食指插入羊直肠，隔着直肠壁探查卵巢、子宫等的情况。

（1）卵巢　注意大小、形状、质地，同时要考虑性周期的变化。

（2）输卵管　正常的纤细、弯曲、滑动，须仔细触摸方可感觉到，如变硬、变粗即表示发生病理变化。

（3）子宫　注意其位置、形状、质地、大小。正常时触诊未孕子宫有收缩反应，发情的则有弹性。若发生疾病时，则收缩反应弱或全无收缩反应。

（4）子宫颈　注意粗细、软硬度、有无炎症等，特别是经产母羊常因慢性炎症而使结缔组织增生，变粗变硬。

【症状与治疗】

1. 营养性不孕症

（1）蛋白质长期供应不足　不仅可使膘情下降而且新陈代谢发生障碍，其中包括生殖系统机能性变化。常表现为一侧或两侧卵巢萎缩，持久黄体，发情排卵均不明显。经产母羊产后4～6个月不发情。防治办法：要合理搭配精料，尤其是加强蛋白质饲料的供应。

（2）碳水化合物供应不足　它是母畜能量的重要来源，而且还参与生殖器官、子宫黏液的分泌，如供应不足也可引起蛋白质代谢障碍，使机体内酸碱平衡失调。主要表现为性周期紊乱，卵巢萎缩，通常无卵泡成熟，有时出现持久黄体或卵巢囊肿。防治办法：加强饲养管理，多供给碳水化合物饲料。

（3）维生素缺乏　维生素A、维生素B族、维生素D、维生素E缺乏均可造成母羊不孕，一般表现为持久黄体，卵巢萎缩，个别出现卵巢囊肿。防治办法：对长期不孕的羊或出现性周期不正常的，可加喂维生素E。若羊本身不能合成维生素E，可在冬季长期舍饲或饲喂稻草而出现较多的不孕羊时加喂维生素制剂。

（4）矿物质缺乏　对不孕有影响的主要是钙、磷。如磷不足可引起母畜无发情期，钙不足，磷过多可引起卵巢萎缩，质地坚硬，发情后生殖器官出血严重，排卵延迟，受胎率低。防治办法：要适当加喂骨粉（使Ca∶P=5∶3）或补充矿物质添加剂。

（5）蛋白质过多和过肥引起不孕　当长期饲喂含过量的蛋白质和脂肪性饲料，而同时矿物质、维生素供应缺乏，加上运动不足时，会造成不孕。过肥时，会造成脂肪在卵巢及其周围大量沉积，导致卵巢发生脂肪变性，出现持久黄体，个别羊虽性周期正常，但屡配不孕，当用高蛋白、高能量饲料饲养时，往往出现卵巢囊肿。防治办法：减少精料、糖料、豆饼等易造成蛋白质、脂肪沉积的饲料，但必须保证青饲料的供应，母羊的膘情以6～7成为宜，控制哺乳，加强运动，适当加喂食盐，由药物激活卵巢的活动。

（6）管理不当造成的不孕　当羊群饲养在寒冷、潮湿、光线弱、通风不良的环境中，或羊舍高温、无适当的运动也可使母羊经常处在紧张状态下，再得不到完全光照，便会造成性周期紊乱，使得卵巢体积缩小，无成熟卵泡，且有明显的持久黄体。防治办法：改善饲养条件，适当运动，用药物促进生殖机能的恢复。

2. 生殖器官疾病引起的不孕

（1）卵巢机能衰退，卵巢静止、幼稚，久不发情，性机能不期衰退，卵巢萎缩。

① 症状：卵巢机能暂时性扰乱，性周期长，严重时卵巢明显萎缩硬化，子

宫收缩力减弱，泌乳明显下降。

②防治：主要刺激家畜性机能的恢复。

乙烯雌酚10～15毫升，肌内注射，1次/2天，连用3次，6天后如无性欲，可用绒毛膜促性腺激素200～500单位，肌内注射。

促卵泡生成素100～200单位，1次/天，肌内注射，连用2～3次，发情后可用促黄体生成素100～200单位，肌内注射。

PMSG 200～500单位，肌内注射。

三合激素，每10千克体重1毫升，肌内注射。

中药：当归、菟丝子各40克，枸杞子50克，益母草20克，阳起石30克，补骨脂10克，藕叶5个，丁草50克，红糖50克，煎服，每天·副，连用3天。

（2）持久黄体　性周期或分娩后的卵巢中黄体超过30天，不消退者称为持久黄体，前者为周期黄体，后者为妊娠黄体。

①病因：主要是由于脑垂体前叶分泌的促卵泡素不足，促使黄体生成素分泌过多引起，常发生于高产母羊因消耗过大导致卵巢机能减退，运动不足，饲料单一，缺乏维生素，子宫炎，子宫内积脓汁、死胎、产后子宫复旧不全或胎衣滞留。

②症状：性周期停止，不发情，个别母羊出现很不明显的发情。

③防治

促卵泡生成素100～200单位，肌内注射，1次/2天，连用2次。

三合激素，每10千克体重2毫升，肌内注射。

前列腺素5毫升加20毫升生理盐水灌注子宫。

氦氖激光照射交巢穴，每次10分钟，每天1次，连用3天。

（3）卵巢囊肿　分为黄体囊肿和卵泡囊肿。

①卵泡囊肿是卵泡上皮变性，卵泡壁结缔组织增生变厚，卵细胞死亡，卵泡液末被吸收，引起囊肿，造成慕雄狂。症状为：母畜频频发情，外阴部下垂、充血，卧地时外阴门张开，伴随流出透明的分泌物，性情粗野，严重时叫声变粗，频频爬跨和排尿，每次发情期6～8天，直肠检查时患侧卵巢肿大，摸到实质部，有卵泡液波动。治疗：黄体酮50～100毫克肌内注射，每天1次，连续3天；促黄体生成素100～200单位，肌内注射3次；绒毛膜促性腺激素加30毫升生理盐水每天冲洗子宫，连续3天。

②黄体囊肿是由于未经排卵的卵泡壁上皮黄体形成的囊肿。其症状为：完全停止发情，卵巢上黄体块突出，且富有弹性。

治疗：子宫内用前列腺素5毫克加生理盐水20毫升冲洗，注射绒毛膜激素200～500单位，用针刺法去除囊液。

（4）子宫疾病　包括子宫复位不全与子宫内膜炎。

①子宫复位不全

病因：难产，子宫脱出，胎衣不下，胎水过多，胎儿过大，多胎，妊娠期及产后期缺乏运动。症状：产后恶露滞留或排出时间延长，子宫颈在产后1～2周以上仍开放，恶露从浅红色渐渐变成黏液性。防治：补液结合抗生素治疗；脑垂体后叶激素50～100单位，肌内注射；土霉素粉10克加蒸馏水50毫升灌注；柠檬酸3克，土霉素2克制成泡沫剂冲洗子宫。

②子宫内膜炎：母畜的发情周期及发情表现正常，直检时触诊子宫较肥厚，阴道中存有从子宫分泌的稍浑浊的黏液状炎性分泌物。

防治：1%土霉素100毫升，0.05%～0.1%高锰酸钾溶液50毫升反复冲洗，冲洗后子宫内放入土霉素胶囊3克。对不明显的子宫内膜炎，可在配种前1～2小时用80万单位青霉素和100万单位链霉素加5～10毫升生理盐水冲洗，然后配种。

3. 反复输精产生免疫而造成不孕

由于精子具有抗原性，多次重复交配和反复输精会引起母畜体内滴度升高，每输精一次，畜体血清与精子凝集就增高一次。

防治方法：

（1）对产后子宫复旧不全或母畜有病者不可输精。

（2）对于4个性周期输精不孕时，在以后2个性周期内不输精。

（3）用2.9%柠檬酸钠精液稀释液20毫升加80万单位青霉素，一天一次冲洗子宫。

八、妊娠毒血症

羊妊娠毒血症也称羊妊娠中毒症，是母羊妊娠末期的一种严重的代谢性疾病。由于该病的发生原因尚未完全查明。故又有"妊娠反应病"之称。

【病因】羊妊娠毒血症致病因素有两方面。一为外界因素，即饲养管理不当，饲料单一、营养不足或不全，缺乏运动，致使妊娠羊营养失调，物质代谢减弱，对外界环境适应能力降低。二为机体内在因素，即孕畜体内物质代谢障碍，随着胎儿迅速生长发育，母体不能满足胎儿及本身的需要时，首先消耗自身贮存易被利用的肝糖原，肝糖原过度消耗后，脂肪组织中的脂肪将大量入肝转为糖原，从而形成高血脂。由于氧供应不足而脂肪不全氧化，所以酮体超过了肝外组织所利用的限度，致使发生酮血症和酸中毒，加上环境因素影响、气候骤变等作用，母羊在产前易发生妊娠毒血症。

【症状及病理变化】患病母羊在临产前，精神不振，心音增强，尿少色黄如油状；食欲不振或废绝（图5-8-1），喝水少，粪便时干时稀；体温正常或偏低，耳震颤，全身发抖，咬牙；反射机能减弱，运动失调，盲目运动；站立不稳，头向后仰或弯向一侧，最后昏迷而死亡。血液检查表现为低血糖和高血酮，血浆游离脂肪酸增多。肝脏肿大，色微黄，质脆易碎，肝变性（图5-8-2）；肾脏肿大、出血并有脂变；心脏变性、质脆，心内外膜有出血点；脾充血和出血；胃肠黏膜下出血及坏死炎症，腹水增多。

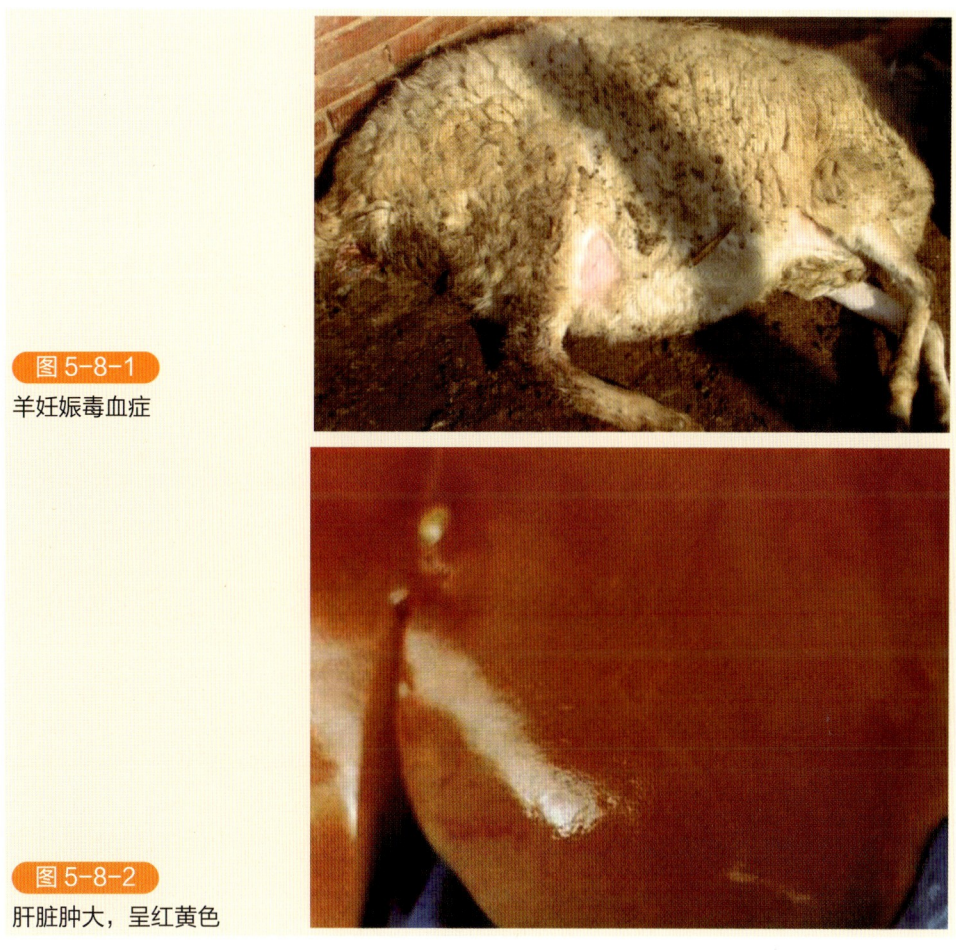

图 5-8-1　羊妊娠毒血症

图 5-8-2　肝脏肿大，呈红黄色

【诊断】根据母羊的发病症状，结合母羊临产前拒食及营养状况、是否圈养、缺乏运动、日粮搭配是否合理等，再根据剖检变化，一般即可确诊。有条件可进行实验室检查。

【治疗】

（1）保肝、提高血糖　50%葡萄糖每次100毫升，加维生素C注射液0.5克，静脉注射，连用7天。

（2）促进代谢　氢化可的松注射液0.08克，加入10%葡萄糖溶液稀释后一次静脉注射，每日一次。维生素 B_1 注射液0.05克，一次肌内注射，每日1次，连用 7 天。

（3）纠正酸中毒　5% 碳酸氢钠注射液 100 毫升静脉注射，每日 1 次，连用 4 天。心力衰竭时注射强心药，食欲不佳时给予健胃药物。

（4）如果治疗效果不显著，建议施行剖宫产或人工引产。娩出胎儿后，症状多随之减轻。

九、子宫脱出

子宫脱是指子宫的一部分或全部脱出于阴道内或阴道外。

【病因】本病继发于分娩，多见于分娩后数小时内。妊娠期营养不良、运动不足、肥胖，以及羊水过多、胎儿过大及过多等因素，引起子宫肌过度伸张，若分娩后努责仍很剧烈，则容易发生子宫脱。

【症状及病理变化】如果只有一个子宫角怀孕时，从阴门裂中垂出红色、发亮、拳头大以至小儿头大的梨形物，其末端扩大下垂到跗关节，而另一个子宫角则包在脱出部分之内，并不外翻。在两个子宫角都怀孕时，则脱出子宫的大小加倍，表面显有杯状子叶。

在严重时与阴道一起脱出阴门外。如果在空气中停留时间过久，则变为暗红色。往往因受到粪尿及褥草的污染而出现黑色斑点（图 5-9-1）。时间再长时，黏膜下组织及肌内层发生浮肿，逐渐变为坏疽。严重的子宫脱出常常并发便秘或腹泻，并伴有全身症状。

图 5-9-1　从阴门中脱出的子宫

【诊断】依据从阴道脱出组织的特殊形状，容易作出诊断。但应注意与阴道脱出相鉴别，阴道脱出后其外观呈球形囊状，表面光滑，体积较小，与子宫脱出外观不同。

【防治】

1. 预防

（1）平时加强饲养管理，保证饲料质量，使羊身体状况良好。

（2）在怀孕期间，保证羊只有足够的运动，增强子宫肌内的张力。

（3）多胎的母羊，往往在产后 14 小时左右才发生子宫脱出，因此这一阶段要精心护理，以便及时发现病羊，尽快进行治疗。

（4）遇到胎衣不下时，绝不要强行拉出。

（5）遇到产道干燥时，在拉出胎儿前，应给产道内涂灌大量油类进行润滑，以预防子宫脱出。

2. 治疗

（1）对病羊进行全身麻醉，提高后躯，用消毒药液冲洗子宫，清除黏膜上的泥土、草屑及未脱落的胎盘碎片。

（2）用温热的 2% 明矾液或 1% 硼酸溶液冲洗子宫。若水肿严重，应在冲洗的同时揉搓压迫子宫，使水肿液得以排出。最后在子宫黏膜表面涂上抗生素软膏。

（3）用灭菌大纱布包裹子宫，防止子宫再次污染，将两手置于子宫基部慢慢向内还纳。如还纳后子宫不能正常复位，可施行剖宫术，使子宫完全恢复到正常位置。

（4）为防止再次脱出，应进行阴门缝合。

（5）应注意对症治疗。

十、阴道脱出

阴道脱出是阴道部分或全部外翻脱出于阴户之外，阴道黏膜暴露在外面，引起阴道黏膜充血、发炎，甚至形成溃疡或坏死的疾病。

【病因】饲养管理不良，羊体弱、年老，致使阴道周围的组织和韧带弛缓；怀孕羊到后期腹压增大；分娩或胎衣不下而努责过强。助产时强行拉出胎儿，常是发生阴道脱的直接原因。

【症状】阴道脱出有完全脱出和部分脱出两种。当完全脱出时，脱出的阴道如拳头大，也可见阴道连同子宫颈脱出。部分脱出时，仅见阴道入口部脱出，大小如桃（图 5-10-1）。外翻的阴道黏膜发红，甚至青紫，局部水肿。因摩擦可损伤黏膜，形成溃疡，局部出血或结痂。病羊常在卧地后，被地面的污物、垫草、粪便黏附于脱出的阴道局部，导致细菌感染而化脓或坏死。严重者，全身症状明显，体温可高达 40℃以上。

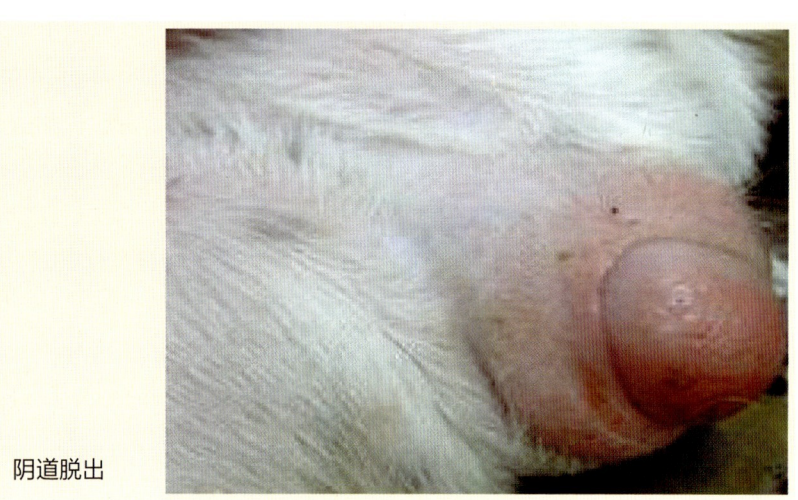

图 5-10-1　阴道脱出

【防治】体温升高者，用磺胺双甲基嘧啶 5～8 克，每日 1 次内服，连用 3 日；或用青霉素和链霉素肌内注射。配合 0.1% 高锰酸钾溶液或新洁尔灭溶液清洗局部，涂搽金霉素软膏或碘甘油溶液。然后用消毒纱布捧住脱出的阴道，由脱出基部向骨盆腔内缓慢地推入，至快送完时，用拳头顶进阴道；然后用阴门固定器压迫阴门，固定牢靠为止，对形成习惯性脱出者，可用粗线对阴门四周做减张缝合，待数日后，阴道脱出症状减轻或不再脱出时，拆除缝线。

十一、睾丸及附睾炎

【病因】睾丸与附睾紧密相连，常同时发炎或相互继发。主要由外伤引起，也可因睾丸附近组织发炎而继发，或由布氏杆菌病、结核病等转移而来。

【症状】在急性发炎时，睾丸及附睾均肿大、热痛（图 5-11-1），精索粗硬，并伴有机能障碍。严重的患羊出现体温升高（达 40℃以上）及其他全身症状。羊的睾丸及附睾炎常由布氏杆菌病转移而来，此时，大部分患羊呈现跛行，关节肿大、疼痛，关节囊内常有液体。

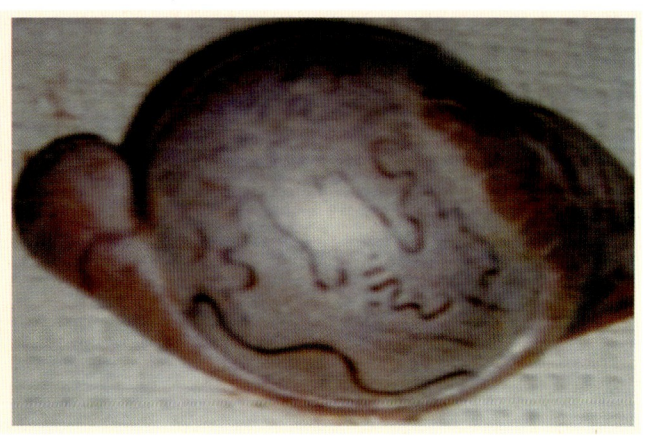

图 5-11-1
睾丸及附睾肿大

【病理变化】剖检可见睾丸和附睾实质变性、脓肿（图 5-11-2）。除急性炎症外，尚有慢性间质性炎症，多因急性期失治转来，表现硬肿无痛，睾丸及附睾严重萎缩，局部温度不高，有时比正常略低，常与周围组织粘连。

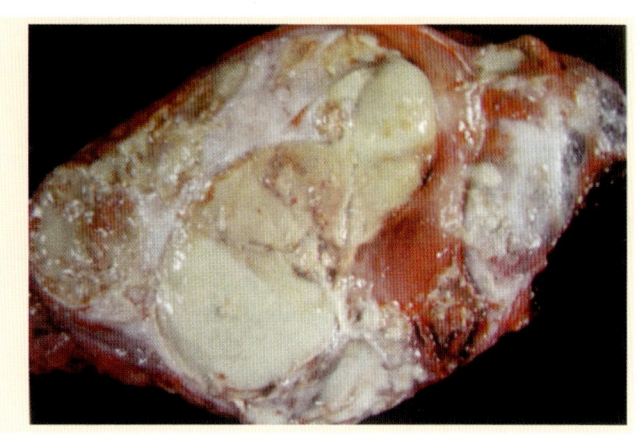

图 5-11-2
睾丸及附睾实质变性、脓肿

【防治】病初 1～2 天局部施行冷敷，后改用温敷，亦可在外部涂搽樟脑软膏或鱼石脂软膏，并用吊带将阴囊托起，以促进血液循环和痊愈。疼痛严重时，可用普鲁卡因青霉素做精索封闭，隔日注射 1 次。睾丸严重肿大的，若不宜留作种畜时，可将其切除。有脓肿形成时，则应切开排脓后，按外科常规处理。当有全身症状时，可用抗生素及磺胺类药物治疗。优良种畜如单侧感染可考虑将患侧附睾连同睾丸摘除，保持其生育力。

第六章　代谢病和中毒病

一、白肌病

白肌病在绵羊羔及仔山羊都可发生，是由于饲料中缺乏硒元素和维生素E而引起的一种代谢病，也称硒和维生素E缺乏病。其特征是心肌与骨骼肌发生变性，发病严重的骨骼肌呈灰白色，病羊步态僵硬，故又称为僵羔。本病常在春夏之际发生，呈地方流行性，砂土或沼泽地区发生较多，1～5周龄的羔羊及仔山羊最易患病。死亡率有时可达40%～60%。

【病因】本病既非传染病，又非遗传性疾病，目前一般认为主要是由于缺乏维生素E和微量元素硒所引起。当饲料中硒的含量和维生素E不足时，就可能发生硒-维生素E缺乏病。

有机体在代谢过程中产生一些过氧化物，它能使细胞和亚细胞（线粒体、溶酶体等）的脂质膜受到破坏，引起细胞变性、坏死。谷胱甘肽过氧化物酶在分解这些过氧化物中起着重要作用，而硒是该酶的主要组成成分。所以缺硒的动物，该酶的活性降低。如果补充了硒，就可提高该酶的活性，从而提高抗氧化作用，使组织免受体内过氧化物的损害，最终保护细胞的正常功能。羔羊缺硒病呈区域性分布，在严重缺硒地区，白肌病的发病率可高达90%。

【症状】

（1）绵羊羔　病羔营养状况较差者居多，但发育良好者亦不少见。羔羊常于放牧及采食时突然倒地死亡，或者在典型症状出现后1～2天内死亡。病羔体温正常，胃肠蠕动无显著变化；心跳节律不齐，呈显著的传导阻滞和心房纤维颤动；病程较长者，最初精神沉郁，离群，不愿行动，食欲减少或废绝，以后卧地不起，颈部僵直而偏向一侧（图6-1-1）；如果强迫起立，轻者走路摇摆，肢体强硬；重者站立不稳或举步跌倒；少数病羔有腹泻症状。

（2）仔山羊　在发病初期，外部并无任何可见症状，仅仅是听诊时心跳无节律或有间歇。以后表现精神沉郁，被毛竖立而粗乱，食欲略减或废绝。有时不表现症状即突然死亡。但事实上能够从症状上发现病羊时，已经达到垂危阶段。在羊群中发病的最初阶段，可以见到约1/3的病羊起立不便，喜卧，跛行，行走困难。站立时肌肉颤抖，肩臂部和股部肌肉特别明显。病情严重时，病羊对周围的刺激反应迟钝。在发病的后一阶段，不易看到运动器官发生障碍。大多数病羊表现呼吸粗粝，次数增多；结膜潮红，边缘稍黄；体温一般正常，唯有并发症时，可以升高到 40～41.3℃；听诊时，心跳加快，节律不齐，有间歇，部分病例还有舒张期杂音。少数病羊伴有顽固性下痢。

图 6-1-1　病羊卧地不起，颈部偏向一侧

病程经过颇不一致，最严重者为突然不安，哀叫，呈兴奋状态，10～30 分钟死亡。较重者多经 3～4 天死亡。轻者经 2～3 周死亡，但为数极少。

【病理变化】

（1）绵羊羔　尸体有时消瘦，有时营养良好。主要病变是肌肉发生对称性病变，即身体两侧的同种肌肉发生病变，其后腿最为明显。平常见到者为臂二头肌、臂三头肌、肩胛下肌、股二头肌及胸下锯肌等。有时咬肌与膈肌发生病变。病变肌肉呈弥散性或局限性的浅黄色或灰黄色，有时为白色（图 6-1-2），肌组织干燥，表面粗糙不平横断面存在区域性色淡区，如同石灰样或者煮肉样，且在肌束间存在白色小点或者白色条纹（图 6-1-3）；少数病例肌肉硬化，有钙盐浸润。肌肉中钙含量增加至 14%～15%，而正常者仅为 2%。胸腹水明显增多，肺脏存在较多的出血斑点，右心扩张，心包中有透明或红色液体，心外膜存在针尖状大小的出血点（图 6-1-4），心肌呈灰白色（图 6-1-5），较柔软，心室扩大，严重者出现大范围灰白色坏死区（图 6-1-6）。

图 6-1-2
骨骼肌有条片状灰白色病变

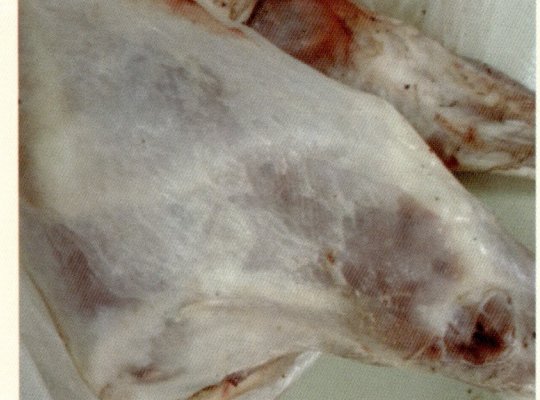

图 6-1-3
骨骼肌有条片状灰白色病变

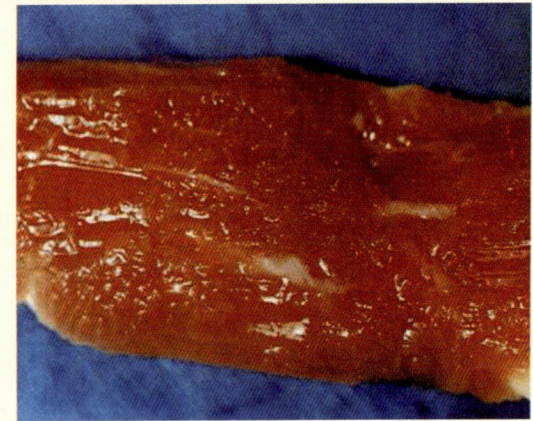

图 6-1-4　外膜有出血点

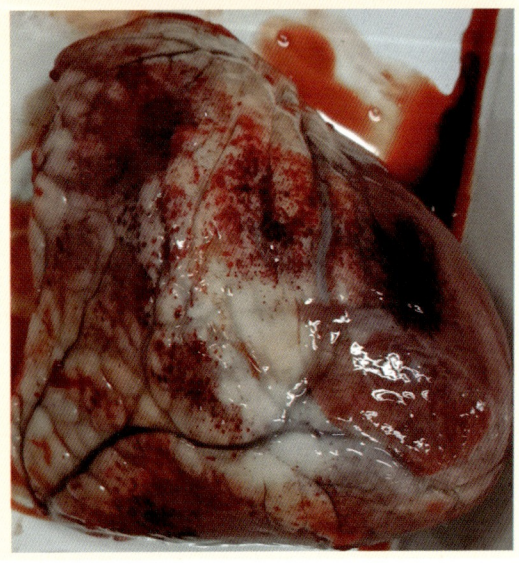

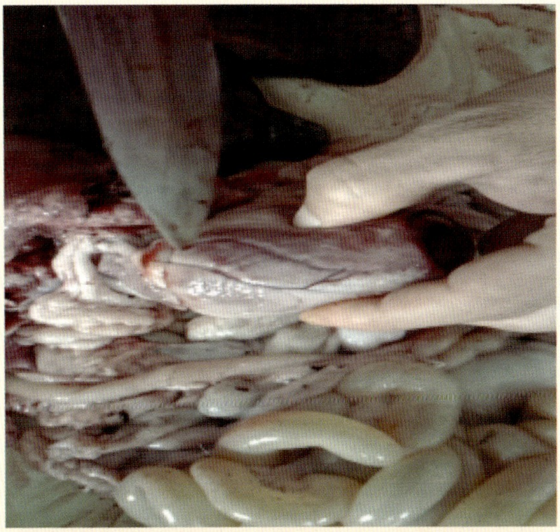

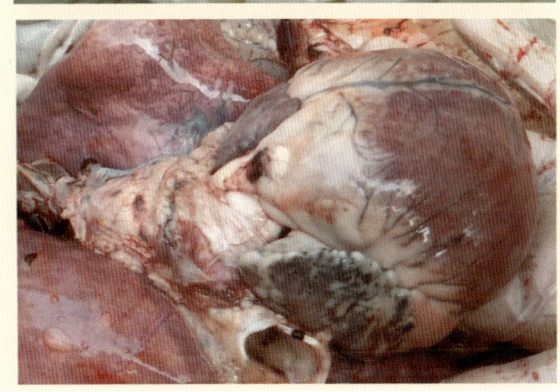

图 6-1-5
心肌呈灰白色

图 6-1-6
心外膜大范围灰白色坏死区

(2) 仔山羊　尸僵完全或不完全,血液凝固不良。心脏极度扩张,心肌厚薄不均,颜色淡。心肌变性,心内膜下心肌和乳头肌周围有灰黄色条纹,顺着肌纤维方向存在,状似虎斑。将病变部切开时,可见心肌纤维粗糙、色淡,其结构如木质纤维。在严重的病例,整个心内膜都布满有上述病变。骨骼肌变性,尤其是前、后肢肌肉和背最长肌变性比较明显,肌纤维粗糙,颜色淡白,其中夹杂着颗粒性增生物,并有瘀血小点。肠系膜淋巴结肿胀、柔软,切面多汁,压之有大量乳白色液体流出,切面上有小粒状突出物。皱胃发炎、出血;十二指肠、空肠、回肠和部分盲肠黏膜呈紫红色,充血或出血,其内容物呈红色粥状。

【诊断】

(1) 病羔死后的剖检所见,可作为诊断的主要依据。最明显者为肌肉中有灰白色条纹存在,尤以后肢最为多见。显微镜下最清楚,在尸僵发生之前亦可在镜下观察其变化。

(2) 病羔的血清谷草转氨酶超过 200 单位/毫升,血清肌酸、磷酸转移酶和乳酸脱氢酶均有增加，补加维生素 E 到不全价的日粮中，可以降低乳酸脱氢酶的含量。

（3）尿中含有大量肌酸，也可作为临床诊断的重要根据之一。

【预防】

（1）应用 0.2% 亚硒酸钠皮下注射，预防效果良好。具体方法如下。

① 注射年龄：1～2 月份出生的羔羊，在日龄 20 天左右注射，一般不要晚于 25 日龄；3 月份及以后出生的羔羊，一般在出生后半月大时注射，尤其是 3 月份以后出生的羔羊，最晚不能超过 20 日龄，过迟就有发病的危险。

② 注射次数：一般进行两次预防注射，第一次注射后，间隔 20 天再进行第二次注射。如果羔羊在 40～50 日龄时，天气连阴多雨，干草质量不好，青草又不能正常供应时，还可以进行第三次预防注射。

③ 注射剂量：应用 0.2% 亚硒酸钠溶液，每只羊第一次 1 毫升，第二、三次各 1.5 毫升，作颈侧皮下注射。亚硒酸钠溶液的配制方法是亚硒酸钠 0.2 克，加注射用水 100 毫升，盛入灭菌瓶内，待溶解后备用。

（2）在分娩之前给母羊皮下注射亚硒酸钠一次。用量为 4～6 毫克。

（3）供给孕羊维生素 A、维生素 D、维生素 E 及磷酸盐 在冬季可喂给豆科干草（干苜蓿最理想）、胡萝卜、大麦芽与骨粉。如在产后才发现饲料中缺乏维生素 A 和维生素 E，应肌内注射维生素 A 和维生素 E。

当仔羊群中已经发病，应在治疗病羊的同时，给未发病羊注射治疗量的维生素 A 和维生素 E，或者用青苜蓿制作饲料膏饲喂，或者在饲料中拌入棉籽油。

【治疗】可将病羊放于宽敞通风的畜舍中，限制活动。然后按照以下方法治疗。

（1）给日粮中增加燕麦或大麦芽，补给磷酸钙，亦可拌入富含维生素 E 的植物油，如棉籽油、菜油等。

（2）用 0.2% 亚硒酸钠溶液 1.5～2 毫升，皮下注射。

（3）皮下或肌内注射维生素 E，剂量为 10～15 千克，每天 1 次，连续应用，直到痊愈为止。

二、黄脂病

羊黄脂病是以羊体脂肪组织呈现黄色特征的一种色素沉积性疾病，也称"黄膘""黄脂肪病"或"营养性脂膜炎"，是一种受饲料与环境影响而导致的代谢病，可分为黄疸病和黄膘病。为便于区分，习惯上把放牧羊因疾病引起的皮下脂肪变黄称作疾病型黄疸病；舍饲育肥羊因饲料引起的皮下脂肪变黄称作代谢型黄膘病。

【病因】

1. 引起疾病型黄疸病的原因

（1）寄生在胆管内的寄生虫（如肝片吸虫、绦虫）、胆管炎、十二指肠炎等，均可造成胆汁运行受阻，称阻塞性黄疸。

（2）各种细菌或病毒所致的肝硬化、肝炎等，使得肝脏实质发生病变而导致实质性黄疸。

（3）羊附红体病、锥虫病、焦虫病、钩瑞螺旋体病等侵入机体，都可造成红细胞大量崩解，血红蛋白游离于血液中，经肝脏代谢后形成黄疸，称溶血性黄疸。

2. 饲料因素引起代谢型黄膘病的原因（最常见）

（1）不饱和脂肪酸含量过高或生育酚含量过低　饲料中油渣、油糟类、玉米、豆饼等高脂肪、易酸败原料过多，使机体内维生素 E 的消耗量大增，引起机体内维生素 E 相对缺乏，导致抗酸色素在脂肪组织中沉积，促使黄脂产生。

（2）饲料中色素含量高　饲料中含植物色素的原料（如胡萝卜、紫云英、芜菁、南瓜等）或染色掺假原料（棉粕等）含量较高，羊采食后染料沉积到脂肪上，也会形成黄脂。

（3）饲料中添加了导致产生黄脂病的药物　如硫胺类和某些有色中草药，在使用时间较长或没有经过足够长的休药期后屠宰，会造成局部或全身脂肪发黄。

（4）饲料霉变　长时间给羊饲喂感染黄曲霉的饲料，也能引起脂肪淡黄色。

（5）使用猪饲料和肉鸡饲料喂羊　猪饲料的特点是油脂、铜含量高，且油脂多为易吸收、氧化的不饱和脂肪酸，加上铜具有很强的催化及氧化作用，导致饲料氧化加快，造成黄脂，且猪料中大都添加药物，有些药物也容易造成黄脂。

（6）饲料配方或生产工艺不合理　高铜可使饲料中的油脂氧化酸败加快，导致黄脂。维生素 E 缺乏可降低机体的抗氧化性，也会导致黄脂。同时饲料生产过程中产生的热量和水蒸气过多，以及饲料储存时间过长，也会导致饲料中不饱和脂肪酸过氧化发生酸败，促使黄脂形成。

（7）育肥饲喂时间过长，饲料配比不合理　较长时间饲喂高能、高蛋白饲料，维生素缺乏，特别是维生素 E 和维生素 C 缺乏，精料喂量大，草料喂量小，破坏羊只自身的生长规律，长时间营养过剩造成体内代谢异常，发生脂肪肝及肝功能异常，造成胆汁分泌和代谢异常，胆道堵塞，胆汁被直接吸收进入血液造成黄疸。育肥时间短，料中能量低也可引起黄脂症。

【症状】病羊在育肥 120 天左右开始出现临床症状，表现为被毛蓬松缺乏光泽，不爱活动，乏力，发呆，摇头震颤，食欲废绝，反刍减少，血尿或酱油色尿液，口腔、眼黏膜、肛门、腹下皮肤发黄（图 6-2-1），四肢麻痹，站立不稳，呼吸困难，腹式呼吸，治疗无效，最后昏迷而死。

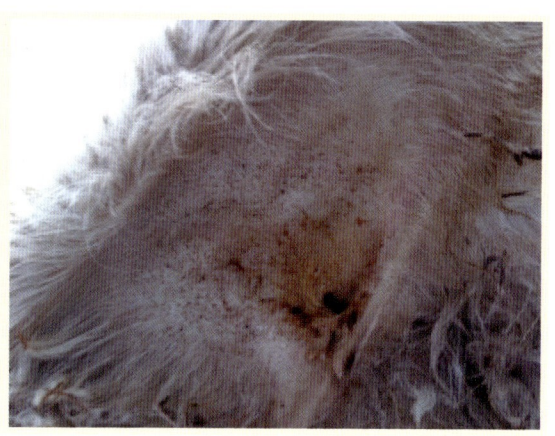

图 6-2-1　肛门、腹下皮肤发黄

【病理变化】全身皮下脂肪组织呈黄色，具有鱼腥味（图6-2-2）。气管喉头呈黄色（图6-2-3），肺脏呈土黄色，有出血斑（图6-2-4），肋骨、肋间肌肉发黄（图6-2-5），肝呈黄褐色，轻度肿大，边缘变钝，质地变脆，颜色变淡发黄呈黄褐色，但无坏死灶，胆囊肿大，胆汁浓缩（图6-2-6）；淋巴结水肿、黄染（图6-2-7），有出血点。胃肠黏膜充血（图6-2-8），切开瘤胃倒出内容物，可见瘤胃乳头短粗，质地较硬，严重部位结成硬痂。肠道出血黄染（图6-2-9）。肾脏周围也有大量脂肪，将肾脏完全包裹，脂肪呈黄色（图6-1-10），将包裹在肾脏上的脂肪剥离，肾脏发黑、大小正常，质脆易碎，切面多汁，色泽加深，结构浑浊，皮质部呈紫黑色，髓质呈黄色；膀胱内尿液呈红色（图6-1-11）。腹水呈黄红色（图6-1-12），血液稀薄。

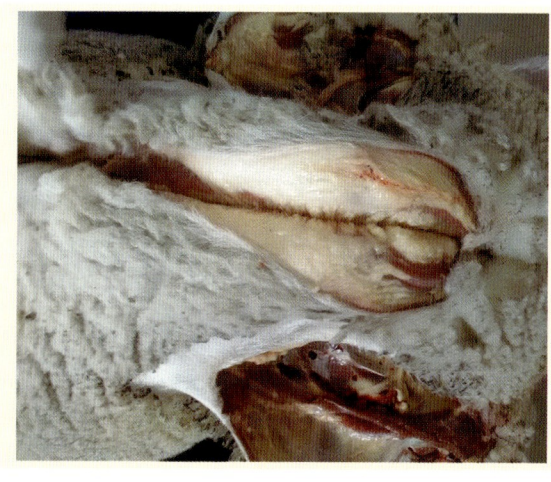

图 6-2-2　皮下脂肪组织呈黄色

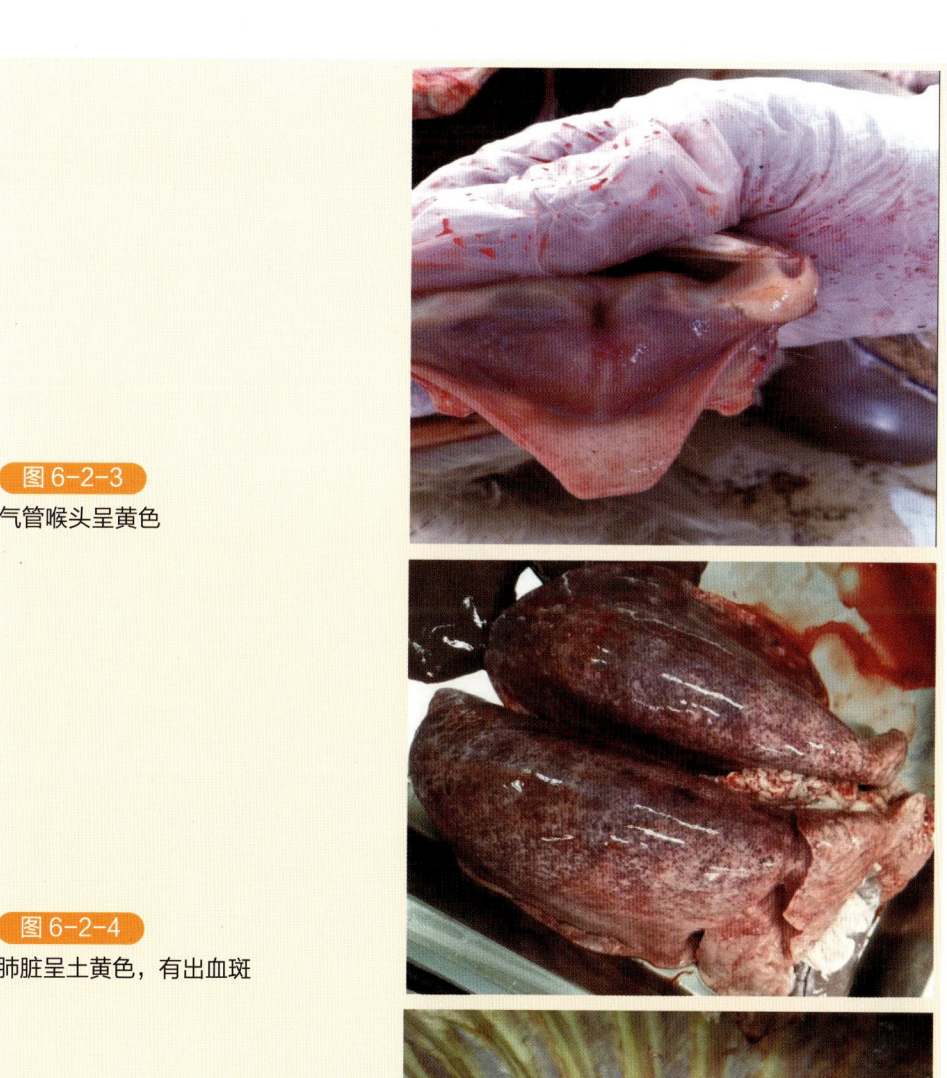

图 6-2-3
气管喉头呈黄色

图 6-2-4
肺脏呈土黄色,有出血斑

图 6-2-5
肋骨、肋间肌肉发黄

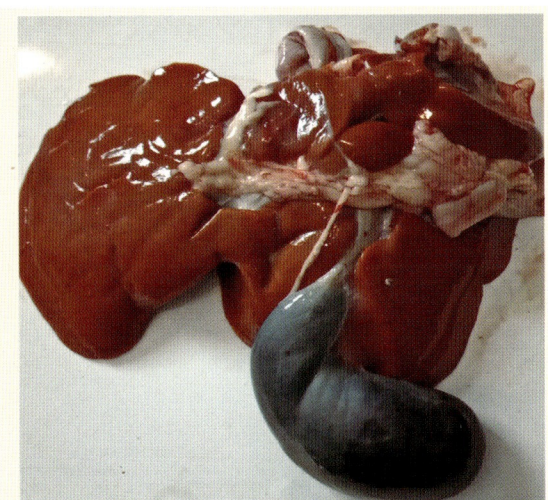

图 6-2-6
肝呈黄褐色，胆囊肿大

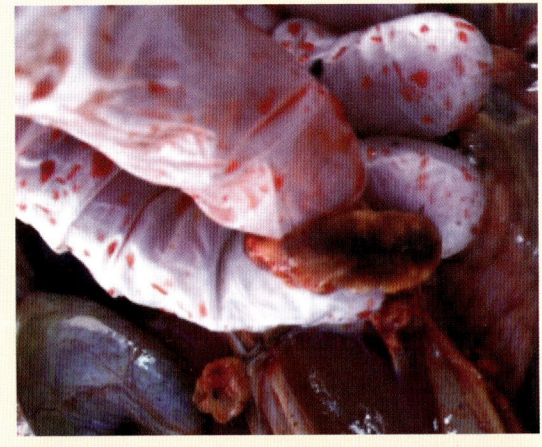

图 6-2-7
淋巴结水肿，黄染

图 6-2-8
胃肠黏膜充血

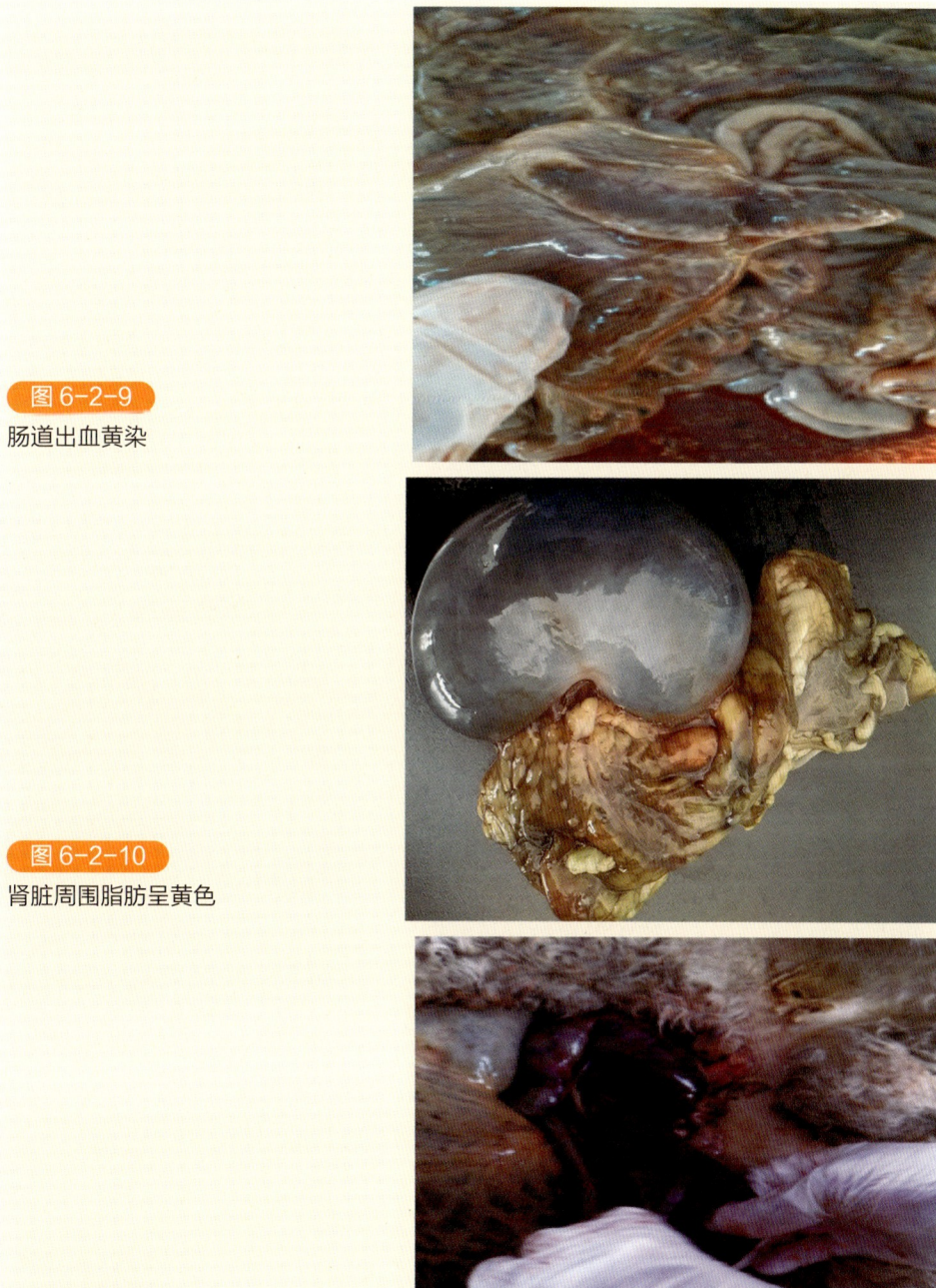

图 6-2-9
肠道出血黄染

图 6-2-10
肾脏周围脂肪呈黄色

图 6-2-11
膀胱内尿液呈红色

图 6-2-12　腹水呈黄红色

【诊断】根据临床症状和典型病理变化，结合饲养管理可做出诊断。

【防治】

1. 预防

（1）按厂家推荐配比配制饲料，不使用猪料和大量含不饱和脂肪酸的肉鸡料。

（2）调整日粮配方，增加粗饲料比例，育肥前期要多给草料，保证羊只健康，减少脂肪肝等代谢病的发生。

（3）在日粮中添加抗氧化剂硒和维生素E。玉米、米糠、豆粕等不饱和脂肪酸含量都比较高，尤其是在夏季，容易氧化酸败，在饲料中添加天然的抗氧化剂硒和维生素（生育酚），保证机体具有良好的抗氧化能力。

（4）不喂过期、霉变饲草。

（5）做好羊的驱虫工作。

（6）增加机体清热解毒能力和免疫功能。通过大黄、芒硝、山楂和炒麦芽等中草药的适当添加，增加机体的解毒功能、免疫力、抗氧化功能和抗溃疡功能。定期使用复方中草药药剂（清瘟止痢散），达到预防黄脂病的能力。

2. 治疗

（1）肌内注射维生素C、复合维生素B、黄芪多糖、肌酐各1支。

（2）头孢曲松钠2支，0.9%的生理盐水500毫升2瓶，50%葡萄糖2支，静脉注射。

（3）每天每只病羊口服护肝灵2～4片，连用7～14天。另外，鱼肝油和清瘟止痢散按照说明书的用量在日粮中添加。

三、佝偻病

羊佝偻病是羔羊钙、磷代谢障碍引起骨组织发育不良的一种非炎性疾病，维生素 D 缺乏在本病的发生中起着重要作用。以食欲减退、异食癖和跛行为特征。多发生在冬末春初季节。

【病因】本病的发生主要是由于饲料中维生素 D 的含量不足，导致羔羊体内维生素 D 缺乏，直接影响钙、磷的吸收和血液内钙、磷的平衡；此外，即使维生素 D 能满足羔羊的需要，但母乳及饲料中钙、磷比例不当或缺乏，以及多原因的营养不良，也可诱发本病。圈舍潮湿、污浊、阴暗，羊消化不良，营养不佳，均可成为该病的诱因。放牧母羊秋膘差，冬季未补饲，春季产羔，羔羊更易发此病。

【症状】病羊轻者主要表现为生长迟缓，异嗜，喜卧，卧地起立缓慢，行走步态摇摆，四肢负重困难（图 6-3-1），触诊关节有疼痛反应。病程稍长则关节肿大，以腕关节较明显；长骨弯曲（图 6-3-2），四肢可以展开，形如青蛙。患病后期，病羔以腕关节着地爬行，躯体后部不能抬起；重症者卧地，呼吸和心跳加快。

图 6-3-1　病羊行走步态摇摆

【诊断】根据食欲大减、喜啃土和砖石、行走无力、四肢软弱、四肢长骨变形等进行诊断。

【防治】
1. 预防
（1）加强怀孕母羊和泌乳母羊的饲养管理，饲料中应含有较丰富的蛋白质、维生素 D 和钙、磷，并注意钙、磷配合比例，供给充足的青绿饲料和青干草，补喂骨粉，增加运动和日照时间。

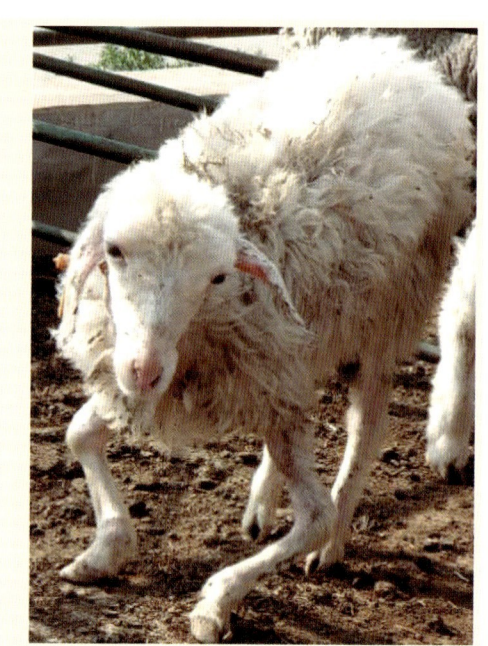

图 6-3-2　长骨弯曲

（2）羔羊饲养更应注意，有条件的喂给干苜蓿、胡萝卜、青草等青绿多汁的饲料，并按需要量添加食盐、骨粉、各种微量元素等。

2. 治疗

维生素 A 或维生素 D 注射液 3 毫升，肌内注射；精制鱼肝油 3 毫升，灌服或肌内注射。补充钙制剂，可用 10% 的葡萄糖酸钙注射液 5～10 毫升，静脉注射。亦可用维丁胶性钙 2 毫升肌内注射，每周 1 次，连用 3 次。每天在饲料中添加骨粉 200 克，让羊自食，连喂 10 天。

四、骨软症

骨软症是一种营养代谢疾病。发生原因主要是由于动物的饲料内钙和磷的供应不足或比例不当。结果发生骨质疏松，并由此引发一系列的变化。

【病因】

（1）饲料中钙、磷供应不足或钙、磷比例不当。

（2）钙的需要量增加。母羊在产奶盛期、妊娠后期，特别是在产羔后 1 个月左右，由于机体对钙磷的需要量大，最易引起本病。

（3）维生素D不足。正常的骨形成除需要足够的钙、磷外，还需要维生素D，它能促进钙、磷从小肠吸收，同时还能直接作用于成骨细胞，促使骨的形成过程。

【症状】患有骨软症的羊，在疾病早期一般都会出现异嗜癖，经常啃墙壁和泥巴、砂石，食欲明显失常。呈现消化机能紊乱现象。随着病情发展，可见患羊易发生疲劳，四肢无力，行走时摇晃不稳，不断消瘦，喜伏卧（图6-4-1）。全身骨骼疏松变形，用针易于刺入。四肢关节肿大，容易发生骨折。

图6-4-1 全身骨骼疏松变形，喜伏卧

【防治】

1. 预防

在生理要求上，动物对钙、磷的要求应该是1.5∶1或2∶1。因此必须检查饲料中这两种物质的配比是否恰当，如有不妥，应予改正。此外，可给病羊补充钙质和磷质。为了做好这一工作，最好是先送材料到有关单位检查血清，了解究竟是缺磷还是缺钙。了解有无高磷和高钙现象，然后再有的放矢地进行治疗。

2. 治疗

原则是高磷低钙所致的软骨症，以补钙为主，同时兼用维生素D，如予乳酸钙或硫酸钙，成年羊每天一次5～10克内服，并皮下或肌内注射含维生素D25000单位的维丁胶性钙3～5毫升，羔羊用量酌减，连用15～20日。如为低磷所致，应予补磷，可用3%次磷酸钙溶液静脉内注射，成年羊一次50毫升，连用3～5日。但关键仍在于对羊饲料内的钙、磷比例作合理调整。并改善动物的饲养方法，如增加光照和增加户外活动等，方能奏效。

五、维生素 A 缺乏症

当羊的饲料中缺乏胡萝卜或维生素 A 时，易引起维生素 A 缺乏症。多见于舍饲奶山羊、妊娠母羊及幼羊，临床主要表现为干眼病、夜盲症、尿石症、羔羊肺炎、母羊流产等。

【病因】本病的发生是由于饲料中缺乏胡萝卜素或维生素 A；饲料调制加工不当，使其中脂肪酸变质，加速饲料中维生素 A 类物质的氧化分解，导致维生素 A 缺乏。当羊处于蛋白质缺乏的状态下，便不能合成足够的视黄醛结合蛋白质运送维生素 A。脂肪不足会影响维生素 A 类物质在肠中的溶解和吸收。因此，当蛋白质和脂肪不足时，即使在维生素 A 足够的情况下，也可发生功能性的维生素 A 缺乏症。此外，慢性肠道疾病和肝脏有病时，最易继发维生素 A 缺乏症。

【症状】缺乏维生素 A 的病羊，特别是羔羊，最早出现的症状是夜盲症（图 6-5-1），常发现在早晨、傍晚或月夜光线朦胧时，患羊盲目前进，碰撞障碍物，或行动迟缓，小心谨慎；继而骨骼异常，常继发唾液腺炎、肾炎、尿石症等；后期病羔羊的干眼病尤为突出，导致角膜增厚和形成云雾状（图 6-5-2）。怀孕母羊产出弱羔和瞎眼或眼部畸形、四肢发育不良、行走困难、运动障碍的羔羊（俗称瞎瘫病）。适龄母羊出现屡配不孕，长期空怀。羔羊（2～3 月龄）会出现阵发性抽搐，走路东倒西歪。

图 6-5-1
羊的维生素 A 缺乏症

【诊断】根据怀孕母羊产出弱羔和瞎眼或眼部畸形、四肢发育不良、行走困难、运动障碍的羔羊（俗称瞎瘫病）；适龄母羊出现屡配不孕，长期空怀；羔羊（2～3 月龄）会出现阵发性抽搐，走路东倒西歪等临床症状，可以做出诊断。

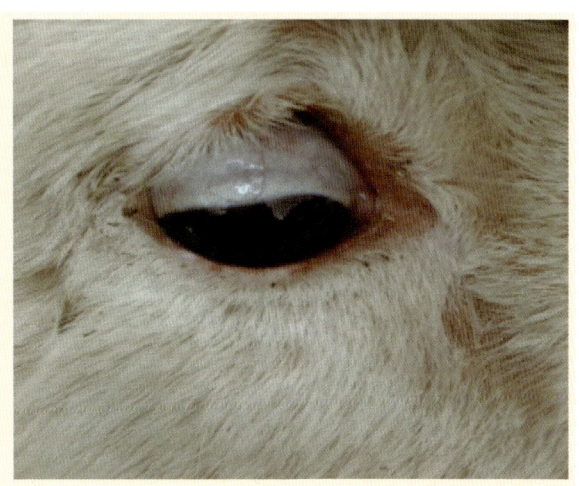

图 6-5-2
羊角膜干燥,视力衰退

【防治】

1. 预防

(1) 加强饲料的管理,防止饲料发热、发霉和氧化,以保证维生素 A 不被破坏。

(2) 在冬季饲料中要有青贮饲料或胡萝卜,秋季贮收的干草要绿;长期饲喂枯黄干草应适当加入鱼肝油。

2. 治疗

(1) 饲料加入维生素 AD 粉,按说明书使用量添加。

(2) 病重羊肌内注射维生素 ADE 注射液,成年羊 5 毫升/只,羔羊 1~2 毫升/只。

(3) 对有眼部症状的羊,结膜涂红霉素眼膏,每天 1 次。

(4) 每天在羊舍内驱赶羊运动,上、下午各 1 小时,每只羊每天喂给优质紫花苜蓿和胡萝卜各 0.25 千克。病羊经治疗 3 天后逐渐好转,到 1 周时,所有病羊均恢复正常。

六、食毛症

羔羊食毛症,主要是由母羊和羔羊饲料中的矿物质和维生素不足,尤其是钙和磷不足;羔羊缺乏必需的蛋白质;羊群过于拥挤;羔羊受虱、蜱叮咬,啃咬叮咬处,食入绒毛等因素引起的。绵羊食毛症是绵羊羊羔的一种代谢紊乱疾病,表现喜欢舔食羊毛。由于食毛过多,影响消化,甚至并发肠梗阻造成死亡。

【病因】

(1) 无机盐及微量元素的缺乏　日粮中含硫氨基酸（胱氨酸、半胱氨酸和蛋氨酸）缺乏，即发生食毛症；钴和铜缺乏以及钙、磷缺乏或比例失调发生的佝偻症亦能引发此病。圈养期间，仅投放牧草或农作物秸秆，从不饲喂无机盐及微量元素等饲料添加剂，饲料粗劣、单一，母羊严重营养不良，产后奶水不足或质量不良，以致羊羔得不到充足的营养补给，导致异嗜。

(2) 管理、环境因素　圈养的饲舍十分拥挤，饲养密度太大，积粪太多，环境卫生很差，异味严重，羊体脱落羊毛很多，以致羊群互相舔食现象严重。圈养羊只圈养期间很少户外活动，日光照射严重不足，再加上饲料粗劣、单一，降低了皮肤内维生素 D 原转为维生素 D 的能力，严重影响了钙的吸收，患骨软病现象严重。

(3) 寄生虫病引发圈养羊只秋季药浴不彻底，患疥螨等寄生虫病现象严重，个别羊只严重脱毛，牧主又不定期驱虫，体内寄生虫亦较严重，成年母羊身体瘦弱，严重营养不良，舔食土块、破布等异物，互相摩擦、啃咬，以致顺口吞下羊毛。

【症状及病理变化】发病初期，病羔羊喜吃被粪尿污染的腹股部和尾部的毛，以后变为吃其他羊的毛，往往羔羊之间互相食毛。严重时全身毛被吃光（图6-6-1）。吃下的毛积在皱胃及肠管内，形成毛球（图6-6-2），刺激胃肠，引起消化不良、便秘、腹痛及臌胀等症。

图 6-6-1
病羊因食毛、脱毛而使体表被毛大片缺失

绵羊食毛症是因某些矿物质及微量元素缺乏而引起的一种代谢病，病羊常因异食羊毛而形成毛球使胃肠梗死而死亡。尤以冬春圈养羊羔常发，山羊少见。

病羊精神沉郁，四肢软弱无力，喜卧，站立时低头磨牙，嘴角有少许泡沫。食欲废绝，呼吸急促，回头顾腹，小便消失，肛门皮毛被稀便污染。最终四肢抽搐而死亡。

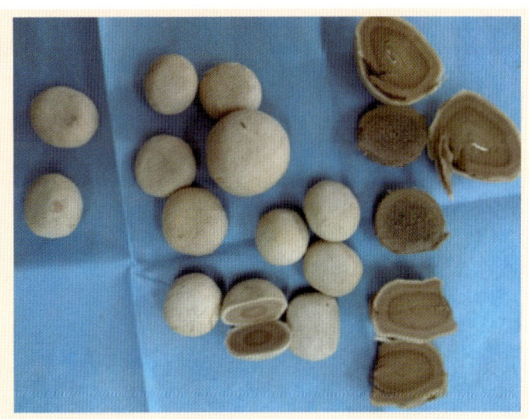

图 6-6-2
羊食毛后在消化道形成的毛球

病理剖检：心、肺、肾均正常，肝略微肿大，胆囊增大，皱胃内有 6 厘米×4.5 厘米的大小不一毛球，奶汁滞留，有奶酪状乳状物，肠道有长絮状毛缕，膀胱充盈。

【诊断】根据绵羊、山羊嗜食被毛与毛织品成瘾，大批羊只同时发病，临床症状相同，且具有明显的地域性和季节性，即可初步诊断。流行病区土、草、水和病羊被毛矿物质检测，硫元素供给不足和含量低于正常范围，以含硫化合物补饲病羊疗效显著，即可确诊。

【防治】

1. 预防

（1）改善饲养管理，供给饲料营养要全面，并经常进行运动。对于羔羊，应供给富含蛋白质、维生素和矿物质的饲料，如青绿饲料、红萝卜、甜菜和麸皮等，每日供给骨粉 5～10 克和足量的食盐。

（2）将吃毛的羔羊与母羊隔开，只在吃奶的时候让其母子相见。

（3）将母羊乳房周围的毛清理干净。

（4）及时清扫圈内羊毛。给羔羊补喂动物性蛋白质，如鸡蛋，可以有制止羔羊吃毛的作用。

（5）加强羔羊卫生，驱除羔羊身上的虱、蜱等寄生虫，避免羔羊啃食叮咬处。

2. 治疗

一般以灌肠通便为主。可服用植物油类、液体石蜡或人工盐、碳酸氢钠等，如有腹泻可进行强心补液。用食盐 40 份、骨粉 25 份、碳酸钙 35 份，或者骨粉 10 份、氯化钴 1 份、食盐 1 份，混合，掺在少量麸皮内，置于饲槽，任羔羊自由舔食。用硫酸铝、硫酸钙、硫酸亚铁等含硫化合物治疗病羊可在短期内取得满意的疗效。也可作真胃切开术，取出毛球。若肠道已经发生坏死，或羔羊过于孱弱，不易治愈。

七、疯草中毒

棘豆属和黄芪（紫云英）（图 6-7-1～图 6-7-3）属植物都可引起以神经症状为主的慢性中毒，因此，这类植物统称为疯草，所引起的中毒病称疯草中毒或者疯草病。疯草是危害我国草原养羊业最严重的一类毒草，造成了巨大的经济损失。

图 6-7-1
黄花棘豆的植株与花序

图 6-7-2
甘肃生长的甘肃棘豆

图 6-7-3
西藏地区密生的茎直黄芪

【病因】

（1）含脂肪族硝基化合物　羊吃了含米瑟毒苷的疯草后，导致三羧酸循环不能正常进行而死亡；以及高铁血红蛋白血症，严重时亦可导致死亡。

（2）含有毒生物碱　一些疯草含吲哚兹啶生物碱——苦马豆素，引起甘露糖贮积和糖蛋白合成异常，并导致细胞空泡化和器官功能障碍。

（3）本病的发生与自然生态环境有关　疯草在一些地区发展为优势种，这不仅与其抗逆性强，耐干旱、耐寒等特性有关，更重要的是草场管理不善，放牧压力过大，草场退化及植被破坏等，为疯草的蔓延和密度的增加创造了条件。疯草适口性不佳，在牧草充足时，羊并不主动采食，只有在可食牧草耗尽时才被迫采食。因此，常于每年秋末到春初发生中毒。干旱年份有暴发的倾向。

（4）采食疯草数量与发病有关　大量采食疯草，羊可在10余天内发生中毒，少量连续采食需1月到数月才能表现临床症状。

【症状】

（1）山羊　病初精神沉郁，反应迟钝，喜卧（图6-7-4），视力减退，站立时后肢弯曲（图6-7-5）；中期头部呈水平震颤，颈部僵硬，行走时后躯摇摆（图6-7-6），追赶时易摔倒；后期四肢麻痹，起立困难（图6-7-7），卧地不起（图6-7-8），心律不齐，最终衰竭死亡。

图6-7-4　反应迟钝，喜卧

（2）绵羊　头部震颤，头、颈皮肤敏感性降低，而四肢末梢敏感性增强，随着病情的发展，表现步态蹒跚如醉，失去定向能力，瞳孔散大，终因衰竭而死亡。

（3）妊娠绵羊和山羊易发生流产，或产出畸形胎儿（图6-7-9）。公羊表现性欲降低，或无性交能力。

第六章　代谢病和中毒病

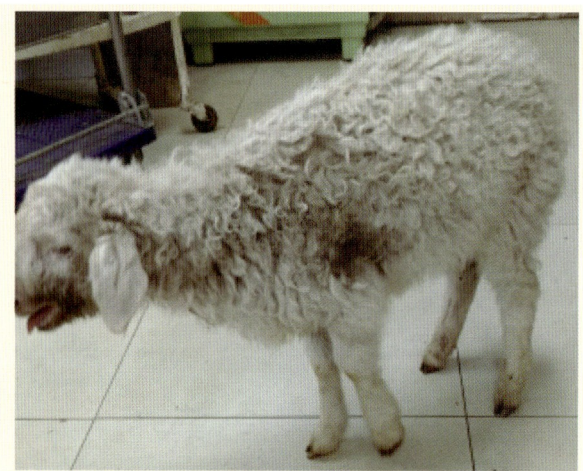

图 6-7-5 站立时后肢弯曲

图 6-7-6 中毒羊行走时后躯摇摆,后肢弯曲外展

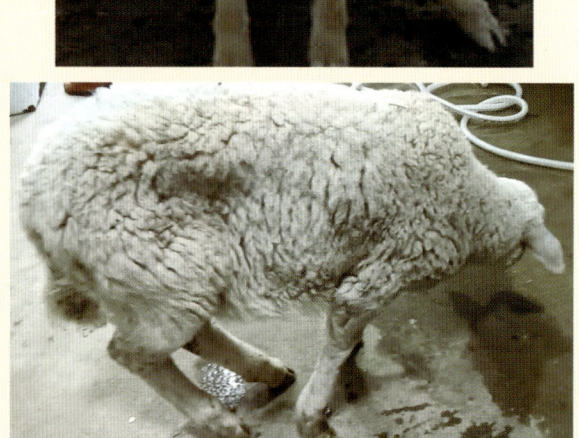

图 6-7-7 重病羊四肢麻痹起立困难

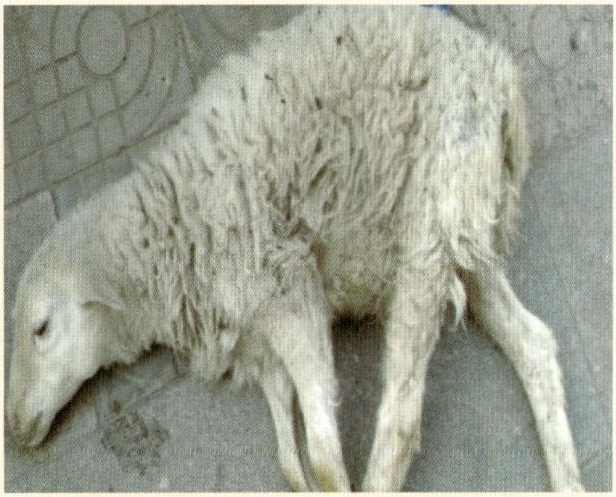

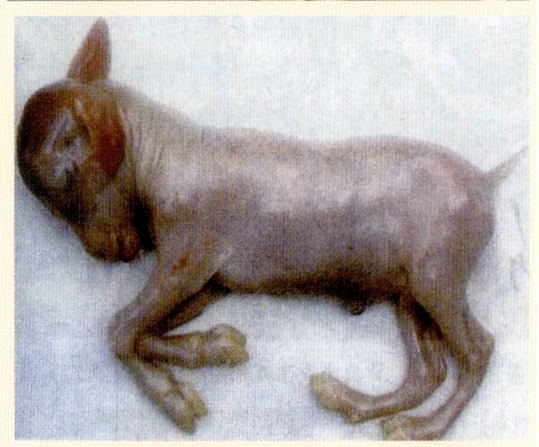

图 6-7-8　病羊卧地不起

图 6-7-9　羊甘肃棘豆中毒时流产胎儿

（4）疯草中毒的初期，若停食疯草，改食优良牧草，中毒症状逐渐消失，2周左右可恢复正常。

【病理变化】尸体极度消瘦，血液稀薄，腹腔有少量清亮液体，有些病例心脏扩张，心肌柔软。组织学检查，主要是神经及内脏组织细胞空泡化。

【诊断】疯草中毒可根据采食疯草的病史，结合运动障碍为特征的神经症状，不难做出诊断。当羊只安静或卧地时，可能看不出中毒症状，当给予刺激或用手捏提一下羊耳，便立即出现摇头不止或突然倒地不起等典型疯草中毒症状（图6-7-10）。

【防治】

1. 预防

（1）禁止羊只在疯草特别多的草场上放牧。

（2）用除草剂杀灭疯草　2,4-D丁酯、使它隆、百草敌等单独使用或复配使用，对疯草有很好的杀灭作用。但是疯草种子在其草场上贮量很大（400～4300粒/平方米），要保持疯草密度低于危害羊群的程度，定期喷药是必要的。最好能结合草场改良及草场管理措施，才能取得良好效果。

图6-7-10
羊黄花棘豆中毒时倒地

（3）合理轮牧　在有疯草的草场放牧10～15天，再在无疯草或疯草很少的草场上放牧10～15天或更长一点时间，然后又在有疯草的草场放牧，如此反复，可以避免中毒。

2. 治疗

对轻度中毒的病羊，及时转移到无疯草的安全牧场放牧，适当补饲，一般可不药而愈。严重中毒的羊，目前尚无有效治疗方法，可注射葡萄糖、维生素B_1、强心剂等。

八、有毒萱草根中毒

本病是由于羊采食了萱草属植物的根而引起的中毒。临床上以双目失明、瞳孔散大，进而全身瘫痪和膀胱麻痹、积尿为特征，有"瞎眼病"之称。

【病因】萱草根又名黄花菜根、金针菜根（图6-8-1），其根有毒，有毒成分为萱草根素。本病多发于2～3月份正值萱草移植和更新期，刨出地面的萱草根，大多抛弃野外，由于属枯饲期，放牧羊一旦遇到新鲜的草根争相采食后，造成大批羊中毒死亡。

【症状】病羊症状出现的快慢和严重程度，视羊吃入量而定。病羊初期精神委顿，食欲减少或废绝，呆滞迟步，尿为橙红色。继而口角流涎，瞳孔逐渐散大，双目相继或同时失明（图6-8-2），病羊惊恐、哀叫，无目的地乱走或抵靠障碍物，倒地后四肢不停划动，似游泳状（图6-8-3）。有的四肢肌肉抽搐，行走无力，尤以后肢严重，终至肢体瘫痪，卧地不起。后期牙关紧闭，咀嚼困难，有时磨牙，呼吸困难，心跳加快，一般经2～4天后死亡。中毒较轻的可以康复，但双目失明、瞳孔散大则不能恢复。

图 6-8-1 小黄花菜根的形态

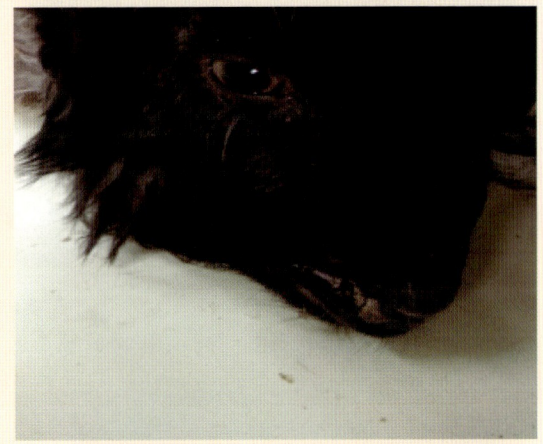

图 6-8-2
中毒羊瞳孔散大、失明

图 6-8-3
中毒羊躯体及四肢瘫痪，不能站立

第六章 代谢病和中毒病

【病理变化】

（1）眼观变化　急性中毒羊，心内、外膜有出血斑点；肾脏色黄，质软，肾盂水肿；膀胱积尿，黏膜充血并散在出血点；脑、脊髓膜血管扩张，有出血点，脊髓液增多；视神经肿胀松软或变细。

（2）组织变化　整个视觉传导径均受损害，以视神经和视网膜最为严重。视神经损害呈双侧性。病变轻时仅部分神经纤维断裂崩解，纤维束中有不均匀的空洞；严重时几乎全部纤维崩解、脱髓鞘，有明显网孔形成，甚至神经组织变为无结构的物质或仅存留束间结缔组织。当这些含脂质的坏死物被巨噬细胞吞噬后，可在局部看到许多泡沫细胞。后期，视神经中的神经纤维完全消失，而由纤维结缔组织所取代，故眼观视神经局部变细或消失。

视乳头充血、水肿或出血，局部组织疏松呈网孔状，视乳头周围视网膜神经节细胞层疏松增宽，球后视神经纤维肿胀。视网膜常发生严重出血。大脑、小脑、延脑和脊髓的白质结构异常疏松，并出现大量空洞，呈明显海绵状变性。灰质可见神经细胞坏死、噬神经细胞及卫星化现象。

【诊断】 可依据特征临床症状，如瞳孔散大，双目失明，后躯麻痹，全身瘫痪，结合采食萱草根的病史及病理学检查，可以做出诊断。必要时可进行毒物分析，最简单的方法是用薄层层析法作萱草根素的定性检验。

【防治】

1. 预防

枯草季节禁止羊只到有黄花菜的草场放牧，妥善保管和处理废弃或移栽的黄花菜。

2. 治疗

目前尚无特效解毒方法。羊一旦中毒，应停止放牧，可采取解毒、镇静、增强抵抗力等对症治疗的措施。早期可投服盐类泻剂，用0.2%的高锰酸钾溶液适量灌服或洗胃，可破坏有毒物质，降低其毒性。静脉注射葡萄糖生理盐水，增强解毒能力；肌内注射25%安钠咖注射液4毫升，增强抗病力；静脉注射20%磺胺嘧啶钠注射液10毫升，控制大脑病变。同时给予优质干草、饲料，加强护理，有助于本病的恢复。

九、有机磷中毒

羊有机磷中毒是由于羊接触、吸入或采食了有机磷制剂而引起的一种中毒性病理过程，以体内胆碱酯酶活性受到抑制、导致神经生理机能紊乱为特征。

【病因】 有机磷农药是农业上常用的杀虫剂，也是畜牧业上常用的杀虫和驱虫药。主要有甲拌磷（3911）、内吸磷（1059）、乐果、敌百虫等。这些杀虫剂多具有较高的脂溶性，可经皮肤渗入机体内，通过消化道和呼吸道被较快吸收。羊有机磷中毒常是误食喷洒有机磷农药的牧草或农作物、青菜等；误食被有机磷农药污染的饮水；误食拌过农药的种子；应用有机磷杀虫剂防治羊体外寄生虫，剂量过大或使用方法不当；羊接触有机磷杀虫剂污染的各种工具、器皿等，而发生中毒。

【症状】病羊流涎，流泪，咬牙，多汗，尿失禁，瞳孔收缩，眼球颤动，可视黏膜苍白，个别羊严重腹泻，腹痛，肠音增强，反刍停止，全身发抖，步态不稳，卧倒在地全身麻痹，呼吸困难，肺水肿，抽搐，昏睡，在麻痹下窒息死亡。病羊心跳100次/分钟以上，呼吸50次/分钟以上，体温正常。

【病理变化】胃黏膜充血、出血、肿胀（图6-9-1、图6-9-2），黏膜易脱落，肺充血肿大，气管内有白色泡沫，肝脾肿大，肾脏混浊肿胀，包膜不易剥落。

图6-9-1 瓣胃黏膜充血、出血

图6-9-2 皱胃黏膜充血、出血

【诊断】根据接触有机磷农药的病史，呼出气、呕吐物或体表有特异的大蒜味、肌肉震颤、瞳孔缩小等典型临床症状和毒物分析，并测定胆碱酯酶活性，可以确诊。

【预防】严格农药管理制度和使用方法，不在喷洒农药地区放牧，拌过农药的种子不得喂羊。

【治疗】治疗原则是立即实施特效解毒，尽快除去尚未吸收的毒物，并配合对症治疗。

（1）及时使用解毒药物，轻度中毒羊阿托品皮下注射，剂量每只 2～4 毫克，病情严重者可加大剂量 2～3 倍，第一次注射后隔 2 小时再注射 1 次，直到症状减轻为止。

（2）严重中毒需配合使用特效解毒剂解磷定或氯解磷定，均按每次 15~30 毫克/千克体重，用生理盐水稀释成 10% 的溶液，缓慢静注，每 2～3 小时 1 次，直到症状缓解后酌情减量或停药。强心、补液、护肝，可用 10% 葡萄糖注射液 500 毫升，10%～20% 安钠咖或樟脑磺酸钠溶液，静脉注射。同时对症治疗，加强护理，根据病情可应用呼吸中枢兴奋药、镇静、镇痛、解痉及抗感染药。

【注意事项】

（1）有机磷中毒后应尽早采用药物治疗。阿托品皮下注射配合胆碱酯酶复能剂（碘解磷定、氯磷啶或双复磷注射液）的同时，结合其他对症疗法。

（2）对兴奋不安、出汗严重的静脉滴注镇静剂，不可使用氯丙嗪。

（3）对超过 36 小时中毒者，复能剂已不能发挥治疗作用，除使用阿托品治疗，给病羊输血 100～200 毫升，有良好作用。

（4）中毒症状缓解后，不要过早停止阿托品的使用，以免残毒再吸收而引起复发，最低限度维持量不能少于 72 小时。

（5）在治疗有机磷中毒的过程中，切忌静脉补碱。因为解磷定在碱性环境中水解成毒性极强的氰化物。

十、尿素中毒

反刍动物瘤胃内的微生物可将尿素或铵盐中的非蛋白氮转化为蛋白质。人们利用尿素或铵盐加入日粮中以补充蛋白质来饲喂羊，用于畜牧生产，但补饲不当或过量即可发生中毒。

【病因】

（1）由于利用尿素和铵盐（亚硫酸铵、硫酸铵、磷酸氢二铵）作为饲用蛋白质代替物时，超过了规定用量。根据试验，如给绵羊灌服尿素 8 克，即可引起死亡，但如用尿素 18 克加糖渣 72 克喂给，却不至发生死亡。

（2）由于误食含氮化学肥料（尿素、硝酸铵、硫酸铵）而引起中毒。另外，羊只饮用过多的尿素溶液，或者没有过渡就突然饲喂大量尿素，或者喂后立即饮水而发生中毒。

（3）生理因素　饲料中含有较少的糖类，且添加过大比例的豆科饲料，肝功能发生紊乱，瘤胃pH值超过8.0，过度饥饿或者间断性饲喂尿素等，都能够诱发尿素中毒。

【症状】发病羊大约1小时后出现中毒症状，表现为精神沉郁，呆滞，来回走动，不安，呻吟，反刍停止，腹胀，肌肉发抖，走路来回摇摆，不停地出现强直性痉挛，呼吸困难，脉搏增数，大量出汗，口吐白沫。2小时后病羊倒地，四肢出现游泳样运动，大部分羊3小时左右开始死亡。

【病理变化】羊的鼻孔内流出红褐色液体，眼球下陷，眼结膜发绀，阴道黏膜发绀，有白色胶样物，皮下淤血。腹腔内有强烈的腐败气味。瘤胃饱满，浆膜呈暗褐色，切开后有刺鼻的氨味，黏膜脱落（图6-10-1），底部出血（图6-10-2），胃内容物呈现红白相间。肠黏膜脱落出血，尤其是小肠前段的出血和溃疡严重。肝脏肿大，含血量多（图6-10-3），质地变脆，胆囊扩张，充满胆汁（图6-10-4）。肾脏肿大，有大量的尿酸盐沉积。肺脏淤血，支气管内有粉红色泡沫状分泌物。心外膜有鲜红色弥漫性出血点。心室扩大，血凝块分层明显。隔膜有轻度充血和少量淤血。

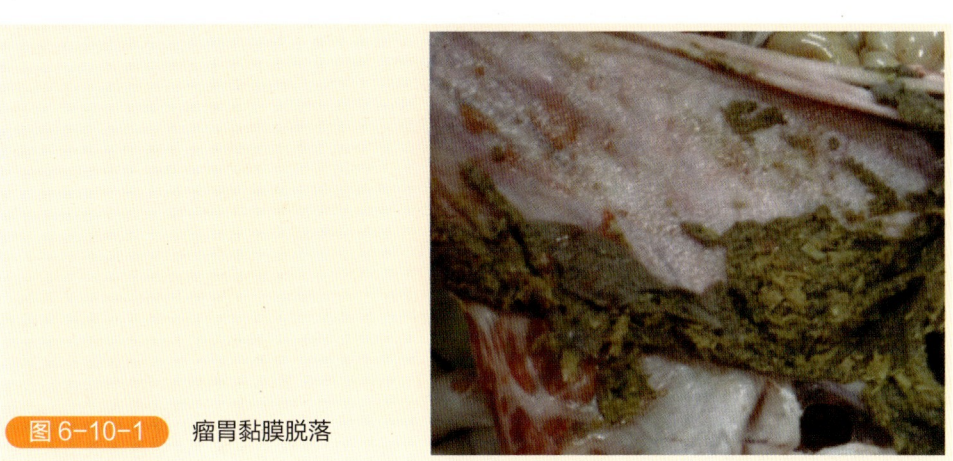

图6-10-1　瘤胃黏膜脱落

【诊断】根据具有采食尿素的病史、中毒的临床症状并在很短时间内死亡以及病理剖检变化，可做出确诊。一般情况下，当血氨为8.4～13毫克/升时，即出现症状；当达20毫克/升时，表现共济失调；达50毫克/升时，动物即死亡。

【防治】

1. 预防

（1）防止羊只误食含氮化学肥料。

第六章　代谢病和中毒病

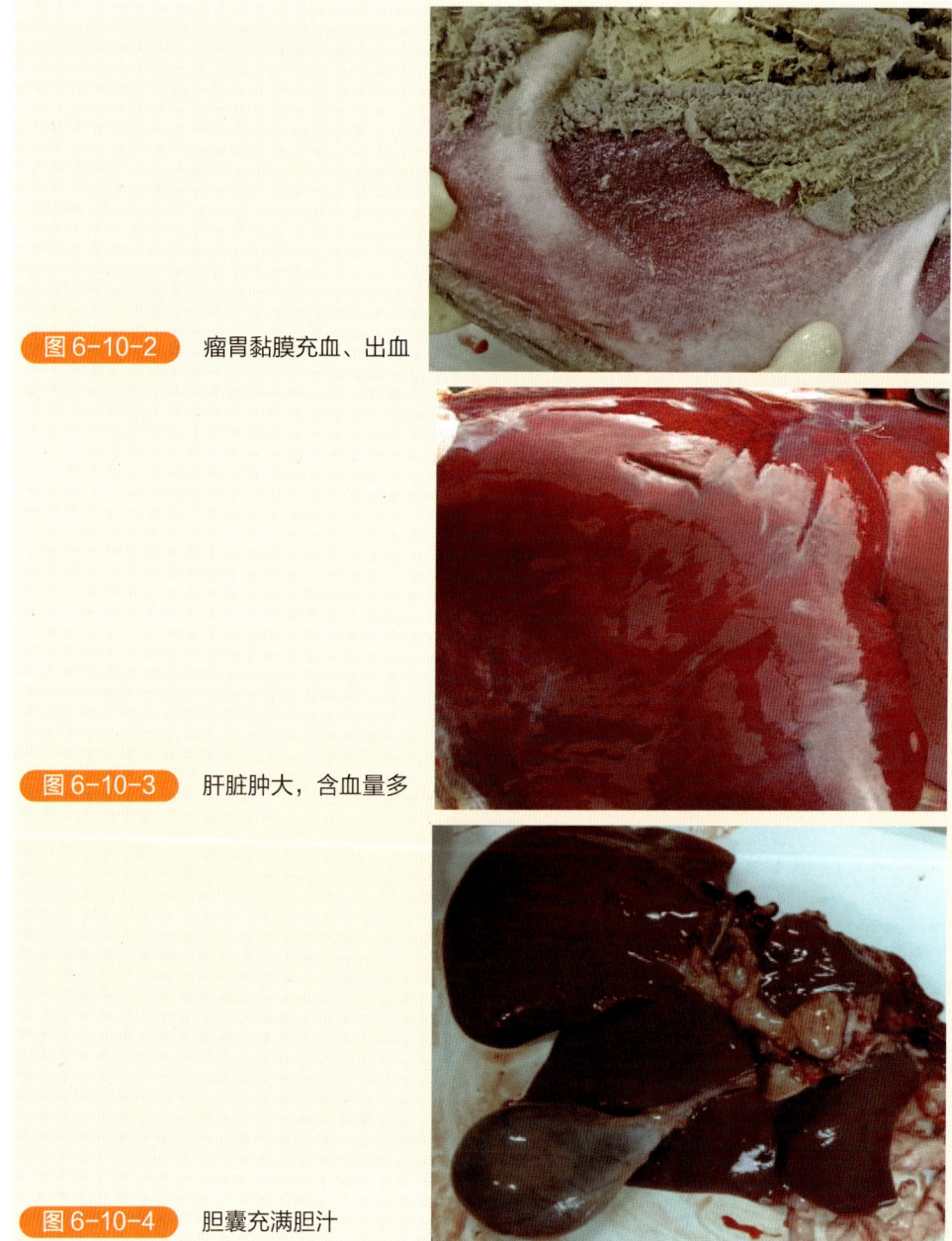

图 6-10-2　瘤胃黏膜充血、出血

图 6-10-3　肝脏肿大，含血量多

图 6-10-4　胆囊充满胆汁

（2）在饲用各种含氮补饲物时，应遵守以下原则：

① 必须将补饲物同饲料充分混合均匀。

② 必须使羊只有一个逐渐习惯于采食补饲物的过程，因此在开始时应少喂，于 10～15 天内达到标准规定量。如果饲喂过程中断，在下次补喂时，仍应使羊

只有一个逐渐适应过程。

③ 不能单纯喂给含氮补饲物，也不能混于饮水中给予。

2. 治疗

（1）在中毒初期，为了控制尿素继续分解，中和瘤胃中所生成的氨，应该灌服 0.5% 的食醋 200～300 毫升，或者灌给同样浓度的稀盐酸或乳酸；若有酸羊乳时，可灌服酸奶 500～750 克或灌服 1% 醋酸 200 毫升，糖 100～200 克加水 300 毫升，可获得良好效果。

（2）病羊症状严重时，可施行瘤胃穿刺术，释放里面的气体以缓解瘤胃臌胀和呼吸困难的症状，再直接将适量的糖水和食醋注入瘤胃内。

（3）对于铵盐中毒者，还可内服黏浆剂或油类，混合大量清水灌服。如吞咽困难，可慢慢插入胃管投服。

（4）对症治疗，用苯巴比妥以抑制痉挛，静脉注射硫代硫酸钠以利解毒。

十一、硒中毒

硒中毒是动物采食大量含硒牧草、饲料或补硒过多而引起动物出现精神沉郁、呼吸困难、步态蹒跚、脱毛、脱蹄壳等综合症状的一种疾病。急性中毒（又名瞎撞病）以出现神经系统症状为特征；慢性中毒（又名碱病）则以消瘦、跛行、脱毛为特征。

【病因】

（1）土壤含硒量高，导致生长的粮食或牧草含硒量高，动物采食后引起中毒。一般认为土壤含硒 1～6 毫克/千克、饲料含硒达 3～4 克/千克即可引起中毒。一些专性聚硒植物（或称硒指示植物），如豆科黄芪属某些植物的含硒量可高达 1000～1500 毫克/千克，是羊硒中毒的主要原因。此外，有些植物如玉米、小麦、大麦、青草等，在富硒土壤中生长亦可引起动物硒中毒。

（2）人为因素，多因硒制剂用量不当，如治疗白肌病时亚硒酸钠用量过大，或动物饲料添加剂中含硒量过多或混合不均匀等都能引起硒中毒。此外，由于工业污染而用含硒废水灌溉，也可使作物、牧草被动蓄硒而导致硒中毒。

【症状】急性中毒时，羊表现为不安，后则精神沉郁（图 6-11-1），头低耳聋，卧地时回头观腹（图 6-11-2），呼吸困难，运动障碍，可视黏膜发绀，心跳快而弱，往往因虚脱、窒息而死。中毒羊死前高声鸣叫，鼻孔流出白色泡沫状液体（图 6-11-3，图 6-11-4）。

慢性中毒时，动物表现为消化不良，逐渐消瘦，贫血，反应迟钝，四肢无力，卧地不起，头颈侧弯。此外，慢性硒中毒还可影响胚胎发育，造成胎儿畸形及新生仔畜死亡率升高。

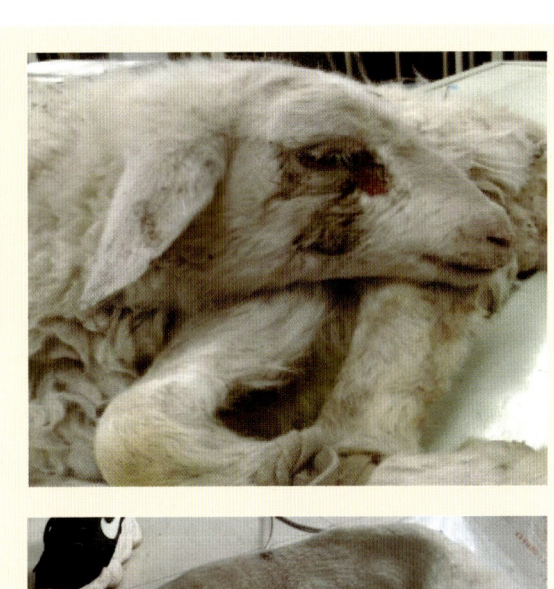

图 6-11-1
病羊精神沉郁

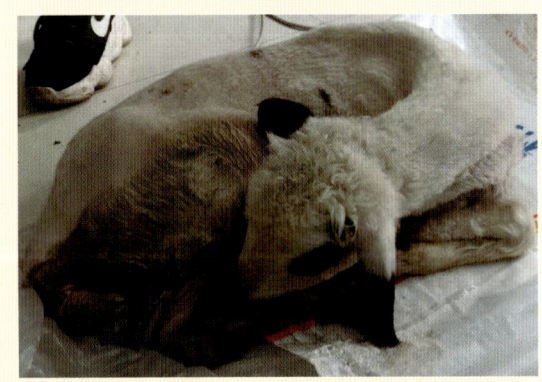

图 6-11-2
病羊卧地，回头观腹

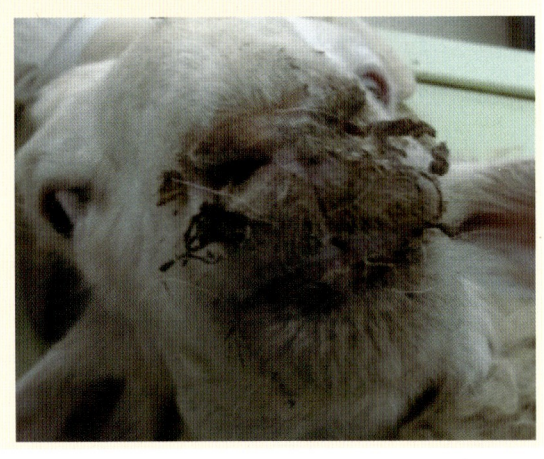

图 6-11-3
病羊鼻孔流出泡沫

图 6-11-4
病羊死前哀叫，鼻孔流出泡沫

【病理变化】急性中毒动物表现为全身出血，肺充血、水肿（图 6-11-5），腹水增多，肝、肾变性。急性硒中毒羊的气管内充满大量白色泡沫状液体（图 6-11-6）。

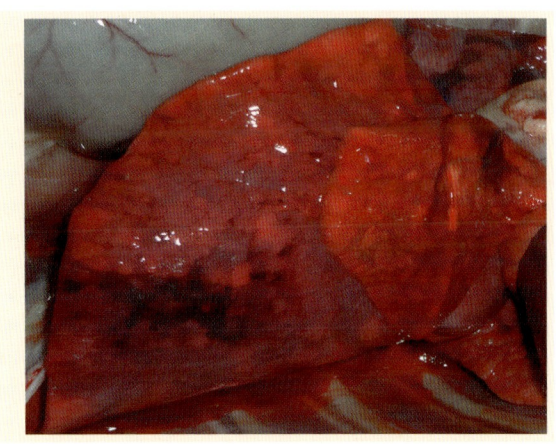

图 6-11-5
肺充血、水肿

亚急性及慢性中毒时，组织器官的病变见于肝脏、肾脏、心脏、脾脏、肺脏、淋巴结、胰脏和大脑。如肝脏萎缩、坏死或硬化，脾肿大并有局灶性出血，脑水肿、软化等。

病理组织学检查表现为组织细胞变性、坏死，细胞核变形，毛细血管扩张充血，充满大量红色均染物质。心肌变性。肝脏中央静脉与肝窦隙扩张，甚至破裂、出血，并出现局灶性坏死。肾小球毛细血管扩张、充血，部分胞核增生、深染，肾小管上皮变性坏死。

【诊断】根据病史（是否喂了富含硒的饲料或添加剂或注射超过安全量的硒而发病），再结合临床症状做出诊断。此外，血硒含量高于 0.21 微克 / 克可作为山羊硒中毒的早期诊断指标。

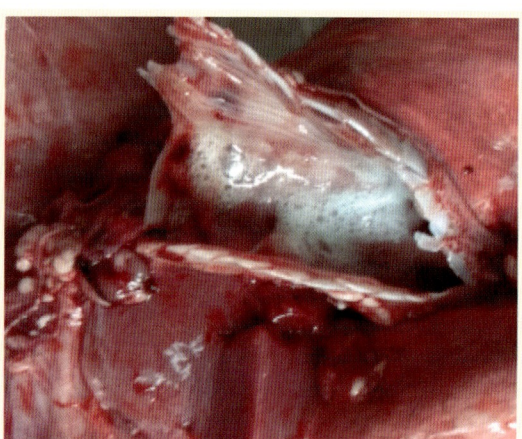
图 6-11-6
气管充满白色泡沫状液体

【防治】

1. 预防

（1）高硒牧场中，土壤加入氯化钡并多施酸性肥料，以减少植物对硒的吸收。

（2）在富硒地区，增加动物日粮中蛋白质、硫酸盐、砷酸盐等含量，以促进动物对硒的排出。

（3）在缺硒地区，临床预防白肌病或饲料添加硒制剂要严格掌握用量，必要时，可选小范围试验再大范围使用。

2. 治疗

急性硒中毒尚无特效疗法，慢性硒中毒可用砷制剂治疗，治疗时可采用以下方法：

（1）在饲料或饮水中加 0.1% 对氨苯胂酸或饲料中加 5 毫克 / 千克的亚砷酸钠或砷酸钠（饮水加 5 ～ 25 毫克 / 千克），可预防和治疗本病。

（2）给予高蛋白（鸡蛋白、煮黄豆浆、亚麻籽油），可降低硒的毒性。

（3）日粮中加入 50 ～ 100 毫克 / 千克对氨苯胂酸，可促进硒从胆汁排出。

（4）在治疗过程中，不要用维生素 C，因其能减少硒的排泄。

（5）用 10% ～ 20% 的硫代硫酸钠以 0.5 毫升 / 千克静注，有助于减轻刺激症状。

十二、铜中毒

本病是由于给羊长期摄入过多铜盐而引起中毒的疾病。急性者以呕吐、流涎、剧烈腹痛腹泻为特征。慢性中毒则以瘤胃弛缓、粪少呈黑褐色、黏膜黄疸为特征。

【病因】在使用过含铜喷雾或土壤含铜量高的牧场放牧，饲料中添加铜盐过多，误食杀虫或杀灭蜗牛的铜制剂，均可引发本病。

【症状】本病分为急性和慢性铜中毒。急性铜中毒主要表现呕吐，流涎，剧烈腹痛、腹泻，心动过速，惊厥，麻痹和虚脱，最后死亡。粪便中含有黏液，呈深绿色。慢性病例则表现精神沉郁，厌食，可视苍白或黄染（图6-12-1），走路摇晃（图6-12-2），虚弱无力，羊群消瘦（图6-12-3），肌肉震颤，卧地不起，触诊背部、臀部肌肉有痛感。尿中含有血红蛋白，粪便变黑。

图6-12-1 结膜黄染

图6-12-2 走路摇晃

【病理变化】

尸体剖检特征变化为溶血性贫血和黄疸，可见血液稀薄，呈巧克力色，黏膜黄染，胸腔、腹腔有红色积液，肝淤血肿大、质脆，呈土黄色（图6-12-4），有灶性坏死，广泛的肝小叶中心坏死，胞浆严重空泡化，肝细胞溶解，出现局限性纤维化。胆囊扩张，充满浓稠绿色胆汁（图6-12-5）。肾肿大，呈古铜色，有出血斑点（图6-12-6），膀胱出血，肾小管上皮变质。脾肿大，呈暗黑色、变软（图6-12-7），肝、脾细胞内有大量含铁血黄素沉着。皮下、肌间、大网膜等处脂肪变软，发黄，感官差（图6-12-8）。有出血坏死性胃肠炎，以皱胃最严重，肠内容物呈深绿色。

图6-12-3
羊群消瘦

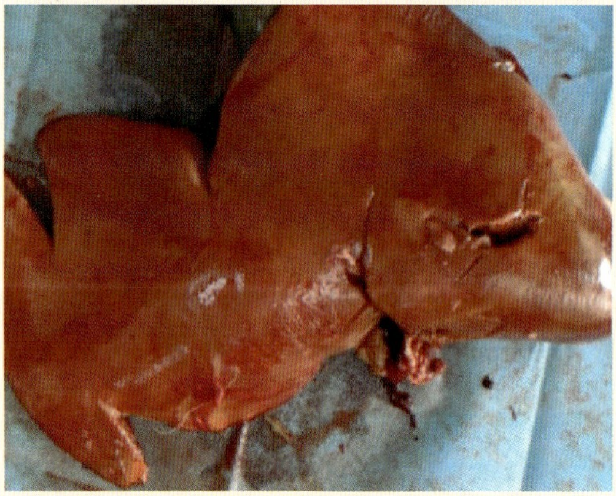

图6-12-4
肝脏呈土黄色

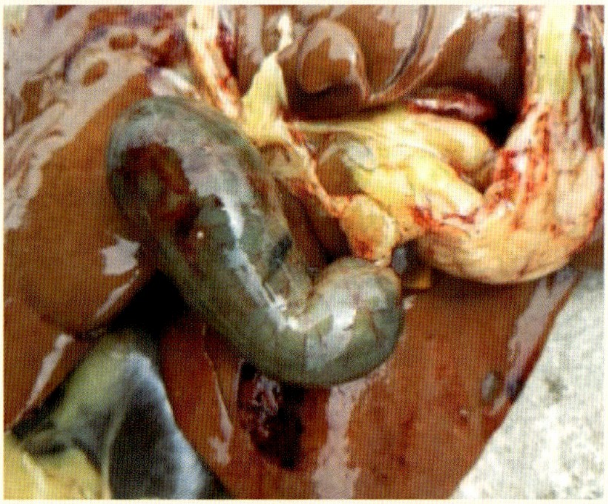

图6-12-5
肝脏肿大，胆囊扩张

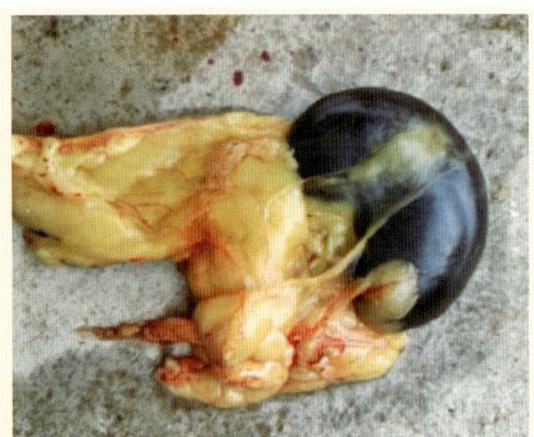

图 6-12-6
肾脏肿大，呈古铜色，有出血斑点

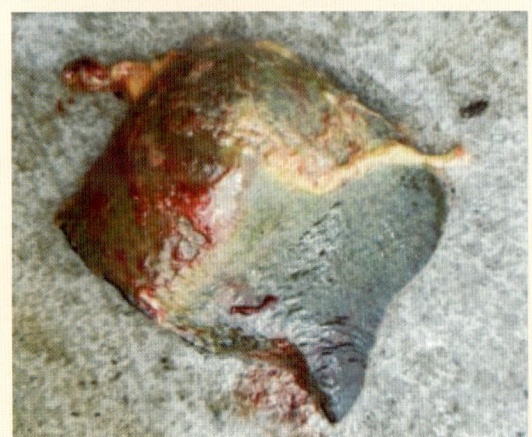

图 6-12-7
脾脏肿大，色黑

图 6-12-8
皮下、肌间等处脂肪变软

【诊断】根据贫血、黄疸、褐色尿等临床症状，长期摄食铜污染的饲料或肝毒性植物的病史，以及剖检时肝和脾的特征变化可以做出诊断。进行胃内容物和粪便分析有助于本病的诊断，取胃内容物和粪便加入氨水，若由绿变蓝，则为阳性。实验室发现血铜为 1～2 毫克 /100 毫升或肝铜 1000～3000 毫克 / 千克（干重），可做出肯定诊断。

【防治】

1. 预防

防止用硫酸铜喷雾污染草料，药用硫酸铜制剂要严格掌握用量，以及使用补加铜饲料添加剂时，必须混合均匀，控制喂量。在高铜草地放牧的羊，可在精料中加入 9.5 毫克 / 千克的钼、50 毫克 / 千克的锌及 0.2% 的元素硫，不仅可预防铜中毒，而且有利于被毛生长。减少应激原的刺激，同时补充少量钼酸铵（含 7 毫克 / 千克钼），可预防铜中毒。

2. 治疗

治疗原则是消除致病因素，加速毒物的排出及解毒疗法。首先应把病羊置于安全处所，更换饲料，加强护理。促进铜盐的排出，可用 0.1% 亚铁氰化钾溶液洗胃；也可灌服羊奶、蛋清、豆浆或活性炭等肠黏膜保护剂，以减少铜盐的吸收。排出已吸收的铜盐，可应用乙二胺四乙酸二钠钙或二巯基丁二酸钠。慢性中毒者，可给予钼酸铵 50～500 毫克、硫酸钠 0.3～1 克，连续 3 周，可使羊群停止死亡。

十三、碘缺乏病

碘缺乏病是机体因缺碘导致的一系列疾病，碘缺乏时的主要特征是甲状腺发生非炎症性增大，故又称甲状腺肿。

【病因】

（1）原发性碘缺乏　主要是羊摄入碘不足。羊体内的碘来源于饲料和饮水，而饲料和饮水中碘与土壤密切相关。土壤缺碘地区主要分布于内陆高原、山区和半山区，尤其是降雨量大的沙土地带。土壤含碘量低于 0.2～0.25 毫克 / 千克，可视为缺碘。羊饲料中碘的需要量为 0.15 毫克 / 千克，而普通牧草中含碘量 0.006～0.5 毫克 / 千克。许多地区饲料中如不补充碘，可产生碘缺乏症。

（2）继发性碘缺乏　有些饲料中含碘拮抗物质，可干扰碘的吸收和利用，如芜菁、油菜、油菜籽饼、亚麻籽饼、扁豆、豌豆、黄豆粉等含拮抗碘的硫氰酸盐、异硫氰酸盐以及氰苷等。这些饲料如果长期喂量过大，可产生碘缺乏症。

【流行特点】本病常发生在碘缺乏地区，羔羊发病率远高于成年羊。患病羊如果甲状腺肿块不大，外表很难看到，也难触及。

【症状】怀孕母羊患病时，常产出死胎、弱胎或畸胎。所生患有甲状腺肿病羔，体弱多病很难存活，多因肺炎或腹泻而死亡。怀孕母羊的甲状腺肿如由长期饲喂大量致甲状腺肿物质所致，其临床表现虽无异常，但肿大的甲状腺可触摸到，所产羔羊软弱无力（图6-13-1），不能站立，低头偏向一侧，不能吮乳；颈下可见鸡蛋至拳头大一肿块；呼吸极度困难；头颈皮肤、眼眶、眼睑水肿，四肢水肿，关节弯曲；于出生后数小时至24小时死亡。

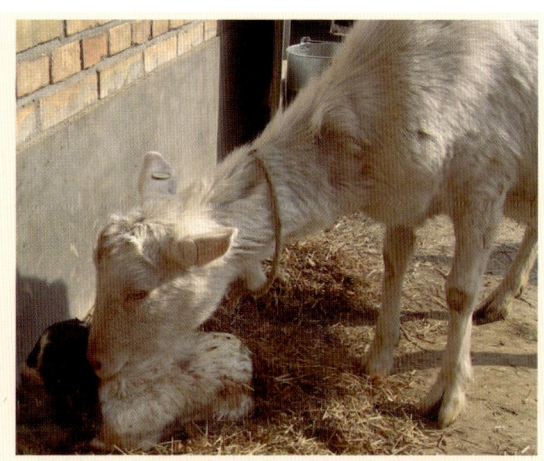

图6-13-1 羔羊碘缺乏

【诊断】临床上甲状腺肿大易于诊断。无甲状腺肿时，如果血液碘含量低于24微克/升，羊乳中碘低于80微克/升可诊断为碘缺乏。

【防治】

1. 预防

在碘缺乏区内，坚持对怀孕和泌乳期母羊以及羔羊补碘。补碘的方法很多，如饮水中每羊每天加入50微克碘化钾或碘化钠；舍饲羊的饲料中加入含碘添加剂或在食盐中加碘化钾或碘化钠1毫克/千克，让绵羊自由采食；在绵羊股内侧，用3%～5%碘酊棉球涂搽，每月1次，两侧轮换涂搽。怀孕期和泌乳期母羊，禁止饲喂含致甲状腺肿物质和硫脲类物质的饲料或植物。

2. 治疗

一旦发现羊群中有甲状腺肿病羊，立即用碘化钾或碘化钠治疗，每羊每天5～10毫克混于饲料中饲喂，或在饮水中每天加入5%碘酊或10%复方碘液5～10滴，20天为1疗程，停药2～3个月，再饲喂20天，即可达到治疗效果。

十四、铜缺乏病

铜缺乏症是动物体内铜含量不足所致一种重要营养代谢性疾病，其特征是贫血、腹泻、运动失调和被毛褪色。

【病因】

(1) 原发性病因　日粮缺铜引起动物机体缺铜，主要是由于生长在低铜土壤上的饲草或土壤中铜的可利用性低所致。一般认为，饲料中铜低于3微克/克即可引起发病，3~5微克/克为临界值，10微克/克以上能满足动物的需要。

(2) 继发性病因　动物对铜的摄入量是足够的，但机体对铜的利用发生障碍。

① 钼与铜具有拮抗性。当饲草、饲料中钼含量过多时，可妨碍铜的吸收和利用，牧草含钼低于3微克/克对铜并无影响；但当饲料中钼含量达3~10微克/克即可引起铜的不足而出现临床症状。通常认为铜：钼应高于2：1。

② 饲料中锌、镉、铁、铅和硫酸盐等过多，影响铜的吸收，造成机体铜缺乏。

③ 饲草中植酸盐含量过高，可与铜形成稳定的复合物，降低动物对铜的吸收。

④ 反刍兽饲料中的蛋氨酸、胱氨酸、硫酸钠、硫酸铵等含硫物质过多，经过瘤胃微生物的作用均可转化为硫化物。后者与钼共同形成一种难溶解的铜硫钼酸盐复合物，可降低铜的利用。

【流行特点】本病在世界各地均有报道，常呈地方流行或大群发生。原发性铜缺乏主要发生在幼龄动物，绵羊和山羊最为易感。

【临床症状】运动障碍是羔羊铜缺乏的主要症状，故又称为摆腰病或地方性共济失调。主要危害1~2月龄的羔羊，在严重暴发时刚出生的羔羊也可发病，但常常造成死亡。早期症状为两后肢呈八字形站立（图6-14-1），驱赶时后肢运

图6-14-1　羔羊呈八字形站立

动失调，跗关节屈曲困难，球节着地，后躯摇摆，极易摔倒，快跑或转弯时更加明显，呼吸和心率随运动而显著增加。严重者做转圈运动，或呈犬坐姿势，后肢麻痹，卧地不起，最后死于营养不良。羔羊随年龄增长，其后躯麻痹症状可逐渐减轻。

铜缺乏时被毛的变化很明显，被毛稀疏，粗糙，缺乏光泽，弹性降低，颜色变浅（图6-14-2）。绵羊铜缺乏时被毛柔软，光滑，失去弯曲，黑毛颜色变浅。羊毛的这些变化是最早的症状，在亚临床铜缺乏可能是唯一的症状。

图6-14-2
被毛稀疏，粗糙，缺乏光泽

贫血是多种动物严重、长期缺铜的常见症状，发生于铜缺乏的后期。羔羊主要表现低色素小红细胞性贫血，而成年羊则呈巨红细胞性低色素性贫血。

腹泻是继发性铜缺乏的常见症状，粪便呈黄绿色或黑色水样，腹泻的严重程度与拮抗元素钼的摄入量成正比。

此外，母畜的发情表现常不明显，不孕或流产，奶牛产奶量下降，其幼畜生长不良。

【病理变化】铜缺乏的特征病变是贫血和消瘦。骨骼的骨化推迟，易发骨折，严重时表现骨质疏松。地方性铜缺乏的最主要组织病变是小脑束和脊髓背外侧束的脱髓鞘。在少数严重病例，脱髓鞘病变也波及大脑，白质结构发生破坏，出现空洞。并且有脑积水、脑脊髓液增加和大脑回几乎消失等病理变化。肝脏、脾脏和肾脏有大量含铁血黄素沉着。

【防治】

1. 预防

铜缺乏症的预防措施主要有：

（1）日粮中添加硫酸铜，最低铜水平为羊5微克/克。

（2）在妊娠中后期口服硫酸铜，羊1～1.5克，每周1次，能预防幼畜铜缺乏症，也可在幼畜出生后口服铜制剂。

（3）经口投服含硒、铜、钴等微量元素的长效缓释丸。

（4）在饮水中添加硫酸铜，让动物自由饮用。

（5）给低铜草地施用含铜肥料，能显著提高牧草中铜的含量。

2. 治疗

治疗铜缺乏症比较简单，但如果神经系统和心肌受到严重损伤时，病畜将不能完全康复。2～6月龄羔羊口服硫酸铜1～2克，每周一次，连用3～5周。在日粮中添加铜，使硫酸铜的水平达25～30微克/克，连喂2周效果显著。也可将矿物质添加剂舔砖中硫酸铜的水平提高至3%～5%，让其自由舔食，或按1%剂量加入日粮饲喂动物。

十五、氟中毒

氟中毒是由于羊饲养于含氟量高的地区，长期摄取的氟化物超过生理需要量而引起的中毒病。

【病因】由于误食或误饮有机氟化物污染的饲料或饮水引起。

【症状】病羊因采食量不同，所表现临床症状的严重程度也不同，摄取量大常呈急性经过，表现急性氟中毒症状。摄取量少呈慢性经过，表现慢性中毒症状。

急性中毒表现不反刍，不合群，尖叫、颤抖，呼吸促迫，角弓反张（图6-15-1）。慢性氟中毒的病羊骨质变形，牙齿形成氟斑，磨灭过度或不整（图6-15-2），跛行，四肢运动障碍。

图 6-15-1　急性氟中毒

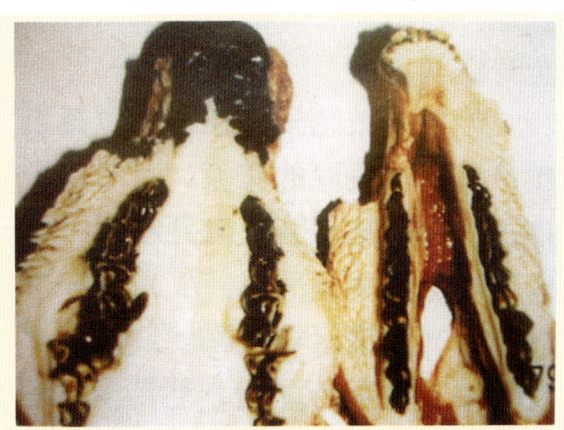
图6-15-2 氟斑牙，牙齿呈黑色

【病理变化】急性死亡羊只胃肠腐蚀严重，呈出血性胃肠炎病变，心脏扩张，心肌变性，心内外膜有出血斑点，脑软膜充血、出血，肝、肾淤血、肿大，而且尸僵迅速。慢性死亡的羊只除牙齿的特殊变化外，以头骨、肋骨、桡骨、腕骨和掌骨变化显著。

【防治】

1. 预防

（1）在含氟量高的地区，水中含氟量也高，要打深井，找到含氟量低的水层供饮用水。

（2）含氟量高的地区可与外地调剂饲料，互相交换，以避免本病发生。

（3）平时要在饲料中增加钙、磷，用骨粉效果较好，能提高羊对氟的耐受性。

2. 治疗

中毒较深的，及时使用解氟灵（50%乙酰胺），剂量为每天0.1～0.3克/千克，以0.5%普鲁卡因稀释，分2～4次肌内注射，首次注射为日量的1/2，连续用药3～7天。若没有解氟灵，也可用乙二醇乙酸酯100毫升溶于500毫升水中饮服或灌服。或用5%酒精和5%醋酸各2毫升/千克内服。或用高锰酸钾洗胃，然后灌服鸡蛋清。进行强心补液、镇静、兴奋呼吸中枢等对症治疗，由于病畜心脏受损，静脉注射时必须十分缓慢。

慢性中毒治疗较困难，首先要停止摄入高氟牧草或饮水，移至安全牧区放牧是最经济有效的办法，并给予富含维生素（主要是维生素A、维生素D、维生素C）的饲料及矿物质添加剂。修整牙齿。对跛行病畜，可静脉注射葡萄糖酸钙。

参考文献

[1] 王建辰,等.羊病学[M].北京:中国农业出版社,2002.

[2] 陈怀涛.羊病诊疗原色图谱[M].北京:中国农业出版社,2008.

[3] 丁伯良.羊的常见病诊断图谱及用药指南[M].北京:中国农业出版社,2008.

[4] 马玉忠.简明羊病诊断与防治原色图谱[M].北京:化学工业出版社,2009.

[5] 马玉忠.羊病诊治原色图谱[M].北京:化学工业出版社,2013.

[6] 金东航,马玉忠.牛羊常见病诊治彩色图谱[M].北京:化学工业出版社,2014.

[7] 马玉忠.肉羊防疫保健手册[M].北京:金盾出版社,2016.

[8] 马玉忠.羊病防治新技术宝典[M].北京:化学工业出版社,2017.

[9] 马玉忠.简明羊病诊断与防治原色图谱[M].2版.北京:化学工业出版社,2019.

[10] 马玉忠.羊病诊治彩色图谱[M].北京:中国科学技术出版社,2020.

[11] 马玉忠.羊病类症鉴别与诊治彩色图谱[M].北京:化学工业出版社,2021.